シリーズ 現代の生態学

人間活動と生態系

日本生態学会 編

担当編集委員
森田健太郎
池田浩明

共立出版

【執筆者一覧】（担当章）

森田健太郎	独立行政法人水産総合研究センター北海道区水産研究所（第 8 章）
池田浩明	独立行政法人農業環境技術研究所（第 6 章）
David SPRAGUE	独立行政法人農業環境技術研究所（第 1 章）
角野康郎	神戸大学大学院理学研究科（第 2 章）
小川　潔	東京学芸大学名誉教授（第 3 章）
上田恵介	立教大学理学部（第 3 章）
山本勝利	独立行政法人農業環境技術研究所（第 4 章）
楠本良延	独立行政法人農業環境技術研究所（第 4 章）
大久保悟	独立行政法人農業環境技術研究所（第 4 章）
富松　裕	山形大学理学部（第 5 章）
尾崎研一	独立行政法人森林総合研究所（第 7 章）
加茂将史	独立行政法人産業技術総合研究所（第 9 章）
内藤　航	独立行政法人産業技術総合研究所（第 9 章）
五箇公一	独立行政法人国立環境研究所（第 10 章）
村中孝司	ノースアジア大学経済学部（第 10 章）
勝川俊雄	三重大学生物資源学部（第 11 章）
有賀　望	公益財団法人札幌市公園緑化協会（第 12 章）

『シリーズ　現代の生態学』刊行にあたって

「かつて自然とともに住むことを心がけた日本人は，自然を征服しようとした欧米人よりも，自分達の幸福を求めて，知らぬ間によりひどく自然の破壊をすすめている．われわれはいまこそ自然を知らねばならぬ．われわれと自然とのかかわり合いを知らねばならぬ．」

これは，1972～1976年にかけて共立出版から刊行された『生態学講座』における刊行の言葉の冒頭部である．この刊行から30年以上も経ち，状況も変わったので，講座の改訂というより新しいシリーズができないかという話が共立出版から日本生態学会に持ちかけられた．この提案を常任委員会で検討した結果，生態学全体の内容を網羅する講座を出版すべきだという意見と，新しいトピック的なものだけで構成されるシリーズものが良いという対立意見が提出された．議論の結果，どちらにも一長一短があるので，中道として，新進気鋭の若手生態学者が考える生態学の体系をシリーズ化するという方向に決まった．これに伴い，若手を中心とする編集委員が選任され，編集委員会での検討を経て，全11巻から構成されるシリーズにまとまった．

思い起こせば『生態学講座』が刊行された時代は，まだ生態学の教科書も少なく，生態学という学問の枠組みを体系立てて示すことが重要であった．しかも，『生態学講座』冒頭の言葉には，日本における人間と自然とのかかわり合いの急速な変化に対する懸念と，人間の行為によって自然が失われる前に科学的な知見を明らかにしておかなければならないという危機感があふれている．それから30年以上経った現在，生態学は生物学の一分野として確立され，教科書も多数が出版された．生物多様性に関する生態学的研究の進展は特筆すべきものがある．また，生態学と進化生物学や分子生物学との統合，あるいは社会科学との統合も新しい動向となっており，生態学者が対象とする分野も拡大を続けている．しかし，その一方で生態学の細分化が進み，学問としての全体像がみえにくくなってきている．もしかすると，この傾向は学問における自然な「遷移」なのかもしれないが，この転換期において確固とした学問体系を示すことはきわめて困難な作業といえる．その結果，本シリーズは巻によって目的が異なり，ある分野を網羅的に体系づける巻と近年めざましく進んだトピックから構成される巻が共存する．シリーズ名も『シリーズ　現代の生態学』とし，現在における生態学の中心的な動向をスナップショット的に切り取り，今後の方向性を探る道標としての役割を果たしたいと考えた．

本シリーズがターゲットとする読者層は大学学部生であり，これから生態学の専門家になろうとする初学者だけでなく，広く生態学を学ぼうとする一般の学生にとっても必読となる内容にするよう心がけた．また，1 冊 12〜15 章の構成とし，そのまま大学での講義に利用できることを狙いとしている．近年の日本生態学会員の増加にみられるように，今日の生態学に求められる学術的・社会的ニーズはきわめて高く，かつ，多様化している．これらのニーズに応えるためには，次世代を担う若者の育成が必須である．本シリーズが，そのような育成の場に活用され，さらなる生態学の発展と普及の一助になれば幸いである．

日本生態学会『シリーズ　現代の生態学』編集委員会　一同

まえがき

自然のめぐみは，人類にさまざまな価値をもたらす．例えば，豊かな海は多くの水産物を食料として供給する（供給サービス）．豊かな森林はハイキングなどを通じて我々を癒すことにより，文化的な価値をもたらす（文化的サービス）．豊かな水辺や森林は，水や空気を浄化したり，洪水を起こり難くするなどの働きがあり，生態系を調整する役割もはたす（調整サービス）．また，野生生物の原種を保全することは，将来の医薬品の開発や，農産物の品種改良につながり，遺伝子資源としての価値をもつ（供給サービス）．このように，生態系が人類にもたらす自然のめぐみのことを総じて生態系サービス（ecosystem service）と呼ぶ．

国連人口基金（UNFPA）の「世界人口白書」によれば，2011 年に地球全体の人口は 70 億人に達した（UNFPA, 2011）．世界人口の急激な増加は 1950 年頃から始まり，今後も増え続けると推測されている．この人口増加が自然に対して多大な負荷を与え，さまざまな環境問題が地球の至るところで発生してきているため（Vitousek *et al.*, 1997），現代を人類世（Anthropocene）という新しい地質学的年代で呼ぶことが提唱された（Crutzen, 2002）．この言葉は，人類による環境改変が地球規模にまで拡大した時代であることを意味している．この地球規模の環境改変は，自然のめぐみにも影響を及ぼしている．

自然のめぐみは生態系の働きであり，生産者（植物），消費者（動物），分解者（微生物）による物質の循環によって維持されている．しかも，生態系を構成する生物の間には長年をかけて巧妙なバランスが構築されている．ところが，消費者が過度に増えすぎると生産者が壊滅的なダメージを受け，生物間のバランスは壊れてしまい，自然のめぐみも低下する宿命にある．現代では，人間活動の拡大によって自然のめぐみの多くが劣化していると評価されている（Millennium Ecosystem Assessment, 2005）．

原生の自然環境においては，これらの自然のめぐみに関わる集合は一致しており，供給サービスの価値を守ることによって調整サービスの価値が守られ，文化的サービスの価値も守られていたのだと思われる（図上）．しかし，現在の破壊された自然環境においては，それぞれの価値がばらばらになり，共通部分が少なく

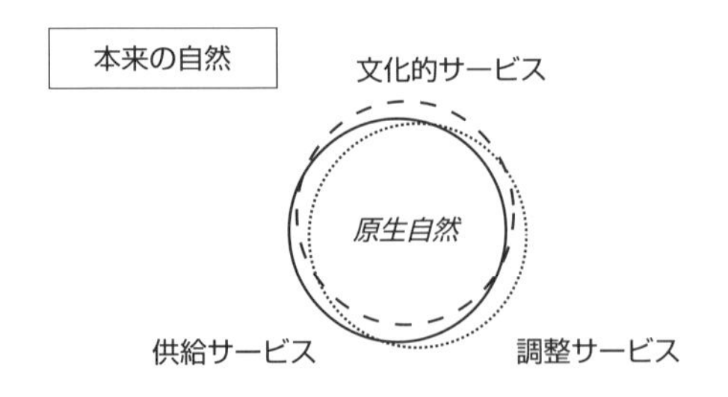

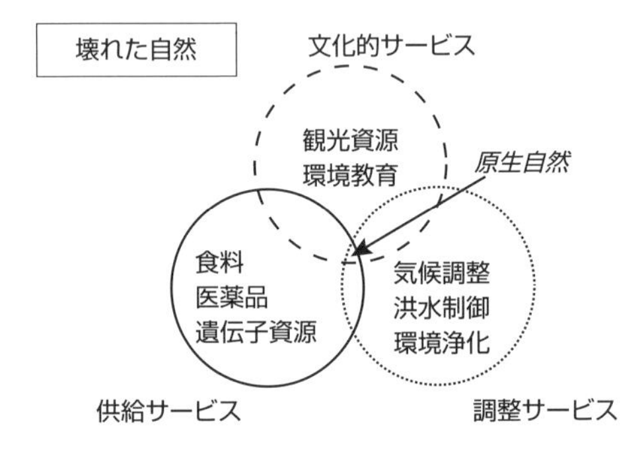

図 生物多様性がもたらす 3 つの異なる価値の集合関係
Fausch *et al*., 2009 を改変して引用.

なったように思う（図下）．たとえば，調整サービスを再生するために，人為的に生物を移植することは有効かも知れないが，それは原種の遺伝資源を消滅させ，供給サービスを保全することに反するかもしれない．その逆もまた然りであるが，この共通部分の減少は生態系サービスの質と量を劣化させる．

では，どのようにして，生態系サービスを享受できる自然共生社会を作ればよいのだろうか．それに対する明確な答えはないが，すべての生態系サービスを同時に享受することが困難な，壊れた自然生態系となった現在，それぞれの価値を，それぞれの相応しい場所で高めていけば良いのではないだろうか．そのためには，現在の人間活動によって生態系がどのように壊れてしまっているのか個々の問題を理解する必要がある．本書は，応用生態学の分野で活躍する 17 名の執筆者が，人間活動と生態系に関する諸問題について基礎から応用的側面まで含めて概説している．

まず第 1 章では，人間による自然環境の改変の歴史（環境史）をグローバルな視点でとらえ，改変の程度に応じた自然環境の特徴を述べている．第2章では，生物多様性の4つの危機と生態系サービスの概念について説明し，本書の基礎となる考え方を述べている．第3章では，人間による環境の改変が最も大きい生態系である都市の自然環境の特徴を概説している．第4章では，人間による環境への働きかけによって維持される生態系である二次的な自然環境の特徴を概説している．第5章では，本来は連続していた生息地が人間活動によって分断化された場合，生物に及ぼす影響について概説している．第6章，第7章，第8章では，それぞれ農業，林業，漁業という，自然のめぐみを直接的に享受する産業が抱える問題について紹介している．第9章では，人間が合成した化学物質が環境中に放出された場合の問題とリスク評価という考え方について紹介している．第10章では，本来その場所に居なかった外来生物が引き起こす様々な問題について概説している．第11章では，生物資源を持続的に利用するための方法について，漁業を例に概説している．そして，最後の12章では，生態系の保全と壊れた自然を再生するための実践的な手法について紹介している．なお，本書は各章が独立しており，関心のある章から読めるように構成されている．

生態学は自然科学の一分野であり，その基本は生物に関わる現象を説明する法則の追求であることは今後も変わらないだろう．しかし，近年，自然科学には社会への貢献が強く求められるようになった．この変化は世界的な傾向であり，生物多様性及び生態系サービスに関する政府間科学政策プラットフォーム（IPBES, http://www.ipbes.net/）や Future Earth（http://www.icsu.org/future-earth）などの国際活動が本格化している．前者が既存の知見を取りまとめた総合評価を，後者が新規の研究開発そのものを目的としている点が異なるものの，両者ともに自然科学と社会科学の融合や，研究者だけでなく，政策担当者や一般市民との協力関係を基本とした社会貢献を企図する点が共通している．今後の生態学は，基礎的な生物学に留まらず，人間社会を扱う境界領域が発展していくと予想される．また，日本が策定した生物多様性国家戦略では，「生物多様性の維持・回復と持続可能な利用を通じて，わが国の生物多様性の状態を現状以上に豊かなものとするとともに，生態系サービスを将来にわたって享受できる自然共生社会を実現する」ことが長期目標として掲げられている．本書が，その目標を達成し，生態学の社会貢献を加速するための一助となれば幸いである．

なお，本書の各章は，1名の専門家と担当編集委員による査読を行い，原稿の修正を重ねた結果，受理されたものであることを申し添える．

最後に，本書が大幅な出版の遅れを来したことに編集委員として深くお詫びするとともに，編集の機会を与えてくださった編集幹事の矢原徹一氏と巌佐庸氏，多忙にもかかわらず匿名での原稿校閲の労をいただいた査読者の方々に心から感謝したい．また，忍耐強く編集を見守ってくれた共立出版編集部の信沢孝一氏に厚くお礼申し上げる．

2015年2月1日

森田健太郎
池田　浩明

引用文献

Crutzen, P. J.（2002）Geology of mankind. *Nature*, **415**, 23.

Millennium Ecosystem Assessment（2005）*Ecosystems and Human Well-Being*, Island Press.

Fausch, K. D., Rieman, B. E., Dunham, J. B., *et al.*（2009）Invasion versus isolation: trade-offs in managing native salmonids with barriers to upstream movement. *Conservation Biology*, **23**, 859–870.

UNFPA（2011）*State of World Population 2011: People and Possibilities in a World of 7 Billion*, UNFPA.

Vitousek, P. M., Mooney, H. A., Lubchenco, J. & Melillo, J. M.（1997）Human domination of earth's ecosystems. *Science*, **277**, 494–499.

もくじ

第 1 章　人間活動の歴史　1

1.1　環境史の視点……1

1.2　ヒトがいる環境といない環境：ヒトの到来とともに起こる環境変化…4

1.3　農業のある環境：半自然環境の形成……7

1.4　拡大する人為的環境……13

1.5　まとめ：環境研究のパラドックス……16

第 2 章　生物多様性の危機　22

2.1　はじめに……22

2.2　生物多様性とは……23

2.3　生物多様性の危機……26

2.4　遺伝的多様性の危機……33

2.5　生態系の多様性の危機……36

2.6　なぜ生物多様性の保全が重要か？……37

第 3 章　都市の自然環境　43

3.1　植物から見た都市環境……43

3.2　鳥から見た都市環境……54

第 4 章　二次的な自然環境　67

4.1　二次的自然とは……67

4.2　生態系および景観としての二次的自然……69

4.3　失われゆく二次的自然の生物多様性……73

4.4　農業生産システムで守られている二次的な草地環境……78

4.5　二次的自然の保全と再生に向けて……82

第5章　生息地の分断化　87

5.1　はじめに……87

5.2　生息地の分断化が影響を及ぼすメカニズム……90

5.3　分断後の長期的変化と生息地管理……99

第6章　農業の特性と生物の応答　103

6.1　はじめに……103

6.2　農業の特性……104

6.3　農業が生態系に及ぼす影響……105

6.4　農業活動に対する生物の適応進化……116

6.5　農業と野生生物の共生を目指して……120

第7章　林業の特性と生物の多様性　127

7.1　はじめに……127

7.2　人工林の現状……128

7.3　人工林の種多様性……130

7.4　人工林の種多様性に影響する要因……132

7.5　林齢にともなう種多様性の変化……138

7.6　植栽樹種の影響……141

7.7　外来樹種の人工林……142

7.8　おわりに……145

第8章　漁業の特性と生物の適応　149

8.1　はじめに……149

8.2　獲る漁業がもたらす影響……150

8.3　種苗放流がもたらす影響……156

8.4　進化する漁業資源の管理……163

第9章　環境汚染と生態影響評価　167

9.1　はじめに……167

9.2　環境汚染と生態影響……168

9.3　化学物質の生態リスク評価の枠組みと生態影響試験……174
9.4　生態リスク評価の実務……178
9.5　既存のリスク評価手法の問題点……180
9.6　個体群レベルの評価手法……182
9.7　まとめと今後の展望……187

第10章　外来生物の生態学　192
10.1　はじめに……192
10.2　外来生物とは……193
10.3　外来生物の侵入プロセス……194
10.4　外来生物はなぜはびこるのか？……205
10.5　環境省・外来生物法……206
10.6　今後の課題—情報の共有と対策……208
10.7　おわりに……209

第11章　野生生物資源の管理と持続的利用　213
11.1　はじめに……213
11.2　MSY 理論……213
11.3　不確実性への対応……217
11.4　生態系の管理……223
11.5　野生生物の持続的利用は可能なのか……225

第12章　生態系の保全と再生　231
12.1　はじめに……231
12.2　生態系の保全・再生とは……231
12.3　生態系の保全・再生の事例……236
12.4　自然と共存していくためには……241
12.5　おわりに……246

索引　249

第1章 人間活動の歴史

David SPRAGUE（デイビッド・スプレイグ）

1.1 環境史の視点

約2百万年前に地球上に登場してから，ヒト属の霊長類は自らの生息環境を改変してきた．当初は狩猟・採集生活を営んでいたが，さらに牧畜や農業といった生業を発展させた人類は地球規模で環境を著しく改変してきた．近年にいたっては，地球上の生命を支える大気圏までも改変してしまい，地球温暖化をもたらしていると言われている．生態学の視点から見ると，この凄まじい力を持つヒトという種は将来もこの地球上に生存していけるのであろうか，と疑いたくなるほどのものがある．

生態学的な視点をもって人間と環境の関わりあいの歴史を探求する研究分野が環境史（environmental history）である．自然科学，社会科学，人文科学のそれぞれの分野の問題意識によって環境史へのアプローチは様々であり，地球規模の壮大なスケールで展開される環境史の研究も多い．人類学者である Moran（2008）は，人がいかに地球上の各環境に適応して生活を築いてきたかに注目し，乾燥地，草原地帯，熱帯地域での様々な人々の生業を紹介した．Burke & Pomeranz（2009）は，ヨーロッパ，中近東，インド，中国といった地域にとって重要な歴史上の環境課題を扱った．全人類史をすなわち環境史と捉える Goudie（2000）は，植生，動物など，人類が地球上で生活するうえで働きかけてきた対象に分けて，人間の自然環境に対するインパクトを解説した．対照的に，Richards（2006）は近世といったひとつの時代に注目し，近世における自然資源収穫の商業化とグローバル化によっていかに人間による自然資源収穫の規模が急速に拡大したかを指摘した．池谷編（2010）は環境保全思想の歴史を取り上げ，自然と人間とを二分する思想が，将来の自然のあり方を考える上でいかに問題を抱えているかを訴えている．矢原（2010）は人類5万年の環境利用史を解説し，持続可能な環境利用を実現するうえでは，科学的知識にもとづく戦略目標と，「自然共生社会」のビジョンに加えて，多種多様な生物に目を向ける文化を発展させることの重要性を訴えている．

この章の範囲内で，上記のような環境史全体の解説をすることは無理であろう．しかし読者には，人類史にわたる壮大なスケールで環境について考えるといった広い視野によって展開される研究にある程度触れてほしいので，三つの課題に的を絞って，環境史の要点として紹介する．

第一に，人間がいる環境といない環境を比較した場合どれほど異なるのか，という素朴な疑問について考えてみたい．生息環境を変えることそれ自体は決してヒトに特有の現象ではない．地球上の全ての生物は生きるために自らの生息環境を改変する．また，自らの生存をも脅かすほど生息環境を改変してしまう生物もけっしてヒトが初めてではないであろう．本章の課題としては，人類による環境改変の手段と規模を確認しておきたい．

次に，人類の生存にとって重要なひとつの生業に注目し，その生業活動がいかに環境を変えてきたかに注目したい．その生業とは農業である．現在では先進国の経済活動のほんの数パーセントしか占めていないため，農業は軽視されがちかもしれない．しかし，今でも農業は私たちの生存に欠かせない食料を生産する産業であることには変わりはない．そして，国連の食料農業機関（FAO）によると，農地は地球の面積の約38%を占めている重要な環境要素でもある．そこで，ここでは農業のある環境とない環境がどのように異なるのかを比較する．

最後に，現代の人類による地球規模における環境改変の程度に言及したい．近世以来，人口が爆発的に増加してきた事実は周知のことかもしれないが，人類の拡大を地球の表面に対する確固たる影響として考え，地球環境が人類によってどの程度変化してきたかを推定する研究が近年進んでいる．その成果をここに紹介しよう．

これら三つの課題の時間的スケールが異なることに読者はすでにお気づきであろう．どれも現代にも適用される課題ではあるが，それぞれのおよぶ時間的な範囲は大きく異なる．第一課題では数万年前までさかのぼり，人間が環境を改変する最も根本的な行為を考える必要がある．第二の課題の中心である農業の時間的スケールは約1万年におさまる．第三の課題はここ300年に集中しながら，近世以来の人為的環境改変を視野に入れる．

この三つの時間的スケールを紹介した理由はもうひとつある．それは，人類に

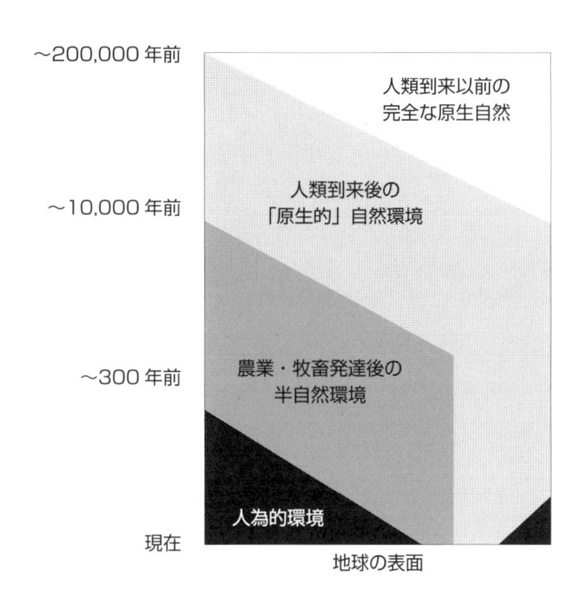

図 1.1 人類と環境変化の歴史的変遷の概念図

よる環境改変を3段階に分ける視点を紹介するためである（スプレイグ，2007）．その3段階とは（図 1.1），以下である．

1）人間の影響が少ないか，全くない原生的自然環境

2）人類が地球上の生物資源を利活用しながら築き上げた半自然環境

3）近代の高度に人為的な環境

もちろん，人類による環境改変は様々な程度があり，本来ならば連続的な尺度で測るか，詳細な類型によって把握するべきかもしれない．あるいは，割り切って単純明快に自然と人為の二者択一で地球を評価するべきかもしれない．しかし，この原生的自然，半自然，人為といった3段階に分ける視点は，我々がこれからも管理・保全していかなければならない環境について，より明確な問題意識で構えるためのひとつの提案と言える．これに似た3段階評価は，FAO や OECD などのいくつかの国際機関によって生物多様性やその生息地の質を測る尺度として使用されている（Di Gregorio & Jansen, 2005; OECD, 2003）．

そこで，この3段階の環境評価を前提とした近年の論争を以下に紹介したい．目下，盛んに議論されている課題も多く，必ずしも結論が確定されているわけではないが，読者には地球に対する人間の最も根本的な働きかけについて考えつ

つ，どのようにして人間は環境を資源として利用してきたか，そして，高度に発達した技術を武器に人口増加に突き進む人類の生きる道はどこにあるのか，問題意識を磨いていただきたい．

1.2 ヒトがいる環境といない環境：ヒトの到来とともに起こる環境変化

アフリカで進化した人類はユーラシア大陸へと広まって行った．したがって，アフリカとユーラシア大陸の大部分においては，ヒト属がいない時期はここ百万年ぐらいの間にはなかったので，人間が到来した時点は曖昧である．しかし，ヒト属の種としては現代人（*Homo sapiens sapiens*）となった後の拡散は，進化的時間スケールでいうとかなり最近で今から10数万年以内である（海部，2005）．さらに，アフリカとユーラシア以外の地域へのヒトの拡散は現代人になってからの出来事なので，考古学的な研究によりその軌跡をたどることが可能である．ヒト到来の有名な例としては，オーストラリア（5万年前），アメリカ大陸（1万4千年前），マダガスカル（2千3百年前），ニュージーランド（1千年前）および南太平洋の島々がある．そのため，世界各地で人類が初めて到来したその時に起こった環境変動は考古学者の活発な研究の的となってきた．おおむね，人間の到来とともにそれまでそれぞれの地域に生息していた生物相が大きく変化し，一部は壊滅的に減少したとされている（Burney & Flannery, 2005）．もちろん，これら環境変動が人間のみによってもたらされたのか，同時に進行していた気候変動のためなのか，研究者の間で意見が分かれる．しかし，人間が環境に大きく影響してきたことそれ自体は事実であろう．

さて，環境を大きく改変する人間の行為とはなんであろう．ここに重要な行為をいくつかリストする．

- 生物資源を大量に収穫する．
- 森を切り開く．
- 火を放つ．
- 生き物を運び放つ．

人間は道具と組織力を活用して大量に動物を狩猟し，植物資源を収穫する．森林を改変できる動物のうち，ゾウのような大型の動物には大木をなぎ倒すことができる．一方，大きさは及ばなくても人間は道具を使用して大木をも切り倒す能力を持つ．このリストの中で動物として人間に特有な行為はたぶん火を放つことであろうが，人間は火入れによって広大な面積を一気に改変することが可能である．また，海をも越えて長距離を素早く移動することができる人間は意図的・非意図的にあらゆる動植物を運んでは新天地に放ち，ひいてはそこの食物連鎖を攪乱させてしまう．多かれ少なかれ，世界中で人間が到来した地域ではこれらの行為が行われてきた．そこで，人間の到来とともに発生する環境変動が生態学者や考古学者によってさかんに研究されている．

たとえば，氷河期を代表した大型のほ乳動物は人間による狩猟圧や環境改変によって絶滅に追い込まれたという仮説がある．更新世末期（約1万年前）に世界規模で大型動物の大量絶滅（Pleistocene megafaunal collapse）が発生したこと自体は事実である．これが各地域への人間の到来とだいたい重なる時期にあたるので，人の影響が大量絶滅の主要な原因として疑われている．もちろん，これは最終氷期の終焉と重なるので気候が著しく変化していた時期でもあり，人間の影響のみで大量絶滅が説明できるかどうか，活発に議論されている（Burney & Flannery, 2005; Johnson, 2009）．

アメリカ大陸の場合，人間が北アメリカの北の端に到着して以来，彼らの前進とともに引く波のように大型ほ乳動物が絶滅していった，と当初の学説では提案された（Martin, 1967）．その後，詳しい研究によると現代人の到来とほぼ重なる時期に，北アメリカに生息していた体重約1000 kg以上の種，南アメリカに生息していた体重320 kg以上の種がそれぞれ絶滅したことは事実とされる（Koch & Barnosky, 2006）．ただし，アメリカ大陸に関しては，古気候の研究の発展による詳細な時系列データが揃ってきたおかげで，狩猟圧のみによる説明はやや分が悪くなっている．気候変動と大型ほ乳動物の減少が，石器が最も多く残るClovis文明より早い時期から始まっていたことが判明しつつあるからである（Koch & Barnosky, 2006; Johnson, 2009）．しかし，Clovis文明の前からアメリカ大陸に進出していた人類の存在を示唆する遺跡が発見されるようになり（Waters *et al.*, 2011），また，大型ほ乳動物が狩猟されていたことも事実なので，狩猟圧は大型動物にとどめを刺したのではないかという考え方に議論は落ち着きつつあるようだ．

歴史をさかのぼり，気候変動がややおだやかな時期を舞台にして人間が初めて進出した地域の場合は，人による環境改変の影響はより明白である．たとえば野火と外来種によって大きく環境が改変されたのはニュージーランドである（Harada & Glasby, 2000）．ニュージーランドに初めてポリネシア系民族のマオリの人々が到着したのは紀元1000年頃であった．マオリはニュージーランドの森を切り開く際に火を使った可能性が高い．その痕跡を地質学的に探求しようとしたMcWethyら（2010）は，ニュージーランド各地の湖沼の底に堆積する地層に残る炭の量から野火の頻度を推測した．そこで，マオリの到来とともに野火の頻度が増し，ニュージーランドの85〜95%を覆っていた森林は，その40%がヨーロッパ人の到来までには草原や灌木となっていた，と結論づけた（McWethy *et al.*, 2010）．さらに環境を改変したのはヨーロッパ人であった（Harada & Glasby, 2000）．イギリスの植民地となったニュージーランドにヨーロッパの動植物が多くもたらされ，イギリスに因んだ風景が広まった．また，ヨーロッパ式の牧畜がニュージーランドの地で展開されていった．2000年ごろのデータによると，ニュージーランドの全陸地面積の約半分は外来植物に覆われ，外来植物が70%以上も覆う地域はニュージーランドの42%も占めていた（Walker *et al.*, 2006）．

環境を改変する人間は自らの生活も脅かすことが考えられる．その可能性を南太平洋の島々に見いだす研究者がいる．ダイアモンド（2005）は太平洋の孤島，イースター島を例にあげる．イースター島に紀元1000年頃に到着した人々は一度は繁栄を享受するが，森林をすべて伐採してしまった結果，生活が苦しくなり人口が激減したとされている．しかしこの説に異を唱える考古学者は，森林破壊の原因が人間とともにイースター島に到来したネズミ類の仕業であると主張する（Hunt, 2007）．草食性のネズミ類は島の植物を食べつくし，森林の再生を妨げ，あげくの果ては同じ島に住む人間の生活をも破壊してしまったのだという．後者の説では，島民の生活を脅かしたのは自らの資源管理の失敗ではないので，自滅の汚名は晴れるかもしれないが，やはり自らが持ち込んだ外来の動物によって生活が脅かされたという結果になるので，人間のもたらした帰結であるという点には変わりはない．

人類の影響があまりなかった地域への人間の進出は近年においても続く．特に，熱帯雨林への現代人の進出は目覚ましい（Geist & Lambin, 2002）．もちろん，熱帯雨林も古代から人間の影響を受けていた．完全な原生林と従来思われていた地域にもかつて人が生活していた事実を考古学者が解き明かしている（Willis *et al.*, 2004）．たとえば，中央アフリカのコンゴ共和国北部にある熱帯雨林には土器，火入れ，ヤシの木，鉄の精錬場跡など，かつて人々が生活していた痕跡が発見されている（Brncic *et al.*, 2007）．しかし，アフリカや南米には現在も人間がほとんど生活していないか，狩猟採集民による極めて低い人口密度でしか生活していない地域が残されている．そこへ，近代技術を駆使する現代人が凄まじい勢いで進出している．この勢いを可能にする技術は，樹木を大量に伐採できるチェーンソーであったり，広い道路を密林でも切り通す土木技術である（Laurance *et al.*, 2009）．また，その道路に沿って新たに開拓者が移住してきたり，ブッシュミートと呼ばれる商業的な狩猟による食肉産業が発達して，多くの野生動物が収穫されている（Benítez-López *et al.*, 2010; Fa *et al.*, 2002）．あるいは，大規模なプランテーションが新たに使用可能になった地域に展開されようになる．開拓地を求める人々や国家政策による開発計画といった経済的な要因が熱帯雨林への進出を押し進める大きな原動力となっていることは言うまでもないだろう（Geist & Lambin, 2002；宮本，2010）．

1.3 農業のある環境：半自然環境の形成

狩猟・採集と比べると，農業は人類史のなかでは比較的新しい生業である．具体的にいつ，地球のどこで農業が発明されたかについて様々な仮説が提案されているが，最終氷期が終焉した後の約1万年前に発生したことは間違いないらしい（ベルウッド，2008）．狩猟・採集とは異なり，作物栽培と牧畜は人が生き物の生態と繁殖に直接的に介入する．根底にある行為は，生活に必要な生き物を育成することにある．さらに，農業を維持するために人々は地球の地表面に対して直接的に働きかけるようになっていった．

農業に関わる重要な行為をあげてみる．

・耕作地や放牧地を拓く．

・生き物を改良する．

・水を運ぶ．

・農法によっては農地の土を起こす．

・養分を管理し，土壌を作る．

これらの行為によって農耕民族は地球の地表面を大きく改変してきた.

当然のことながら，農業は広大な土地を利用する．そして，土地の改変は二つのレベルで行われる．ひとつは耕作地そのものを作り上げることである．農民は特定の場所から都合の悪い生き物を排除しつつ，求められる植物を選択的に育成したり，植えたりする．望まれる作物種のみを植えて，その他の植物は「雑草」として排除する．農法によっては，作付けを容易にするために農地を一旦完全に裸地化し，土を起こして耕す.

もうひとつのレベルは農地周辺の土地利用である．農業環境を理解するうえで重要な点は，農業的な土地利用は耕作地に限られるものではないということである．農民は農村周辺の野山から様々な自然資源を収集して利用してきた．森林からは木材や薪炭，あるいは草地からは茅や秣などを収集してきた．作物を育てるための水が足りない場合は，水系を改変して水を農地へと引き込み，家畜を多く飼いならす民族は農村周辺の野山に放牧地を求めたり，意図的な火入れによって牧草地を確保したりしてきたのだ.

さらに，農耕民は農業に特有な難問を解決しなければならなかった．それは，農地の生産性を維持するための肥料の確保である．生態学的な言い方をすると，作物の養分となる物質を循環させる必要性がある．養分の循環が必要になる理由はもちろん，作物の収穫という形で農民は養分を農地から持ち出してしまうからである．持ち出した養分はなんらかの方法で農地に戻さなければ，農業を長期的に持続させることができないのである.

耕作地に養分を循環させる土地の利用法は大きく言って二つある：

1）耕作地を移動させる：耕作することによって土地がやせてきたところで，作物が十分に育つ場所に耕作地を移動する．このような移動耕作を繰り返しているうちに地域の景観は耕作地と休閑地に分かれていく.

2）養分を移動させる：同じ畑を続けて耕作する農法では，何らかの方法で養分を農地へと移動させる．養分となる物質は農村周辺から集めては，肥料として農地に投入する．地域の景観は資源消費地である農地と，資源供給値である樹林や採草地へと分かれていく.

農耕民族はこの二つの循環的な土地利用の方法を使い分けたり組み合わせたりして，生活している地域の生態に適した様々な農法を摸索してきた（Brookfield,

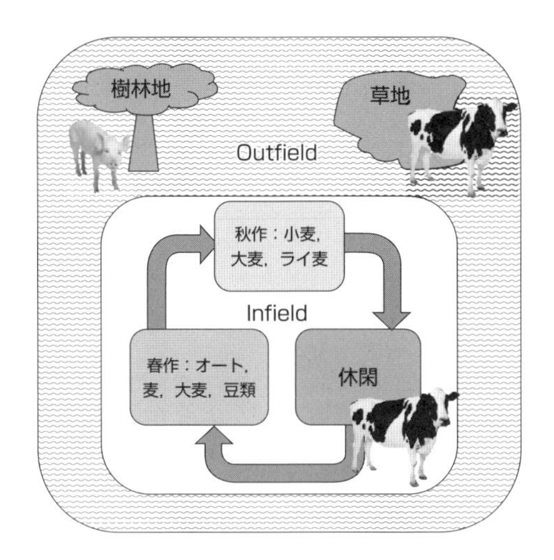

図 1.2　ヨーロッパの三圃式農業の模式図
Outfield と休閑地が半自然環境.

2001). そして，結果的に地域の景観が築かれていったのである．移動耕作の典型的な例は焼畑だが，焼畑農耕民の生活する地域は耕作地と，耕作後に放棄されて回復途上の様々な樹齢の林地からなる．焼畑は日本の山間地でも広く営まれていたが (守山, 1988), 平地における日本の農業は主に肥料を田畑へ運ぶ方法で維持されてきた．日本では「野良」と「山」を分けて土地を利用し，現在注目されている「里山」の原型が築かれていった (守山, 1997; Sprague, 2013；武内ら, 2001).

二つの方法を上手に組み合わせた例に，ヨーロッパの有名な三圃式農業があげられる．中世ヨーロッパ (5 世紀～15 世紀) の農民は地力維持のために耕作地を三つに分ける知恵を覚えた．耕地の 3 分の 1 ずつを春作物，秋作物，休閑地にあて，一年ずつ使いまわした (図 1.2). 休閑地には家畜を放牧し，その糞尿は畑の肥やしとなった．さらに，集落から遠いところには土壌や地形の状態によって放牧や採草専用の草地を維持し，必要に応じて樹林地も確保していた．このような農法が長年継続されることにより，ヨーロッパ各地の農村は資源が投入される infield と資源を提供する outfield に分けられていき，日本の「野良」と「山」に似た outfield が infield を囲む同心円の土地利用が展開される地域も見られるようになっていった．そして，ヨーロッパ人にとって懐かしい田園風景とは，かつて

outfield を構成した粗放的な放牧地や疎林を意味する地域が多く，今では環境の保全や修復を計画する際の理想像となることもある（Pfadenhauer, 2001）．

世界各地で農法は常に発展し変化してきた．その中の大きな傾向を示す言葉に「集約化」という言葉がある．農耕民はあらゆる知恵を絞って農村の生物資源を維持管理し，生産性を上げることに努力してきた．この生産性を向上させる努力が「集約化」(intensification) と呼ばれることが多い．様々な意味で使用されてきた言葉なので，ひとつの定義は難しいが，集約化の本質的な意味は農地の単位面積当たりの収量を上げる努力を指す．すなわち，単収を上げるために一定の面積に対して集中して投入される労力や肥料などの農業資材が増加すると仮定するので，集約化と言われるのである．

環境史にとって集約化の重大な意味のひとつは，それが土地利用に影響することである．一方では，肥料などの供給源となる地域が拡大する場合も想定できるが，農業の環境史に関する研究者は逆の傾向に注目してきた．すなわち，農地の養分管理の発展にともない，肥料などの供給源となる休閑地が減らされ耕作地が拡大してきたと考える．

集約化を体系的な社会進化の構図として提示したのは Ester Boserup である (Turner & Fischer-Kowalski, 2010)．経済学者の Boserup は人口増加とともに農業は集約化すると仮定した (Boserup, 1965)．この説を提唱した彼女の目的は，有名な Thomas Malthus の人口論に対して反論することにあった．Malthus は，人口は幾何級数的に増加する傾向がありながら，食料資源は算術級数的にしか増加しえないので，人口増加は必然的に貧困をもたらすと予言した．この考え方に対して，Boserup は農業の発展によって人口増加とともに食料は確保され続けてきたと指摘する．そして，農業の集約化を表す，以下のような土地利用変化の過程を提案した（Brookfield, 2001 から引用）：

1）無人地帯における耕作可能な土地
2）狩猟と採集のみに使用される地域
3）家畜の放牧のみに使用される地域
4）長期休閑農業に使用される地域（焼畑を含む）
5）短期休閑の農地とともに休閑地を家畜の放牧に使用
6）休閑地がない一期作
7）休閑地がない二期作

8）休閑地がない三期作以上

この集約化の過程は，世界各地で農民がたどって来た道そのものであるとBoserupが提唱し，その賛否両論を議論する研究が一世を風靡してきた．Boserupに触発された研究の結果，農業の集約化と人口の間に一定の関係を認めつつも，全ての農耕民族が同じ集約化の道をたどってきているかのような考え方は実態にあわないことが明らかになってきた．むしろ農業それ自体の持つ多様性agrodiversityを認める考え方が広まりつつある（Brookfield, 2001）．世界各地の気候や生態系に合わせて適材適所の農業が発展してきたと考えることが妥当であろう．しかし，agrodiversityは決して集約化の実態を否定する考え方ではない．むしろ，近年の極めて高度な集約化により農業の多様性が失われている現状を危惧する声がある．

高度な集約化を可能にするのは高品質な肥料の開発である．自給肥料に頼る農業は自ずと農村近辺の生態系が提供する生物生産性によって肥料の供給量が制限される．しかし，どこか遠い所から高品質の肥料が交易によってもたらされると，地域の生物生産性から解放された農業生産性は飛躍的に増加する可能性を得る．日本では近世からこの傾向が始まっていた．農民が購入して使用した魚肥や都市近郊の金肥がその走りと言える（有薗，2001）．そしてもちろん現在は工業製品としての化学肥料が大量に使用されている．

高品質の肥料を遠くから運搬することが可能になり，Boserupが指摘するとおり，休閑地や資源供給地を維持する必要性がなくなるのである．そのため，農村の土地利用が変化する．

その一方で，休閑地が必要なくなると極端な集約化が可能になる．北アメリカの穀倉地帯のように，本当に耕作地しかない，作物以外の植生がほとんどいない環境が維持されるようになる．また，化学肥料に加えて農薬や土壌改良剤等，莫大な量の物質が農地を介して環境の中を流れていく．このほとんどは一方通行的に農地を通過していくのである．

また，もう一方では，利用価値がなくなった「里山」の多くが放置され，自然遷移にまかされるため植生がどんどん自然に回帰している．これによって自然植生が回復し，原生植生の方向に向かって遷移していくならば，環境の改善と解釈して歓迎することも可能だろう．しかし，いずれにしても大きな変化であり，農村の環境が著しく変化していることは否定できない．高度な集約化の方向に発展するか，自然植生の方向に遷移するか，時と場所によって違いはあるが，農業と牧畜が培って来た半自然環境は失われていく．

ではこの，「半自然環境」とはなんであろうか．「半」という字を付与する以上，「自然」とは異なる意味で使用される言葉であることは明白である．英語の semi-natural の訳語として使用される場合が多いが，「準自然」と訳すことも可能である．なぜ「半」や「準」なのか．それは，人の生業活動の影響を強く受けていながら，自然の要素が多分に残されている環境をさすからである．

半自然環境の生態学的な特徴は「二次的」な植生によって形成されていることにある（山本，2001）．半自然的な森林は「一次林」や「原生林」や「老齢林」と対比する遷移途上の若齢林という意味で「二次林」と言われる．典型的な例としては皆伐後の森林をイメージしてほしい．当初の草本類のあとに低木が繁茂し，それが陽樹の高木林に置き換わり，いずれは陰樹の多い老齢林へと植生は遷移していく．ただし，伐採に限らず，何らかの大きな撹乱のあと植生が著しく減少したところに，植生が回復する過程のなかで植物相がどんどん変化していく．自然状態においても倒木や野火や土砂崩れや洪水や大風などの撹乱が生じるので，二次植生は自然状態にも存在する．そのため，撹乱そのものによって半自然環境を定義づけることはできない．人の生業活動の植生に対する影響とは，この遷移の過程を初期の段階に引き戻し，その状態を長期にわたって維持し続けることにある．

自然要素が残る理由は様々であるが，ここでは二つあげる．ひとつは人による撹乱に強い生き物が残っているからである．もうひとつは，人も生きるために自然の生物生産性にたよっているので，生き物を利用しながらも自らを含めた生態系を持続可能な方法で管理しようとするからである．すなわち，人が意図して養う動植物と，意図せずともしぶとく生き残る動植物の融合として半自然環境は世界各地で長年育まれてきたのである．

もちろん，「半自然環境」は「自然環境」と異なり，「一次自然」を代替するものではない．しかし，「半自然」も動植物の種数で測れば極めて多様性に富む環境となりうる．やや郷愁的に表現すると，半自然環境とはまさしく私たちが懐かしむ昔ながらの里山である．より冷めた生態学的な視点からしても半自然環境は独自の生物多様性を擁し，人間の影響なくしては持続しない生物多様性を維持している場合がある（Halada *et al.*, 2011；山本，2001）．

研究者の間では伝統的な農業や林業や牧畜の営みによって形成された環境をさして「半自然環境」という言葉を使う場合が多い．とりわけ，ヨーロッパの生態学者は，ヨーロッパに原生的な自然が少ないという事情も相まって，半自然環境の重要性を長年訴えてきた（Bignal & McCracken, 1996）．彼らは 20 世紀における農業の集約化によって伝統的な粗放的な農地や牧草地が失われ，それによって生物の多様性が失われていると主張している（Donald *et al*., 2001; Plieninger *et al*., 2006）．また，EU 諸国の間では伝統的な農業地域に自然性の高い農地を見いだし，農業環境を守る政策を実施している（大黒ら，2008）．さらに，これらの農業環境施策が実際に生物多様性を守る結果になるのかも活発な研究の対象になり，この分野の研究は急速に発展している（Kleijn *et al*., 2011）．

1.4 拡大する人為的環境

最後に，世界規模で人間がどれほど地球環境を改変してきたかをもう一度考えてみよう．Ellis ら（2010）は地球規模で環境の質を地理学的に評価しようとした．生態学者である彼らは，地球の生態系に対する人為の影響を地図化して表現することを研究の課題としている．そこで，彼らは自然環境を形成する生物群系（biome）のひとつとして人為的生物群系（anthrome）を提唱する．そして，地球全体でいかに人為的生物群系が広がっているかを地図化した．さらに，人為的生物群系の地図を 1700 年から 2000 年まで百年ごとに作成し，産業革命が起こる以前の状態から産業革命を通して 2000 年まで，時代の変遷とともに拡大していく人為的生物群系の面積を割り出した（図 1.3）．人為的生物群系の内容について，おおまかな類型を表 1.1 に示す．

Ellis ら（2010）の世界環境図によると 1700 年において氷に覆われていない陸上のおよそ 50% は人の影響が少ない野生地域（wild）に占められていた．残りの 45% は小規模な農地や居住地による半自然地域（semi-natural）であった．しかし，2000 年までにはこの状況は一変する．2000 年には野生地域は地球の 25%，半自然地域は 20% に減少した．そして，人為的な影響の強い放牧地や集約的な農地や都市部が世界の半分以上を占めるようになっていた．しかも，人為的生物群系が地球の半分を占めるようになった重要な転換点は 20 世紀の初頭にあたる，

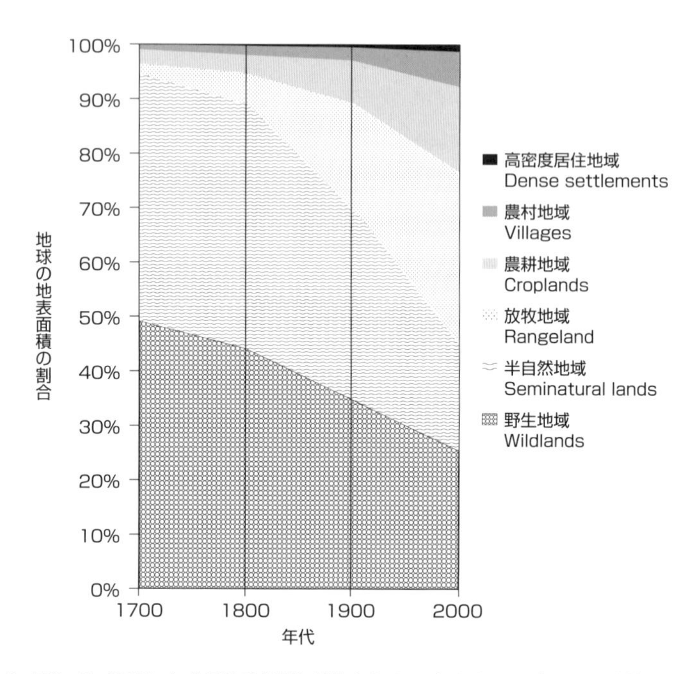

図 1.3　Ellis ら（2010）による地球規模に発生した 1700 年から 2000 年までの土地利用の変化

表 1.1　Ellis ら（2010）による世界の環境類型

名称		定義
高度に利用されている地域 Used	高密度居住地域 Dense settlements	都市及び高人口密度居住地 Urban and other dense settlements
	農村地域 Villages	高人口密度の農業・農村地域 Dense agricultural settlements
	農耕地域 Croplands	主に単年性作物の作付けに使用される地域 Lands used mainly for annual crops
	放牧地域 Rangeland	主に放牧地に使用される地域 Lands used mainly for livestock grazing and pasture
半自然地域 Seminatural lands		部分的に居住地や経常的農業に使用される地域 Inhabited lands with minor use for permanent agriculture and settlements
野生地域 Wildlands		人口密度や充実した土地利用がほとんどない地域 Lands without human populations or substantial land use

と Ellis ら（2010）は推測する．すなわち，人為的な環境改変が 1700 年から始まる 300 年の中で 20 世紀は特に顕著であったとともに，地球の大部分が野生か半自然であった状態から，その大部分が高度に利用されている状態へと転換した時期でもあった．この大きな人為的な環境の拡大の理由を，Ellis らは主に二つの要因に求める．ひとつは，特にアメリカ大陸，オーストラリア，南アフリカにおける近代的な牧草地や農業地帯の大幅な拡大である．もうひとつは，半自然地域内における農業と産業の集約化である．結果として，現在では地球上で氷に覆われていない陸地の 40% は近代的な農業又は都市部に覆われ，22% のみが野生環境として残るが，そのうちの 85% は寒冷地と乾燥地に集中している．

1700 年において地球上の約半分が野生環境であったという Ellis らの推測を過大評価と考えるか過小評価と考えるかは難しいところではある．人類はすでに地球の隅々にまで拡散して生活していたはずである．しかし農業に適さない地域において，狩猟・採集を営む人々が Ellis らの言う「野生（wild）」地域に生活していたと考えることも可能である．また，Ellis らが半自然地域を強調することは興味深い．彼らは 1700 年の地球の人口の約半分は半自然地域に生活していたと主張する．すなわち，有史以来人類のほとんどは規模が拡大と縮小を繰り返したかもしれないにせよ，この半自然地域に生活していたと考えられる．しかし，Ellis らによると 2000 年には地球人口のほんの 4% が半自然地域にとどまっていた．対照的に，人口の半分弱は人口密度のより高い農村地帯（village）に生活し，さらに約 50% は高密度居住地域（dense settlements）に生活している．すなわち，この半自然地域の消滅こそ，近世から近代における人類にとって最も身近で劇的な環境改変のひとつであることを Ellis らの研究は示しているのではないだろうか．

したがって，Ellis ら（2010）の「半自然地域」の定義が重要になる．Ellis らの類型は人口密度に依存する部分が多い．それによるとアジア・オセアニア地帯における人為的環境を特に多く推算し，半自然地域はアメリカ大陸やユーラシア地域より少ない計算になっている．その理由は，人口密度の高いアジアの水田農村地帯は半自然地域から外されてしまったためである．

水田農業をより肯定的に解釈する環境評価を行った研究として，Kadoya & Washitani（2011）がある．彼らは人口密度ではなく，土地利用の多様性の高低を示す Satoyama Index という指標を提唱し，この指標をもって世界の農業地域における生物多様性を支える潜在的な能力を評価した．生物を支える能力は農地とともに多様な土地利用が多く一緒に併存する地域において高いという前提でこの指標は提案されている．そこで，指標を計算するために彼らは，まず，世界の土地利用を1 km×1 kmのグリッドで地図化した．次に，この1 km×1 kmグリッドの上に6 km×6 kmのグリッドを覆いかぶせた．そして，各6 kmグリッドに含まれる36個の1 kmグリッドにおける土地利用の多様性指数を計算した上で，この多様性指数に非農地の割合を掛けた．なお，この多様性指数には有名なシンプソンの多様性指数が使われている．また，計算の条件として36個の土地利用区画に農地が含まれている場合に限るとともに，市街地は計算から省いている．結果として世界の農地とその周辺の自然環境の多様性を測るものになるので，Satoyama Indexと命名された．この指数の値は，世界の農業を含む地域のうち，樹林，草地，耕作地など，多様な土地利用の割合が高いほど高くなる．昔ながらの伝統的な農業においては土地利用がとても多様なため，その多様性ゆえに様々な生き物が生息しうる環境を提供していたと仮定できるし，また実際にSatoyama Indexによって世界各地で生物多様性を守る伝統的な農村地域が地図上に浮かび上がってくる．そして，水田とともに樹林や草地などが混在する水田地域の場合は土地利用が特に多様なので，東アジアにおけるSatoyama Indexの値はヨーロッパや北米のそれよりも高い値を示すという結果がもたらされた．

1.5 まとめ：環境研究のパラドックス

本章の目的は，ヒトによる環境改変がグローバルな視点からどのように評価されているかを簡潔に紹介することにあった．

そこで三つの課題を選び，人類による環境改変を原生的自然，半自然，人為的環境の3段階に分ける視点を紹介し，人類がこれから管理・保全していかなければならない環境をより明確にとらえるための，ひとつの提案とした．これをさらに掘り下げると，人間がこの地球上で生活していかなければならない事実につきまとう，環境保全という大きなパラドックスを内在していることに気づく．

そのパラドックスは，まず，まったく人の手が入っていない「原生」の自然はもはや存在しないと認めつつ，原生的な自然生態系を保全する努力を続けなければならないことである．次のパラドックスとは，最も多くの人々が慣れ親しんできた身近な自然は「原生」的自然ではなく，その人々自身が生態系を直接的に操作して作り上げた「半自然」環境であったことである．そしてさらなるパラドックスとは，人類の大部分がもはや極めて人工的な人為的環境に生活しながらも，その居住性を高めるために公園や植込みや園芸植物などといった「緑」を取り込む必要性に迫られていることである．このように，多くのパラドックスを意識しながら地球上に存在する様々な環境の研究と保全を我々は実践し提案していかなくてはならない．

原生的自然を保全する必要性は言うまでもない．5億年もの長期にわたり生命は壮大な生態系を地球上に築き上げてきた．この生態系は全生命を支える緻密な仕組みであると同時に，生き物が生きていくための知恵の宝庫である．人口密度が極めて低く，農耕も牧畜を営む定住者民族も存在しない地域が多少とも地球上に残りながらも，熱帯雨林の伐採に象徴されるようにこうしている今も原生的自然は減少の一途をたどっている．これらの原生的自然生態系がかなり維持されている地域が従来の自然保護の対象であった．

ところが，近年最も減少している環境は，実は半自然環境であったのではないかということに研究者が気づき始めている．根本的なパラドックスとして人間は生きていくために自然資源を利活用する必要があり，地球の環境はその人間の営みを色濃く反映しているのである．その中で，伝統的な農業環境こそ人間と自然が最も濃密に向き合う領域であったのかもしれない．その結果，「原生的」な自然とは異なるが，独自の生物多様性を支える半自然環境をつくりあげてきた．しかし，20世紀の中ごろから世界中で伝統的な農耕や牧畜の終焉とともに半自然環境は急速に失われつつある．そして，多くの研究者や保護団体が半自然環境の保全に乗り出している．たとえば，2010年に開催されて生物多様性条約（CBD）の締約国会議COP10で世界各地の伝統的な田園風景を保全するSATOYAMAイニシアティブが採択されたように．しかし，Boserup（1965）やEllisら（2010）によって指摘されているように，パラドックスの中のパラドックスとして，半自然環境の減少は農業自身の近代化と集約化に負うところが大きい．もちろんのこと，近代的農業の環境負荷を軽減する研究は積極的に実施されている．すなわち，農業環境が人と自然が最も濃密にかかわり合う領域でありつづけることに変わりはなく，農業環境の研究が半自然環境を保全するためには最も必要であるとともに効果を期待できる領域であり続けるであろう．

さらに，都市化によって人類の大部分は極めて人為的な環境に生活するようになった．国連によると世界人口の50%がすでに都市に生活し，そのなかでも先進国（北米，ヨーロッパ，日本，オーストラリア，ニュージーランド）にいたっては人口の75%が都市生活者となっている（UNFPA, 2011）．都市住民は水，食べ物，排泄物など，生活に関わる多くの物質循環を機械的な仕組みに頼り，遠くから運んできては遠くへ運び出している．住居はもちろん，地表面すら人工的な環境に改変する．おかげで都市住民の多くは「自然」を積極的に都市環境へ取り込む努力をしなければならず，「緑化」は都市計画の基本的な要素である（Yokohari & Amati, 2005）．同時に，多くの都市住民が「自然」を求めて旅をするようになり，別荘地を持ち，自然公園への観光を楽しんだり，農村体験ツアーに参加したりするので，今やエコツーリズムは新たな研究分野として展開しつつある（敷田・森重，2001）．

以上，原生的自然，半自然，そして人為的環境の行く末を考察するだけでも，現代の環境研究それ自体がいかに極めて多面的になり，様々な立場からの研究とその成果に基づく活動が必要になってきたことが分かる．ここで，読者のみなさんにお願いしたいことがある．まず，ご自身の興味が原生的自然，半自然，人為環境のうちどれにあるのか，自問して自覚していただきたい．そして，それぞれの環境につきまとうパラドックスのひとつを選んで，今後の研究課題にしていただきたい．もちろん，地球全体を対象にしようとする元気な研究者もいるであろう．しかし，ぞれぞれの環境に意義を見いだす立場にはかなり価値観の違いがともなうことを意識せざるを得ないのが現実なのだ．原生的自然に興味のある研究者にとって人の影響は自ずと環境破壊と受け止められるかもしれない．対照的に，半自然環境の衰退を懸念する研究者はどのような管理が荒れ放題の里山に生息する身近な自然を守っていくかに注目するかもしれない．あるいは，自然とふれ合う機会を都市住民に与えようと考える研究者は，自然保護区への人の立ち入りを許すよう求めたり，里山管理の担い手を農林業にもはや求めず，都市からのボランティアに委ねる方針を追求することもあるかもしれない．それぞれの価値観に有意義な研究課題があるので，ご自身が邁進できる課題を選んで研究を進め，各々の価値観にもとづく理想的な環境保全を追求してほしい．

ただし，原生的自然，半自然，そして人為的な環境はこれからも地球上に併存していくであろう．そこで，最後のパラドックスとして，これら3種類の環境がこの地球上のどこにどのようにして置かれていくべきなのかという問題を常に念頭におきながら，総合的に地球環境の行方について考え続けていただきたい．日常的には「貴重な自然を守ろう」とそれぞれの立場から主張するのもそれ自体とても有意義だが，最終的には地球はひとつしかないことを忘れてはならない．私たちはこれら多様な環境が併存しうる地球のために研究と環境管理体制を確立し，自らがこれからの地球環境史を築いていかなくてはならないのである．

引用文献

有薗正一郎（2001）肥桶がとりもつ都市と近郊農村との縁．『人間活動と環境変化』（吉越昭久 編）古今書院．

ベルウッド，P.（2008）農耕起源の人類史（長田俊樹・佐藤洋一郎 訳），京都大学学術出版界．

Benítez-López, A., Alkemade, R., Verweij, P. A.（2010）The impacts of roads and other infrastructure on mammal and bird populations: a meta-analysis. *Biological Conservation*, **143**, 1307–1316.

Bignal, E. M., McCracken, D. I.（1996）Low-intensity farming systems in the conservation of the countryside. *Journal of Applied Ecology*, **33**, 413–424.

Boserup, E.（1965）*The Conditions of Agricultural Growth: The Economics of Agrarian Change under Population Pressure*. Allen & Unwin.

Brncic, T. M., Willis, K. J., Harris, D. J., Washington, R.（2007）Culture or climate? The relative influences of past processes on the composition of the lowland Congo rainforest. *Philosophical Transactions of the Royal Society B: Biological Sciences*, **362**, 229–242.

Brookfield, H.（2001）*Exploring Agrodiversity*. Columbia University Press.

Burke, E., Pomeranz, K. ed.（2009）*The Environment and World History*. University of California Press.

Burney, D. A., Flannery, T. F.（2005）Fifty millennia of catastrophic extinctions after human contact. *Trends in Ecology & Evolution*, **20**, 395–401.

ダイアモンド，J.（2005）『文明崩壊：滅亡と存続の命運を分けるもの（上・下）』（楡井浩一 訳）草思社．

Di Gregorio, A., Jansen, L. J. M.（2005）*Land Cover Classification System Classification Concepts and User Manual Software Version*（2）. Food and Agriculture Organization of the United Nations.

Donald, P. F., Green, R. E., Heath, M. F.（2001）Agricultural intensification and the collapse of Europe's farmland bird populations. *Proceedings of the Royal Society of London. Series B: Biological Sciences*, **268**, 25–29.

Ellis, E. C., Goldewijk, K. K., Siebert, S., *et al.*（2010）Anthropogenic transformation of the biomes, 1700 to 2000. *Global Ecology and Biogeography*, **19**, 589–606.

Geist, H. J., Lambin, E. F.（2002）Proximate causes and underlying driving forces of tropical deforestation. *BioScience,* **52**, 143–150.

Goudie, A.（2000）*The Human Impact on the Environment,* 5th ed., MIT Press.

Halada, L., Evans, D., Romão, C., Petersen, J.-E.（2011）. Which habitats of European importance depend on agricultural practices? *Biodiversity and Conservation*, **20**, 2365–2378.

Harada, K., Glasby, G. P.（2000）Human impact on the environment in Japan and New Zealand: a comparison. *Science of the Total Environment*, **263**, 79–90.

Hunt, T.（2007）Rethinking Easter Island's ecological catastrophe. *Journal of Archaeological Science*, **34**, 485–502.

Fa, J. E., Peres, C. A., Meeuwig, J.（2002）Bushmeat exploitation in tropical forests: an intercontinental comparison. *Conservation Biology*, **16**, 232–237.

池谷和信 編（2010）『地球環境史からの問い：ヒトと自然の共生とは何か』岩波書店.

Johnson, C.（2009）Megafaunal decline and fall. *Science*, **326**, 1072–1073.

Kadoya, T., Washitani, I.（2011）The Satoyama Index: a biodiversity indicator for agricultural landscapes. *Agriculture, Ecosystems and Environment*, **140**, 20–26.

海部陽介（2005）現代人の起源—研究の現状と将来の展望—. *Anthropological Science（Japanese Series）*, **113**, 5–16.

Kleijn, D., Rundlöf, M., Scheper, J., *et al.*（2011）Does conservation on farmland contribute to halting the biodiversity decline? *Trends in Ecology and Evolution*, **26**, 474–481.

Koch P. L., Barnosky, A. D.（2006）Late Quaternary extinctions: state of the debate. *Annual Review of Ecology, Evolution, and Systematics*, **37**, 215–250.

Laurance, W. F., Goosem, M., Laurance S. G. W.,（2009）Impacts of roads and linear clearings on tropical forests. *Trends in Ecology and Evolution*, **24**, 659–669.

Martin P. S.（1967）Prehistoric overkill. In: *Pleistocene Extinctions: The Search for a Cause*. Martin, P. S., Wright, H. E.（eds.）, pp. 75–21, Yale University Press.

McWethy, D. B., Whitlock, C., Wilmshurst, J. M., *et al.*（2010）Rapid landscape transformation in South Island, New Zealand, following initial Polynesian settlement. *Proceedings of the National Academy of Sciences*, **107**, 21343–21348.

宮本基杖（2010）熱帯における森林減少の原因．日本森林学会誌，**92**，226–234.

Moran, E.（2008）*Human Adaptability*, 3rd ed. Westview.

守山弘（1988）『自然を守るとはどういうことか』人間選書.

守山弘（1997）『むらの自然をいかす』岩波書店.

OECD（2003）*Agriculture and Biodiversity: Developing Indicators for Policy Analysis*. Organization for Economic Cooperation and Development.

大黒俊哉・山本勝利・三田村強（2008）欧州連合における「自然的価値の高い農地」の選定プロセス．農村計画学会誌，**27**，38–43.

Pfadenhauer, J.（2001）Some remarks on the socio-cultural background of restoration ecology. *Restoration Ecology*, **9**, 220–229.

Plieninger, T., Höchtl, F., Spek, T.（2006）Traditional land-use and nature conservation in European rural landscapes. *Environmental Science and Policy*, **9**, 317–321.

Richards, J. F. ed.（2006）*The Unending Frontier: An Environmental History of the Early Modern World*. University of California Press.

敷田麻実・森重昌之（2001）観光の一形態としてのエコツーリズムとその特性．国立民族学博物館調査報告，**23**，83-100.

スプレイグ，D.（2007）西ヨーロッパと日本における農業生物多様性に関する概念と価値観．植物防疫，**61**，611-615.

Sprague, D. (2013) Land-use configuration under traditional agriculture in the Kanto Plain, Japan: a historical GIS analysis. *International Journal of Geographical Information Science*, **27**, 68-91.

武内和彦・鷲谷いづみ・常川敦 編著（2001）『里山の環境学』東京大学出版会.

Turner, B. L., Fischer-Kowalski, M. (2010) Ester Boserup: an interdisciplinary visionary relevant for sustainability. *Proceedings of the National Academy of Sciences*, **107**, 21963-21965.

UNFPA (2011) *The State of World Population 2011: People and Possibilities in a World of 7 Billion*. United Nations Population Fund.

Walker, S., Price, R., Rutledge, D., Stephens, R. T. T., Lee, W. G. (2006) Recent loss of indigenous cover in New Zealand. *New Zealand Journal of Ecology*, **30**, 169-177.

Waters, M., Stafford, T., McDonald, H., *et al.* (2011) Pre-Clovis mastodon hunting 13,800 years ago at the Manis Site, Washington. *Science*, **334**, 351-353.

Willis, K. J., Gillson, L., Brncic, T. M. (2004) How "virgin" is virgin rainforest? *Science*, **304**, 402-403.

矢原徹一（2010）人類五万年の環境利用史と自然共生社会への教訓．『シリーズ日本列島の三万五千年—人と自然の環境史 第1巻 環境史とは何か』（湯本貴和・松田裕之・矢原徹一 編）pp. 75-104，文一総合出版.

山本勝利（2001）里地におけるランドスケープ構造と植物相の変容に関する研究．農業環境技術研究所報告，**20**，1-105.

Yokohari, M., Amati, M. (2005). Nature in the city, city in the nature: case studies of the restoration of urban nature in Tokyo, Japan and Toronto, Canada. *Landscape and Ecological Engineering*, **1**, 53-59.

第2章 生物多様性の危機

角野康郎

2.1 はじめに

自然界に多様な生物が存在することは，ヒトが狩猟採集生活を始めたときから認識されてきたに違いない．食用や薬用になる動植物，有毒な生物を正確に識別することは，生きていくために不可欠だったからである．紀元前の古代ギリシャ文明の時代になると生物界の多様性について体系だった認識が進む．哲学者 Aristoteles は多くの動物を網羅的に分類した『動物誌』を著し，同時代の博物学者 Theophrastus は『植物誌』をまとめている．このような地球上の生物の多様性の探求は，18 世紀後半に西欧で盛んになった博物学の時代にひとつのピークを迎える．

進化論の始祖 Darwin（1859）は，『種の起源』の中で「とおくはなれた植物と動物が複雑な関係の織物で結ばれている」ことが種の多様化に深くかかわっていると論じた．受粉をめぐる昆虫と植物の相互適応と共進化という現代生態学の最先端のテーマも，既に提起していた．このように種間の相互のつながりが生物の世界を支えていることについても多くの知識が積み重ねられてきた．

そのような生物の世界の多様性（biological diversity）とその成り立ちを「生物多様性（biodiversity）」という新たな概念（用語）で統一的に理解しようという動きが始まったのは，1980 年代からである．この造語は 1986 年にアメリカで開催された「生物多様性に関するフォーラム（National Forum on Biodiversity）」を機に，広く生物学者や環境問題に取り組む関係者の間で認知されることになる（Wilson, 1988）．そして，この概念とその重要性を世界中に認めさせたのは，1992 年，ブラジルのリオデジャネイロで開催された国連環境開発会議（地球サミットあるいはリオ・サミットと呼ばれる）において結ばれた生物の多様性に関する条約（略称「生物多様性条約」（Convention on Biological Diversity：CBD））であった．

2.2 生物多様性とは

従来，生物の多様性は種の多様性とほぼ同義であり，種多様性（species diversity）あるいは種の豊富さ（species richness）という指標は，生態学の研究の中でしばしば用いられていた．多様性の程度を示すもっとも単純な指標は種の豊かさ（種数）であるが，地域の一区画（群集）の種の多様性をアルファ多様性（α-diversity）という．複数の区画を含めた多様性をベータ多様性（β-diversity）と呼び，区画間の環境条件が異なり種組成も変わればベータ多様性は高くなる．そして，全ての区画を含めた地域全体の種の多様性をガンマ多様性（γ-diversity）という．生物群集の種多様度を比較するためには，種数だけではなく構成種の相対的な優占状況も含めた均等度を考慮した指数も使われる（日本生態学会，2012）．

一方，生物多様性条約では，生物多様性を種の多様性に限定せず，次のように定義した．「「生物の多様性」とは，すべての生物（陸上生態系，海洋その他の水界生態系，これらが複合した生態系その他生息又は生育の場のいかんを問わない．）の間の変異性をいうものとし，種内の多様性，種間の多様性及び生態系の多様性を含む」．異なる 3 つの階層における多様性，すなわち 1．種内の多様性（遺伝子の多様性），2．種の多様性，3．生態系の多様性を認めたのである．生物多様性の内容については，他にもいくつかの考え方があるが，ここでは現在，もっとも普及している生物多様性条約の定義を中心に紹介する．

2.2.1 種の多様性

3 つのレベルの多様性の中で，いちばん古くから認識され，また研究の対象となってきたのは，種の多様性であることは上記のとおりである．しかし，全ての生物群で種が正確に認識されてきた訳ではない．現在までに記載された生物種は約 174 万種とされるが（World Conservation Union, 2010），この中にはバクテリアなどの単細胞生物の種数は含まない．真核生物と原核生物では種の認識も異なるであろうが，原核生物の方が多様性は高い可能性がある．現在は主に形態的に認識できる真核生物の種の研究が中心であるが，実際に地球上に存在する種は 3000 万～5000 万種（Wilson, 1988），あるいはそれ以上と推定されている．今までは主に熱帯雨林で未記載の新種が多数発見されることが，このような見積もりの根拠になっていたが，最近は深海底で次々と新たな種が発見され，地球上の生物種数は今後いっそう増えていく状況にある．

2.2.2 遺伝子の多様性

それぞれの生物の特徴を決めるのはDNAに書き込まれた遺伝情報である．この遺伝情報は個体ごとに異なる．つまり同一種内にも多様な遺伝的変異が存在する．私たちヒトは *Homo sapiens* というひとつの種であるが，さまざまな人種が存在し，また同一人種でも個人によってさまざまな身体的あるいは精神的特徴がある．このような個性は成長する環境によって影響を受ける側面もあるが，各人が異なった遺伝情報を持っていることが個体差の大きな理由である．

野生生物にみられる地理的変異の存在は種内の遺伝的多様性の典型的な例である．淡水魚類のように水系ごとに隔離された生物群では，地域ごとの進化の歴史を反映した遺伝的変異の存在が多くの種で知られている（渡辺・高橋，2010）．日本列島のメダカはアロザイム（酵素タンパク質）による研究で北日本集団と南日本集団に大きく分かれ，後者は九つの地域型に区分できることが明らかにされた．ミトコンドリアDNAを用いるとさらに細かい地域亜群を認識できる（竹花，2010）．最近，北陸地方以北の日本海側に分布する「北日本型」を別種とする見解が発表された（Asai *et al*., 2011）．地理的変異に示された遺伝的分化が種分化につながる事例と言える．

植物においてもさまざまなレベルの地理的変異が明らかにされている．異なった遺伝子型（ハプロタイプ）の変異パターンをもとに氷河期以降の分布の変遷をたどる系統地理学的研究が，シイやコナラのように広い分布をもつ樹木（Kanno *et al*., 2004; Aoki *et al*., 2004）や隔離分布する高山植物（Fujii *et al*., 1997；藤井，2001）で行われている．

遺伝子レベルの変異は，必ずしも地理的変異のようなパターンとして認識されるとは限らないが，それぞれの地域集団を構成する個体は遺伝的に異なっている．このような遺伝的多様性の存在は集団の存続にとって重要な意味を持つ．遺伝的変異のない状態であるクローンは環境変動や病原菌による感染に対して脆弱であり，絶滅しやすい．一方，多様な遺伝子組成をもつことで環境変動や病原菌に対する耐性が増す．集団の存続可能性と遺伝的多様性は密接に結びついているのである（Falk & Holsinger, 1991; Primack, 1995）．多くの地域集団の集合である種の存続のためにも，遺伝子の多様性は不可欠なのである．

2.2.3 生態系の多様性

地球上には海洋，湖沼や河川などの陸水，湿原，草原，森林，砂漠など，さまざまな環境に独自の生態系が存在する．また人間が改変してきた農地や都市域も，それぞれが特有の環境条件と生物群集を有する生態系である．森林でも熱帯雨林と亜寒帯に広がる針葉樹林では環境条件も生物の種組成もまったく異なる．空間スケールを限ってひとつの田園地帯を見ても，水田，畑，小川や水路，草地や里山など，異なったタイプの生態系から成り立っている．

このように地球上には特有の環境条件と生物群集から成り立つ多様な生態系が存在する．変化に富んだ環境条件は，多様な種の進化を促してきた．種の進化は，その場所の温度，水分条件，栄養塩条件や撹乱の頻度や程度などの物理・化学的条件に対する選好だけでなく，他種との相互適応も含めて起こる（共進化）．つまり生態系の多様性が種の多様性をもたらし，支えているのである．

一方，種の存続の観点から見ると異なった生態系がセットで存在することも重要な意味を持つ．モリアオガエルは水辺で産卵し，幼生のオタマジャクシは水中で育つが，成体になると林に生活場所を移す．アキアカネは初夏に水田で羽化するが，夏の間は山の上に移動する．そして，秋になると再び低地に降りてきて水田で産卵する（上田，1998）．サケのように海と河川を行き来する魚類にとっては，海洋生態系と河川生態系の双方が健全でなければ種は存続できない．

異なる生態系の空間的組み合わせを景観（landscape）としてとらえ，景観の多様性を生物多様性のひとつのレベルとして理解する考え方も提唱されている（Noss, 1990；鷲谷・矢原，1996）．その背景には，生物多様性を考える際にはさまざまな空間スケールや時間軸で考えることの重要性がある．また異なる生態系の間には移行帯（推移帯；ecotone）が存在し，多様な種を支えている．地理情報システム（Geographic Information System：GIS）の普及によって景観の解析は容易になり，今後さまざまな研究の進展が期待されるが，他の3つのレベルの多様性と異なり特定の尺度で評価できるものではない．景観のあり方そのものが生物多様性を規定する大きな要因になるという視点が重要であろう．

2.2.4 生物多様性を支える生物のつながり

生態系を構成する生物群集は，種間のさまざまな相互関係によって成り立っている．生態系の基本構造である栄養段階は，生産者（緑色植物）から消費者（動物）につながる食物網により成り立ち，単純な食物連鎖を想定しても，ある種が絶滅すれば，その種を餌にしていた種は減少し，逆にその種に捕食されていた種は増加するかもしれない．このような影響は食物連鎖を通じて直接的なつながりのない種にまで及ぶ．その減少や消滅が群集全体に広範な影響を与える種をキーストーン種（keystone species）と呼んでいる．かつて北太平洋では毛皮を取る目的でラッコが乱獲された．ラッコの減少によって，餌であったウニが増殖してコンブなどの海藻を喰い尽くした結果，藻場を生息や採餌の場にしていた魚類群集が衰退した．このケースでは，ラッコがキーストーン種である（Estes & Duggins, 1995）．

共生関係と言えば，ともすれば特殊な生物間の結びつきとして紹介されがちであったが，最近は動物と植物の間，植物と菌類の間など，さまざまな共生関係が普遍的に存在することが明らかになっている（大串，1992）．植物の送受粉と昆虫の相互適応（送粉共生系），鳥や哺乳類による種子散布（散布共生系），捕食から植物を守るアリとの関係（防衛共生系），栄養塩類と光合成産物を相互に提供し合う菌根菌と植物の関係（菌根共生系）など，多くの生物の相互関係が生態系を成り立たせている．そのために，例えば1種の植物の絶滅は多くの昆虫や菌類の存続に影響をあたえることになる．

このように生態系の多様性が種の多様性を生み出すと同時に，種の相互のつながりがそれぞれの生態系を支えている．生物多様性とは，遺伝子，種，生態系という3つのレベルそれぞれの多様性だけではなく，3つのレベルの多様性が相互に支え合う関係も含む概念である．

2.3 生物多様性の危機

2.3.1 レッドリストが明らかにした種の絶滅の危機

その生物多様性が，今，危機的状況にある．その実態と背景を，種の絶滅問題から見ていこう．生物の歴史は38億年を遡るが，地質時代には5回の大量絶滅

表 2.1 環境省レッドリスト（2012；魚類のみ 2013）に掲載されている絶滅危惧種数.
（%）は評価対象種全体に対する割合.

分類群	評価対象種	絶滅	野生絶滅	絶滅危惧I類	絶滅危惧II類	準絶滅危惧	情報不足	その他*	合計（%）
哺乳類	160	7	0	24	10	17	5	22	63(39.4)
鳥　類	約 700	14	1	54	43	21	17	2	150(21.4)
爬虫類	98	0	0	13	23	17	3	5	56(57.1)
両生類	66	0	0	11	11	20	1	0	43(65.1)
汽水・淡水魚類	約 400	3	1	123	44	34	33	15	238(59.5)
昆虫類	約 32,000	4	0	171	187	353	153	2	868(27.1)
貝　類	約 3,200	19	0	244	319	451	93	7	1126(35.2)
維管束植物	約 7,000	32	10	1038	741	297	37	—	2155(30.7)
蘚苔類	約 1,800	0	0	138	103	21	21	—	283(15.7)
藻　類	約 3,000	4	1	95	21	41	40	—	202(6.7)
地衣類	約 1,600	4	0	41	20	42	46	—	153(9.6)
菌　類	約 3,000	26	1	39	23	21	50	—	160(5.3)

＊ 絶滅のおそれのある地域個体群

があった．中生代白亜紀の末に恐竜が絶滅したことは，一般にもよく知られている．これらの大量絶滅は，地殻変動，気候変化や隕石の衝突など自然現象を原因としておこった．現在は6度目の大量絶滅の時代とされる．この大量絶滅は人口の急増と人間活動が原因であることと，きわめて短期間の間に急激に多数の種が絶滅していることが特徴である．

絶滅のおそれのある野生生物の種のリストをレッドリスト（Red List），それらの種の生育・生息状況や減少の要因等をとりまとめて本の形にしたものをレッドデータブック（Red Data Book）と呼んでいる．地球上の多くの動植物が絶滅の危機にあることは世界自然保護連合（IUCN）がまとめたレッドリスト（1966～）によって明らかになった．日本では，維管束植物に関するレッドリストが最初に出版されたが（我が国における保護上重要な植物種及び群落に関する研究委員会種分科会，1989），1990年代に入って環境庁（現環境省）がレッドリストの編纂を始めた．およそ5年ごとに見直してその結果が公表されている．全国の都道府県も，独自のレッドリストを公表して，各地域における野生生物の現状把握と保全の拠り所としている．

表2.1には2012年に公表された環境省の最新のレッドリストに挙げられた種数を分類群ごとに一覧してある（魚類のみ2013年公表分）．現在までに国内で絶滅または野生絶滅（野生状態では絶滅したが，飼育・栽培下で生存）した種は，

動物ではニホンオオカミ，ニホンカワウソ，オガサワラオオコウモリなど48種，植物（藻類含む）ではタカノホシクサやオリヅルスミレなど40種，菌類では26種とされる．絶滅のおそれのある種は，絶滅の危険性の切迫程度によって絶滅危惧IA類（critically endangered：CR），絶滅危惧IB類（endangered：EN），絶滅危惧II類（vulnerable：VU）のカテゴリーに分けられるが，これらを合わせて3536種がリストアップされている．さらに準絶滅危惧（near threatened：NT）あるいは情報不足（data deficient：DD），また哺乳類などでは絶滅のおそれのある地域個体群も指定されており，レッドリスト総掲載種数は5641種にのぼる．

その現状を2，3の生物群でみてみよう．維管束植物では，日本に自生する約7000種のうち，32種が絶滅，野生絶滅種が10種，絶滅のおそれのある種が合計1779種，近い将来絶滅危惧種となるおそれのある準絶滅危惧が297種リストアップされている．これは日本の維管束植物の30.7%に相当する．図2.1にはこれらの種が絶滅の危険性にさらされる要因を示している．開発や，放置による自然遷移の進行にともなう生育地の消滅とともに，観賞や商業目的の採集（盗掘）が大きな要因になっていることが特徴である．

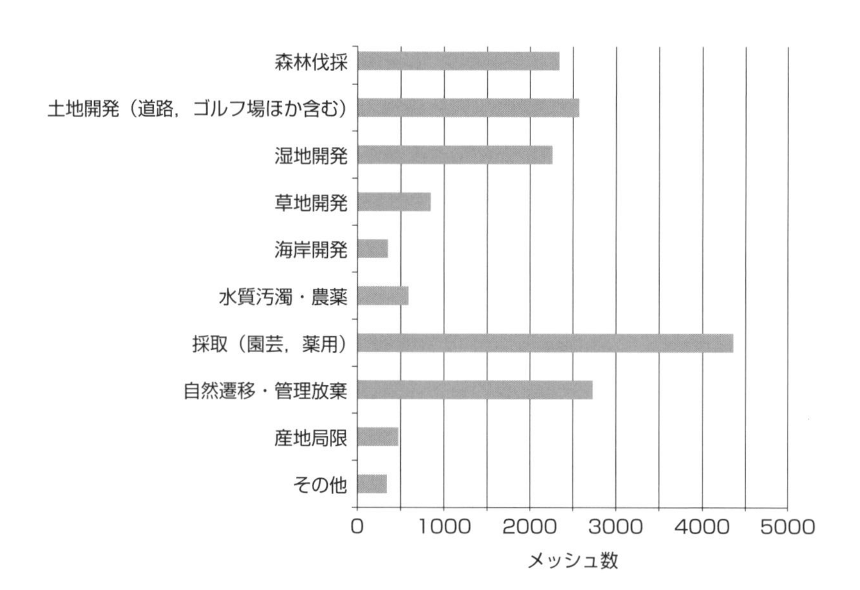

図2.1　維管束植物の絶滅要因

絶滅危惧種の危険性の要因を現地調査のメッシュ（1/25,000地形図相当；約10 km×10 km）単位で集計した．環境庁自然保護局野生生物課（2000）の資料に基づき作図．

両生類は絶滅種こそないものの日本産総種数の65%に相当する43種がレッドリスト掲載種となった（絶滅のおそれのある種は33.3%）．汽水ならびに淡水魚類も絶滅のおそれのある種の割合が41.8%と他の分類群に比べて高くなっている．維管束植物でも水生植物に限定すると絶滅のおそれのある種の割合は43%にのぼる（角野, 2009）．このように湖沼や河川などの陸水環境を生活場所とする生物群は特に危機的状況にある．

また小笠原諸島のような島嶼において絶滅危惧種の割合が高いこと，原生的自然ではなく里地里山や半自然草地のように人の営みと深く結びついてきた二次的自然の種が数多く消滅の危機に瀕していることも明らかになった（第4章参照）．タガメ，ゲンゴロウ，メダカのように今から30〜40年前の田園地帯にはごく普通に生息していた種が姿を消している．秋の七草として親しまれてきたキキョウやフジバカマも絶滅危惧種となっている．

2.3.2 種の絶滅の要因

では何が原因で，このような種の絶滅の危険性が高まってきたのだろうか．日本政府は生物多様性条約の締結を機に「生物多様性国家戦略」を策定している．その中で絶滅の危険性の要因を次の4つに整理している．

A．第1の危機：人間活動と開発

人間活動の拡大や開発による生育・生息場所の破壊，分断化（第5章参照），環境悪化（劣化）は，生物多様性の低下をもたらしてきた大きな原因である．日本では，高度経済成長とともに住宅地の開発，高速道路やダムの建設など，さまざまな開発事業が進められてきた．ゴルフ場，スキー場，リゾート施設などの建設も広い面積の自然環境の直接的な破壊をともなった．これらの事業によって消滅した森林や湿地の面積は膨大であり，そこに生息・生育していた動植物は姿を消した．

日本の河川の大半はダムや堰の建設によって縦断方向の連続性が失われ，遡上性魚類やオオサンショウウオなど川を遡る生活史をもつ多くの動物の移動が困難になった．護岸工事によって水域から陸域におよぶ水陸移行帯が消滅し，横断方向の環境の連続性も失われた．物理的な構造の改変だけでなく，ダムの建設による水位の安定化は，氾濫という自然撹乱を消失あるいは減少させ，撹乱に依存す

る生物を消滅に追い込んでいる．ミズアオイやカワヂシャのような1年生植物は，撹乱によってできる裸地で発芽する特性をもっている．安定した環境で植生遷移が進行すると埋土種子として休眠を続けるが，次の撹乱が起こらなければ消滅する運命にある．さらに流域における人間活動にともなう産業廃水や生活廃水の流入で湖沼や河川の水質汚濁と富栄養化が進んだことも多くの動植物の消滅要因となった．

日本でもっとも広い面積を占める湿地である水田は，氾濫源湿地の代替環境として多様な生物相を支えてきた（守山，1997；遊磨，2003）．しかし，農業の近代化による圃場整備や農薬・化学肥料の多用によって，スブタ，ミズオオバコ，デンジソウのように1950年代には「全国害草」（笠原，1950）とされた水田雑草が今ではレッドリストに載り，タガメやゲンゴロウのようなかつての普通種が姿を消すことになった（第6章参照）．ナマズやフナは河川から用水路をたどって水田に産卵に来ていたが，圃場整備によって進められた用水と排水の分離は水系のネットワークを分断して，魚たちの移動を困難にした．

河川の治水は人間の生命と財産を守るために進められ，また農業の近代化も生産性の向上と労力の軽減を意図して行われた事業である．このように時代の政策として行われてきた環境改変が生物多様性の危機を招いたことは，今後の施策のあり方を考える上でも理解しておかなくてはならない点である．

第1の危機には，動植物の密猟・乱獲や盗掘という人間の行為も含まれる．マニアや業者によって飼育・観賞目的に採集される魚類，昆虫，植物は今も後を絶たず，インターネットの普及によって，ますます巧妙かつ広範に流通するようになっている．しかし，絶滅危惧種が市場に出回っても法的な規制は不十分なのが実態である．

B．第2の危機：自然に対する働きかけの縮小

「第1の危機」と対照的に，自然に対する人間の働きかけの縮小・撤退も生物多様性の危機をもたらしてきた．人間の暮らしを支えてきた燃料は，長い間，薪や炭など，森の恵みであった．燃料を得るために人間は周辺の山（里山）で木を伐り，炭を焼き，農地の肥料として落ち葉を集めた．その結果，里山特有の明るい林床が維持されてきた．しかし，1960年代から石油やガスが燃料として広く使われるようになる．この燃料（エネルギー）革命以降は里山が利用されなくなり，

植生遷移が進行して林床が暗くなり，明るい林に適応していた昆虫や植物は減少の一途をたどった（第4章参照）.

半自然草地や水田の畦畔のような草地環境も，人間が火入れや草刈りをすることで維持されてきた（須賀ほか，2012）．草地は屋根を葺くための茅を集め，また家畜の餌を取る場所でもあった．しかし，近年は大半の草地が利用も管理もされずに放置され，人の営みに依存して存続してきた多くの生物種が絶滅危惧種になっている.

中山間地を中心にシカやイノシシなどの野生鳥獣による農業被害や生態系への影響が深刻になっている．その背景には里山の荒廃や耕作放棄地の増加がある．特にシカの個体数の急増や分布域の拡大によって，林床植物の食害被害は急拡大しており，今や植物の深刻な消滅要因となっている（湯本・松田，2006）.

C．第3の危機：外来生物と新規化学物質

第3の危機は，「人間により持ち込まれたものによる危機」である.

意図的であるか，非意図的であるかを問わず本来の分布域以外に導入もしくは侵入した生物を外来生物と呼ぶ（第10章参照）．国外由来の外来生物だけでなく，日本国内で本来の分布域から他の地域に移動させられた生物も国内外来生物として問題になる（後述）.

外来生物が生物多様性に及ぼす影響は多岐にわたる（日本生態学会，2002；種生物学会，2010）．オオクチバスやブルーギルのような魚食性の強い魚が放流されたことで，日本各地の湖沼やため池では在来の魚類が壊滅的な被害を受けている．琵琶湖ではこれらの外来魚の急増に対応するように在来魚が激減した．オオクチバスやブルーギルによる捕食が大きな原因とされる（中井，2002）．琵琶湖にしか生息しない固有魚種も消滅の危機にさらされている.

湖沼や河川などの陸水域と並んで，外来種の侵入によって大きな影響を受けるのが島嶼である．大陸と陸続きとなったことのない海洋島である小笠原諸島は固有種の割合が大きいことで知られる．陸産貝類104種のうち98種が小笠原固有種である．しかし，そのうちの24種が現在までに絶滅したと考えられている（千葉，2009）．主な原因は外来種のニューギニアヤリガタリクウズムシによる捕食と推測される．小笠原で野生化したノヤギは島の植物に大きな影響を与えた．奄美諸島と沖縄諸島では，ハブ退治のために放されたジャワマングースが固有種の

アマミノクロウサギやヤンバルクイナを捕食し，今はその駆除が大きな課題となっている．

在来種との競合も外来種のもたらす深刻な影響である．日本の水域に侵入して分布を拡大した南米原産のオオカナダモと北米原産のコカナダモは，繁殖力が旺盛で在来の水生植物を駆逐している．水面に繁茂したホテイアオイ，ボタンウキクサ，オオフサモなどの外来水生植物は，水面を覆い尽くして他の水生植物を排除するだけではなく，水中に差し込む光を遮り，水域の生態系基盤そのものを変えてしまう（角野，2010）．

在来種と外来種が近縁であった場合，交雑による遺伝的撹乱（遺伝子汚染ともいう）も生物多様性にとっては大きな問題である．日本在来のタナゴであるニッポンバラタナゴは，観賞用に導入された中国産のタイリクバラタナゴとの交雑が進み，純粋なニッポンバラタナゴは，もはや限られた水域にしか残っていない（河村，2011）．このような交雑による遺伝的撹乱は，動物，植物ともに確認事例が増えている．

外来種が近縁の在来種に置き換わるメカニズムとして繁殖干渉（reproductive interference：RI）にも注目しなければならない．繁殖干渉とは，配偶過程における種間の相互作用を通じて繁殖成功度を下げる現象である（高倉ほか，2010）．在来種のカントウタンポポやカンサイタンポポなどと外来種のセイヨウタンポポの間で交雑が進んでいることはよく知られていたが，最近の研究で，カンサイタンポポのめしべにセイヨウタンポポの花粉がつくとカンサイタンポポの結実率が下がることが示された．繁殖干渉は外来タンポポと在来タンポポの置き換わりのメカニズムとして注目されている（Takakura *et al.*, 2009）．繁殖干渉は動物，植物を問わず近縁種間では起こりうる．

農薬など，さまざまな化学物質が生物に与える影響については，生態リスク評価として研究が進んでいるが（例えば Tanaka, 2003；林ほか，2010），生物多様性に与えるリスクという観点からの実証的研究はまだ少ない（第9章参照）．次々と登場する新規化学物質の影響については，今後の研究が期待されるところである．

D．第4の危機：地球環境の変化

第3次生物多様性国家戦略（2007）から，生物多様性を脅かす4つ目の要因として地球温暖化が追加された．温暖化の進行によって温度環境の変化に適応できずに絶滅する種が少なくないと考えられている．気候変動に関する政府間パネル（IPCC）の第4次報告書（2007）では，将来の平均気温の上昇が1.5～2.5℃を超えると動植物の約20～30％の絶滅リスクが高まると予測している．

地球温暖化が生物多様性に与える影響で既に顕在化している事例のひとつは，南西諸島で進んでいるサンゴ礁の白化現象であろう．サンゴ礁の白化には複数の要因があるが，海水温の上昇は主要な原因の一つであると考えられている．平均気温の上昇により生物の分布に変化が起こることは容易に想像できる．南方系のチョウであるナガサキアゲハの分布域が年々北上している例や，高山に生息するライチョウの個体数減少と高山植生の縮小が既に報告されている．また高山植物の開花時期や鳥類の繁殖時期などのフェノロジー（生物季節）の変化例も明らかになりつつある．このような変化は個々の種で起こることであるが，温暖化の影響の受け方は生物群によって異なるために，花と送粉昆虫や，動物による植物の種子散布のような生物間の相互関係のあり方にも影響が及ぶ可能性がある．このような影響は，場合によっては関係する種の絶滅を招くことになる（樋口ほか，2009）．高山，湿原，沿岸域などの生物多様性は温暖化に対する脆弱性が特に大きいと予測されている（中静，2009）．

第4次生物多様性国家戦略（2010-2012）では，さらに強大な台風の頻度増加や海洋の酸性化などが生物多様性に深刻な影響を与えうる可能性のある危機として追加された．特に大気中のCO_2濃度の上昇に伴う海洋の酸性化は，造礁サンゴ類や貝類に悪影響を与えることが危惧されている．

2.4 遺伝的多様性の危機

ほとんどの種は分布域の中の多くの集団から構成されている．遺伝的交流のある集団（メタ個体群）ではよく似た遺伝子プールが維持されるが，遺伝的に隔離された集団の遺伝子組成は多かれ少なかれ異なるのが普通である．これが地域ごとに顕著に現れる場合が，地理的変異となる．多くの集団の遺伝子プールによって種の遺伝的多様性は維持されている．

現在，絶滅危惧種に限らず多くの種で野生集団の消滅が続いている．これはその集団の有していた遺伝子プールの一部が失われることを意味し，種の遺伝的多様性の減少をもたらす．近年の人間活動による開発や環境汚染によって多くの動植物の集団が消滅したが，これがどの程度の遺伝的多様性の低下をもたらしたかは今では知ることもできない．別の場所に残っているからこの場所は開発してもよいという主張は，遺伝的多様性を考慮しない議論である．残存集団数が限られ，かつ地理的に隔離されている絶滅危惧種では，とりわけこの問題は重要である．東海地方の湿地に遺存分布するハナノキの集団では地域による遺伝的分化が明らかにされている（Saeki & Murakami, 2009）．どのような保全単位を目指すべきかを考える上でも，集団の遺伝的多様性のあり方を明らかにすることは重要である．

集団間の遺伝的多様性の総体ともいえる種全体の遺伝的多様性とは別に，個々の集団内の遺伝的多様性も集団の存続を支える上で重要である．人間活動によるハビタット（生育・生息地）の破壊や分断・孤立化は，集団サイズの減少すなわち小集団化をもたらす．集団遺伝学の研究によって，小集団化は遺伝的多様性の減少をもたらすことが明らかになっている．分断・孤立化によって他の集団からの個体の移入が困難な場合，この影響はより顕著になる．小さな集団では近親交配により劣勢有害遺伝子の発現などによって生活力の低下（近交弱勢）が起こる確率も高まる．小集団化にともなう集団内の遺伝的多様性の減少は，種を絶滅の渦（extinction vortex）に巻き込む（Gilpin & Soule, 1986; Primack, 1995）．

遺伝的多様性を撹乱する大きな要因が生物の地域間移動である．日本国外から侵入した種を国外外来生物と呼ぶのに対して，日本国内において本来の分布域を超えて人為的に移入され野生化した生物を国内外来生物と呼んで区別することは上述した．国内外来生物には意図的に導入が行われたものが多い．他の水系への魚の放流は典型的な例だが，ホタルやメダカのように自然のシンボルとも言うべき種を復活させるために，地域間で無自覚な移動が行われてきた．たとえばゲンジボタルには，東北グループ，関東グループ，中部グループ，西日本グループ，北九州グループ，南九州グループの6つの遺伝子型が存在するが（鈴木，2000），東京都内各地から採集したゲンジボタルを遺伝的に解析した結果，本来は中部地方や西日本に分布する遺伝子型を示す系統が分布を広げていることが明らかになった（図2.2）．人為的に持ち込まれたものが定着した可能性が高い（鈴木，2001）．

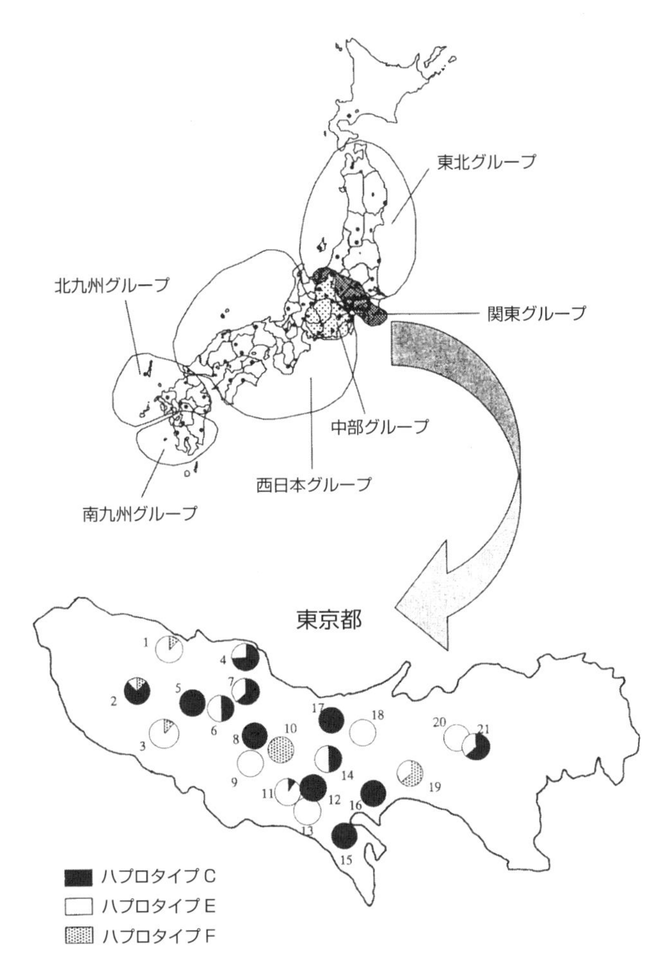

図2.2　ゲンジボタルのハプロタイプ・グループと東京都における各ハプロタイプの分布
ハプロタイプC：関東グループ，ハプロタイプE：西日本グループ，ハプロタイプF：中部グループ（鈴木，2001）．

メダカに地理的変異が存在することは先述のとおりであるが，東京都内のメダカを調べると各地に起源を持つメダカが採集される．これも人為的放流の結果である（竹花・酒泉，2002）．善意やときには商業行為として行われる放流が，地域固有の生物多様性を撹乱している一例である．

2.5 生態系の多様性の危機

多様な生態系がセットで存在することが，種の多様性を支えることは先に述べた．しかし，近年の人間活動は，さまざまな生態系の消滅や質の劣化をもたらしている．

湿地（湿原や水域を含む）は，生物多様性が高い生態系の一つであるが，もっとも危機的状況にある生態系のひとつでもある（角野・遊磨，1995）．日本では湿原の60% 以上が過去100 年以内に消滅した．残された湿原も乾燥による植生遷移の進行や，観光客による過剰利用によって環境が変化もしくは劣化し，消滅のおそれに瀕する種が増えている．

多くの湖沼が埋め立てや干拓によって消滅したが，残された湖沼も人工湖岸化や水質の悪化で生物多様性の低下が起こっている．霞ヶ浦では1970 年代はじめに32 種確認された水生植物が1990 年代までに数種に減少した（桜井・国土交通省霞ヶ浦河川事務所，2004）．人間が稲作のための灌漑用水を確保するために築造してきたため池は，かつて全国に約30 万カ所存在した．人工的な水域であるが，長い年月の経過とともにさまざまな動植物が移り住み，身近な生物多様性を支える重要な水辺環境の役割を果たしてきた（江崎・田中，1998）．しかし都市化の進行と水田耕作面積の減少で既に多くのため池が埋め立てられ，近年は約21 万カ所まで減少している．残されたため池でも護岸改修や水質の悪化のために，ため池を生活場所としてきた水生植物やトンボ類の消滅が相次いでいる（石井・角野，2003；石井ほか，2005）．

日本の沿岸域も劣化が著しい生態系の一つである．海岸の護岸等の整備で，現在残された自然海岸は全海岸延長の50% 以下となっている．浅海域や干潟の埋め立ても進み，東京湾に限ると過去50 年間に干潟面積は80% 減少したとされる．魚類の産卵や仔稚魚の生息場である藻場もつぎつぎと失われた．海岸では砂浜や砂堆の減少が著しい．かつて盛んに行われた海砂利の採取や，ダムなどの建設によって河川からの土砂供給が減少していることなどが原因である．これらの変化は魚類だけでなくアサリやハマグリなどの貝類，シギ・チドリなどの鳥類はじめ広範な生物群の減少を引き起こしている．

我が国で行われた「生物多様性総合評価」（環境省，2010）において，生物多様性の損失がもっとも大きいと評価されたのは陸水生態系，沿岸・海洋生態系，島嶼生態系であり，これらの生態系では現在も危機的状況が続いている．

2.6 なぜ生物多様性の保全が重要か？

ここまで日本国内の事例を中心に生物多様性の危機的状況の一端をみてきたが，そもそも生物多様性の保全はなぜ重要なのであろうか．この問いについては，自然の生存権というような環境倫理の考え方から，全ての生物種を潜在的遺伝子資源とみなして経済的価値を強調する主張まで，さまざまな考え方がある．最後に，生物多様性の役割を生態系の機能ならびに健全な生態系がすべての生物に提供する生態系サービスの観点から要約し，保全の重要性を考えてみよう．

2.6.1 生物多様性と生態系の機能

生態系（ecosystem）は，生産者，消費者，分解者の三つの栄養段階に属する生物群集とそれをとりまく無機環境からなるシステムであり，生物種は光，水分，栄養塩類などのさまざまな資源を利用して物質を生産する．バイオマス生産と分解，それにかかわる栄養塩もふくめた物質の循環が生態系の基本的な機能である．そのような機能がいかに効率よく，かつ安定的に維持されるかが生態系機能（ecosystem functioning）を評価する際の尺度になる．

このテーマに関しては，近年数多くの実験的，理論的研究が積み重ねられ，生物多様性が生態系機能の維持に重要な役割を果たしていることが明らかにされてきた（Hooper *et al.*, 2005; Cardinale *et al.*, 2012）．生物多様性が失われることによって資源の利用効率や生産性が低下することは，多くの研究で例証されている．生態系を構成する個々の種は資源利用の様式が異なるために，多様な種はお互いに補完関係になる．多様性の高い群集ほど，全体として効率よく資源を利用でき，また生産性も向上する（Tilman *et al.*, 2001）．全ての種を保全することが生態系のさまざまな機能を長期間にわたって維持する上で必須である（Isbell *et al.*, 2011）．

生物多様性の高い生物群集は安定性も高い．これは食物連鎖や，さまざまな種間相互作用が，特定の種の消滅によって不可逆的な変化を受けるという事実からも想像できよう．生物多様性の損失が，生態系の機能にどのような影響を与えるかという課題は，消滅する種によっても，また環境変動のタイプによってもシナリオが変わる．単純な条件設定や短期間の実験では正しい結論が導きだせない課題であり，今後より詳細な研究が期待される領域となっている．

2.6.2 生態系サービス

生態系が健全に機能することによって，ヒトを含むすべての生物とそれを支える環境の存続が保証される．そのような恩恵を生態系サービス（ecosystem service）とよぶ．生態系サービスは図2.3に示したように，すべてのサービスの基礎となる基盤サービス，それをもとに成り立つ供給サービス，調整サービス，文化的サービスという4つのサービスに分類される（Millennium Ecosystem Assessment, 2005）．

基盤サービスは，植物が光合成によって呼吸に必要な酸素を生産することや，すべての生物体の存在を可能にする一次生産，そしてそれを支える栄養塩や水の循環という生態系が成り立つための基礎的な機能であり，多くの生物の存続を支える基盤となるサービスという点で，他の3つのサービスとは性格が異なる．これが欠ければ，他のすべてのサービスも成り立たないという必須のものである．

供給サービスの重要性は，人間が毎日の暮らしで利用しているものを考えてみれば，いかに大きな恵みであるか理解できよう．食糧，医薬品，衣服のもとになる繊維や皮革，燃料，住居を建てる木材など，すべては多様な生物に由来する．現在でこそ化学合成された原料から医薬品や衣服は生産されるようになったが，

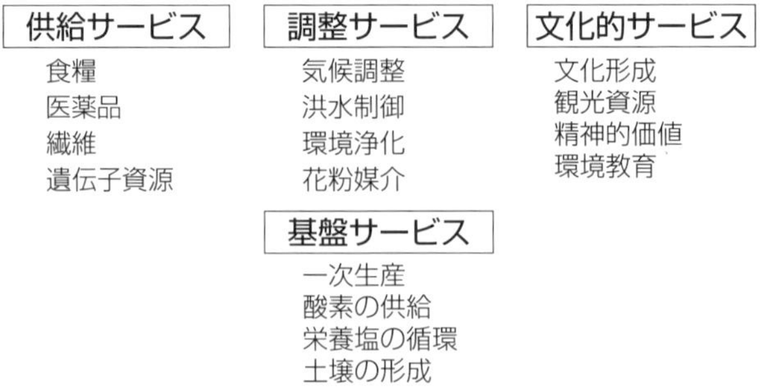

図2.3　生態系サービスの例
Millennium Ecosystem Assessment（2005）をもとに改変．

もともとは野生の動植物の成分や繊維を利用してきた．現在，熱帯雨林のどこかで絶滅しようとしている植物や動物の成分がガンなどの難病の特効薬である可能性もある．最近の遺伝子工学の進歩は，すべての種が潜在的な遺伝子資源であるという考え方を生み出した．種が絶滅すれば，その種がどのような有用性を持っていても，遺伝子資源としては利用できない．この考え方は人間に有用でない種と判明すれば消滅してもよいのかという疑問がでるほど人間中心主義の考え方であるが，私たち人間が供給サービスを最大限に活用できる時代に生きているという事実とともに，このような資源を未来世代に残すことの重要性も示している．

調整サービスは，森林の存在が気候を温和にすることや洪水を調節するようなサービスから，訪花昆虫が花の受粉の媒介をすること，さまざまな微生物が環境を浄化することなど，多くの機能を含む概念である．送粉共生系から1種の昆虫が消滅することは，その昆虫に受粉を依存してきた植物種の存続を困難にするかもしれない．その植物種の消滅は，多くの動物や菌類の存続に影響を与える．有機物の分解にかかわる細菌や原生動物の衰退をもたらすような環境の悪化は，生態系の環境浄化機能を著しく損なう．

文化的サービスは，森林や湖の景色を眺めることで審美的な価値を見出したり，精神を癒されたりすること，多様な生物が存在する自然が観光資源や環境教育の素材になることなど，生物多様性が人間の文化や精神に与えるさまざまな役割を総称したものである．他のサービスのように，その価値を科学的に評価できない点で生物多様性のサービスとしての性格は異なるが，重要な生態系サービスのひとつである．

私たち人間が上記の生態系サービスを受け続けるには，生物多様性と健全な生態系の機能が維持されていることが必要である．安定した生態系の存続の背景には，多様な生物の相互関係で結ばれた種間ネットワークがある．生態系には，一定の変化を受けても元の状態に復元する力（レジリエンス）がある．生態系本来の復元力を維持するためには，生物多様性が重要な役割を果たす．

生物多様性条約は生物多様性の保全と同時に，その構成要素の持続可能な利用及び遺伝資源の利用から生ずる利益の公正かつ衡平な配分を目的に掲げている．これは生物多様性の保全が，生態系の問題であるだけでなく，私たち人間社会のあり方にも深く関わる問題であることを示している．38億年の生命の歴史が築き上げてきた生物の多様性とそのつながりの保全は，私たちが受けている自然からの恩恵を未来世代が同様に受け継いでいくためにどうしても果たさなければならない課題である．

引用文献

Aoki, K., Suzuki, T., Hsu, T-W. & Murakami, N.（2004）Phylogeography of the component species of broad-leaved evergreen forests in Japan, based on chloroplast DNA variation. *J. Plant Res.*, **117**, 77–94.

Asai, T., Senou, H. & Hosoya, K.（2011）*Oryzias sakaizumii*, a new ricefish from northern Japan（Teleostei: Adrianichthyidae）. *Ichthyol. Explor. Freshwaters*, **22**, 289–299.

Darwin, C.（1859）*The Origin of Species by Means of Natural Selection*. John Murray［『種の起源（上, 中, 下)』八杉竜一 訳（1990）岩波書店］

Estes, J. A. & Duggins, D. O.（1995）Sea otters and kelp forests in Alaska: Generality and variation in a community ecological paradigm. *Ecol. Monogr.*, **65**, 75–100.

江崎保男・田中哲夫（1998）『水辺環境の保全—生物群集の視点から—』朝倉書店.

Falk, D. A. & Holsinger, K. E.（1991）*Genetics and Conservation of Rare Plants*. Oxford University Press.

藤井紀行（2001）日本の高山植物の系統地理．分類 1，29–34.

Gilpin, M. E. & Soule, M. E.（1986）Minimum viable populations: process of species extinction. *In; Conservation Biology: The Science of Scarcity and Diversity*. Soule, M. E. ed., pp. 19–34, Sinauer Associates.

林　岳彦・岩崎雄一・藤井芳一（2010）化学物質の生態リスク評価：その来歴と現在の課題．日生態誌，**60**，327–336.

樋口広芳・小池重人・繁田真由美（2009）温暖化が生物季節，分布，個体数に与える影響．地球環境，**14**，189–198.

Hooper, D. H. Chapin, III, F. S., Ewel, J. J. *et al.*（2005）Effects of biodiversity on ecosystem functioning: a consensus of current knowledge. *Ecol. Monogr.*, **75**, 3–35.

石井禎基・角野康郎（2003）兵庫県東播磨地方のため池における過去 20 年間の水生植物相の変化．保全生態学研究，**8**，25–32.

石井禎基・宮部　満・角野康郎（2005）マルコフ連鎖を用いた兵庫県東播磨地方のため池植生の将来予測．保全生態学研究，**10**，151–161.

Isbell, F. S., Calcagno, V., Hector, A. *et al.*（2011）Higher plant diversity is needed to maintain ecosystem services. *Nature*, **477**, 199–203.

角野康郎（2009）陸水における水生植物の多様性と保全．『水環境の今と未来　藻類と植物のできること』(神戸大学水圏光合成生物研究グループ 編)，21–34，生物研究社.

角野康郎（2010）外来植物研究への期待—種生物学の課題.『外来生物の生態学　進化する脅威とその対策』（種生物学会 編），11-23，文一総合出版.
角野康郎・遊磨正秀（1995）『ウェットランドの自然』保育社.
環境庁自然保護局野生生物課（2000）『改訂・日本の絶滅のおそれのある野生生物—レッドデータブック—8　植物Ⅰ（維管束植物）』自然環境研究センター.
環境省（2010）生物多様性総合評価報告書. http://www.biodic.go.jp/biodiversity/jbo/jbo/indec.html
Kanno, M., Yokoyama, J., Suyama, Y. *et al.*（2004）Geographical distribution of two haplotypes of chloroplast DNA in four oak species（*Quercus*）in Japan. *J. Plant Res.*, **117**, 311-317.
笠原安夫（1951）本邦雑草の種類及地理的分布に関する研究　第4報　水田雑草の地理的分布と発生度. 農学研究，**39**，143-154.
河村功一（2011）遺伝子浸透—遺伝的乗っ取りのメカニズム—.『外来生物　生物多様性と人間社会への影響』（西川　潮・宮下　直 編），2-22，裳華房.
Millennium Ecosystem Assessment（2005）*Ecosystems and Human Well-being: Synthesis.* Island Press [『国連ミレニアムエコシステム評価　生態系サービスと人類の将来』（2007）横浜国立大学21世紀COE翻訳委員会 訳，オーム社]
守山　弘（1997）『水田を守るとはどういうことか—生物相の視点から』農山漁村文化協会.
中井克樹（2002）琵琶湖における外来種問題の経緯と現状. 遺伝，**56**，6，35-41.
中静　透（2009）温暖化が生物多様性と生態系に及ぼす影響. 地球環境，**14**，183-188.
日本生態学会 編（2002）『外来種ハンドブック』地人書館.
日本生態学会 編（2012）『生態学入門　第2版』東京化学同人.
Noss, R. F.（1990）Indicators for monitoring biodiversity: A hierarchical approach. *Conserv. Biol.*, **4**, 355-364.
大串隆之 編（1992）『さまざまな共生　生物種間の多様な相互作用』平凡社.
Primack, R. B.（1995）*A Primer of Conservation Biology.* Sinauer Associates.
Saeki, I. & Murakami, N.（2009）Chloroplast DNA phylogeography of the endangered Japanese red maple（*Acer pycnanthum*）: the spatial configuration of wetlands shapes genetic diversity. *Diversity and Distibutions*, **15**, 917-927.
桜井善雄・国土交通省霞ヶ浦河川事務所（2004）『霞ヶ浦の水生植物—1972-1993　変遷の記録』信山社サイテック.
瀬戸口浩彰（2001）日本の島嶼系における植物地理. 分類，**1**，3-17.
須賀　丈・岡本　透・丑丸敦史（2012）『草地と日本人　日本列島草原1万年の旅』築地書館.
鈴木浩文（2001）ホタルの保護・復元における移植の三原則—東京都におけるゲンジボタルの遺伝子調査の結果を踏まえて—. 全国ホタル研究会誌，**34**，5-9.
鈴木浩文・佐藤安志・大場信義（2000）ミトコンドリアDNAからみたゲンジボタル集団の遺伝的な変異と分化. 全国ホタル研究会誌，**33**，30-34.
種生物学会 編（2010）『外来生物の生態学　進化する脅威とその対策』文一総合出版.
Takakura, K., Nishida, T., Matsumoto, T. & Nishida, S.（2009）Alien dandelion reduces the seed set of a native congener through frequency-dependent and one-sided effects. *Biol. Invasions*, **11**, 973-981.
高倉耕一・西田佐知子・西田隆義（2010）植物における繁殖干渉とその生態・生物地理に与える影響. 分類，**10**，151-162.
竹花佑介（2010）メダカの高精度系統地理マップをつくる.『淡水魚類地理の自然史—多様性と分化をめぐって』（渡辺勝敏・高橋　洋 編），105-122，北海道大学出版会.
竹花佑介・酒泉　満（2002）メダカの遺伝的多様性の危機. 遺伝，**56**，66-71.

Tanaka, Y. (2003) Ecological risk assessment of pollutant chemicals: extinction risk based on population-level effects. *Chemosphere*, **53**, 421–425.
千葉　聡（2009）崖淵の楽園：小笠原諸島産陸産貝類の現状と保全．地球環境，**14**，15–24.
Tilman, D., Reich, P. B., Knops, J. *et al.* (2001) Diversity and productivity in a long-term grassland experiment. *Science*, **294**, 843–845.
我が国における保護上重要な植物種および植物群落の研究委員会植物種分科会（1989）『我が国における保護上重要な植物種の現状』日本自然保護協会・世界自然保護基金日本委員会.
鷲谷いづみ・矢原徹一（1996）『保全生態学入門—遺伝子から景観まで』文一総合出版.
渡辺勝敏・高橋　洋（2010）『淡水魚類地理の自然史—多様性と分化をめぐって』北海道大学出版会.
Wilson, E. O. (1988) *Biodiversity*. National Academy Press.
World Conservation Union (2010) *IUCN Red List of Threatened Species*. Summary Statistics of Globally Threatened Species.
湯本貴和・松田裕之（2006）『世界遺産をシカが喰う　シカと森の生態学』文一総合出版.
遊磨正秀（2003）身近な水辺における「人—水—生物」共同体—自然水系と人工水系の環境と生物多様性．『生物多様性科学のすすめ—生態学からのアプローチ』（大串隆之 編），158–177，丸善.

第3章 都市の自然環境

小川　潔（3.1）・上田恵介（3.2）

3.1 植物から見た都市環境

3.1.1 都市環境とは何か

都市環境の定義は必ずしも明確ではない．都市の定義としては，「一定地域の政治・経済・文化の中核をなす人口の集中地域」（広辞苑）とされ，村落・農村との対語との位置づけがある．この文脈からは，都市環境とは一般的に，原生自然（岩田（2013）がいう，人間の影響がない自然）の対極にあり，農村自然（岩田（2013）がいう，原生自然を壊して人間のために作り変えた自然を配置した農村の自然）よりさらに人工化された空間と言えよう．

近年の都市において，舗装等による不透水化の進行や人間活動による排熱はヒートアイランド現象を生じ，夏季における地表面の高温化と地表付近の乾燥化が顕著となった．一方，冬季の低温は緩和され，日本では南方系の生物の越冬を可能にしていることも指摘されている．

武内（1991）は，東京の前身であった江戸は豊かな動植物相を持つ庭園都市であり生態都市であると評すとともに，近年の大都市はそれ以前の都市との断絶が大きいと指摘している．日本では東京の中心市街地で明治期以降，あるいは各地の大都市で1960年代の高度経済成長以降という都市建設の歴史性の浅さから，人工化が徹底した大都市特有の環境の成立とそれに適応した生物のあり方をつくりあげるという視点からは，現在はまだ，その途上にあると考えることができる．

ところで，品田ほか（1987）は，環境という複雑な系全体を見失わずに構成要素の相互作用をとらえる方法として生態学的見方を重視した．ある生物と環境とのかかわり方をとらえるために，歴史・進化を体現した総合的指標として生活形を検討することを提起している．すなわち，ある生物の生き方を示す事項として，形態，行動，環境適応，繁殖などを通して，総合的に環境を見ることである．

そこで本節では，日本の大・中都市における環境の形成過程を念頭に，植物の立場から都市環境の検討をすすめる．

3.1.2 都市の履歴と自然史

東京と大阪の都心部にあたるそれぞれの鉄道環状線内を比較すると，東京では庭園など緑地が多いが，大阪では大阪城域が唯一のまとまった緑地となっている．これはそれぞれが開発された江戸時代前後に，前者が武家屋敷の庭園や神社仏閣の境内を中心として自然性の高い空間が配置されたのに対して，後者では経済都市建設のため，そうした空間を有していなかった結果と考えられる．

相対的に自然的空間に配慮した開発が行われた東京においても，東京都と千葉県の境を流れる江戸川の堤防では1980年代における調査の結果，およそ第二次世界大戦直後くらいまでの時代に改修があった場所では在来種のカントウタンポポ（*Taraxacum platycarpum* Dahlst.）がみられ，それ以降の改修地では外来種のセイヨウタンポポ（*T. officinale* Weber sensu lat.）が生育していた．これには，次のような仮説設定が可能であろう．都市空間のでき方は，古い時代では人力中心による造成だったため，開発面積の規模が小さく，時間もかかった．そのため，周囲には植生が残され，ここを種子供給源として造成地の植生回復が可能だった．一方，1960年代以降の高度経済成長期からは，開発の規模拡大と工法の機械化・短期化が，元来の植生を残さず，都市空間の植物相を劇的に変えてしまったと考えられる．

農地とその周辺であれば，作物を植えている空間は徹底的な除草などの管理下にあるが，周りの通路や斜面（法面）などは労働力投下の対象とはなりにくい．特に，人力による維持管理が唯一の方法であった機械化以前の時代には，この傾向は顕著であった．その結果，人間による緩い利用圧のもとで多くの生物が住み着くことが可能であったと考えられる．

大都市内でも，昭和初期以前の時代に造成された庭園や城跡などに，在来種植物がよく見られる．東京の区部の歴史ある緑地には，前述のカントウタンポポやニリンソウ（*Anemone flaccida* Fr. Schm.）など，分布拡大能力が大きくない在来種の植物が点々と生育し，かつての連続的分布を示唆している．

一方，近年の都市開発は大規模の面積を改変している．したがって，都市内に保存されてきた緑地空間は，その地域の都市化前の自然を伝える自然史上の証拠であるため，学術的価値ばかりでなく自然環境回復の目標としての重要性も高まっている.

3.1.3 都市における人間活動の時空間的特性と植物

A．開発とカントウタンポポの消長

タンポポ類は路傍，公園，空地などでよく見られ，身近な植物となっている．また，在来種と外来種があることでも知られている．このタンポポ類の出現状況と個体群の消長は，都市環境形成の時空系列という視点からも興味深い．

・南多摩地域の事例

東京都と神奈川県にまたがる多摩丘陵は，大規模なニュータウン建設が，とりわけ1980-90年代に行われた地域である．この地域における在来種カントウタンポポと外来種セイヨウタンポポの消長は，都市開発と在来種保全および外来種の侵出を考える上で興味深い例である．

多摩丘陵を含めた東京都と神奈川県境にまたがる多摩川と相模川に挟まれた地域において，タンポポ分布調査と同時に，東西南北500 mおきにとった調査地点の土地利用を調査した．多摩ニュータウン建設が始まった直後の1980年，多摩ニュータウンの建設最盛期であった1990年，計画的開発がほぼ終了した2000年と，10年ごとの土地利用頻度の増減を表3.1に示した．80年代以降の開発は丘を削り谷を埋める大規模な自然改変であった．こうした都市建設により，家の庭，駐車場，それに造成間もない土地など（表3.1では「その他」と表示）の土地利用が一貫して増加し，休耕地が一貫して減少した．また，あき地と，農業的土地利用である雑木林，耕作地が前半の10年間に激減した．このときは路傍も一時減少したが，その後増加に転じた．

この間，1980年におけるカントウタンポポの出現地点数頻度は27.4%で，北多摩地域や東京23区内のそれぞれ16.2%，1.8%という周辺の状況に比べ高い値を示していた．1990年には，カントウタンポポの出現地点数頻度は13.3%に半減した．その後，2000年には16.9%とやや回復した（表3.2）．この結果は，ニュータウン建設により，在来種であるカントウタンポポの生育地である農業的土地利用が激減したことと対応していた（小川・本谷，2001）．

一方で，開発計画が緑と居住地との調和を謳ったことや住民の自然保護運動の力により，二次林や農業的土地利用空間が点々と残り，また公園緑地として保存された場所もあった．これらの地点にカントウタンポポの個体群が残り，計画的

表 3.1 南多摩地域の土地利用頻度の推移

土地利用	1980 年	1990 年	2000 年
家の庭	7.6	9.8*	14.9*
駐車場	5.9	9.1*	18.1*
その他	9.5	24.3*	27.3*
あき地	24.7	13.8*	12.9
路傍	47.3	40.4*	53.6*
校庭	1.6	2.6*	2.1
雑木林	13.2	8.5*	9.3
耕作地	13.2	9.9*	10.2
休耕地	4.1	2.2*	1.3*
土堤	5.0	4.5	7.9*
石垣	1.9	2.3	3.6*

機械的にとった東西南北 500 m おきのメッシュの交点の土地利用であり，複数選択あり．
前回調査と有意な増減があった土地利用形態のみ．
＊印は前回と比較して有意な増減があった土地利用．
調査地点数は，1980 年が 1824，1990 年が 1619，2000 年が 1647．
（小川・本谷，2001；遠藤・小川，2002 およびタンポポ調査実行委員会のデータより再集計）

表 3.2 南多摩地域におけるタンポポ類の出現頻度推移

調査年次	調査地点数	カントウタンポポ	セイヨウタンポポ（外来種）	タンポポなし
1980 年	1654	27.4	75.3	15.7
1990 年	1619	13.3	71.8	24.0
2000 年	1646	16.9	70.1	24.2

表 3.1 と同時調査の結果．
カントウタンポポおよびセイヨウタンポポの頻度にはそれぞれ両種共存を内数に含む．
（小川・本谷，2001；遠藤・小川，2002 およびタンポポ調査実行委員会のデータより再集計）

開発が終了して土地の状況が安定し，土堤や路傍などタンポポの生育できる場所が増加するとともに，徐々に周辺に分布拡大があったため，2000 年の出現頻度増加になったと考えられている（遠藤・小川，2002）．

興味深いのは，外来種であるセイヨウタンポポのこの地域での出現頻度は 1980 年にすでに 75% になっていたことである．1980 年時点では，ある程度の生育空間が確保されていたところに分布域を既に広げていたが，1990 年，2000 年と，開発の進行とともに増えることなく，むしろわずかであるが減少していったことである．外来種が在来種を駆逐して増えたのではなく，大規模開発が在来種はもちろん，外来種までも駆逐したのである．

・小石川植物園の事例

種子供給源と植生の有無は，都市における植物相に決定的影響を与える．東京都文京区にある東京大学理学系大学院附属植物園（小石川植物園）は江戸時代から薬園として維持され，現在でも在来植物が多い．ここにはカントウタンポポが群生している．一方，周辺の市街地や園内の通路沿いには，セイヨウタンポポが見られる．そこで 1985 年 5 月，植物園の一角に土を盛り造成地を作り，そこへ在来種及び外来種のタンポポを播種（種まき）したところ，発芽した実生（芽生え）個体は外来種タンポポが多かったが，これらは夏の内に全滅し，少ない発生数だったカントウタンポポの実生が生き残った（図 3.1）．ここでは夏の間，草本層が茂っていた．また播種とは別に，自力で侵入して生育し次春に開花したタンポポは，約 200 m^2 の範囲で外来種 2 個体（8%），在来種 23 個体（82%）であった．

これとは別に，1975 年 5 月に圃場造成のためブルドーザーを入れて植生を排除した空間には，1 年後にセイヨウタンポポ 28 個体とカントウタンポポ 14 個体が開花した．その後少数の人が立ち入るだけで，特別の管理をしないまま草本の低い群落が維持されたところ，造成 7 年後に開花したのは，セイヨウタンポポ 56 個体とカントウタンポポ 505 個体であった．草丈の低い他の植物との共存下で，外来種はわずかな増加を示したのに対して，在来種は個体数を顕著に増大させた．

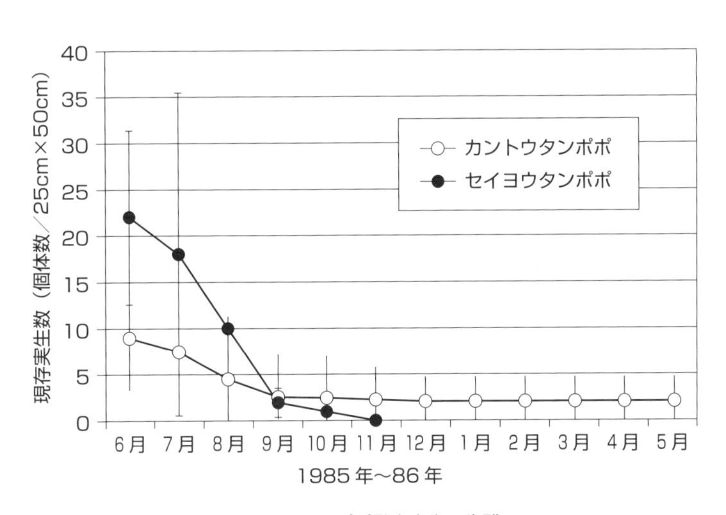

図 3.1　タンポポ発生実生の生残

造成地であることそのものは，カントウタンポポの侵入を阻む原因とはなっていなかったのである．

タンポポ類は春に主たる開花・結実期を持っている．セイヨウタンポポは種子散布直後の初夏に発芽してしまうのに対して，カントウタンポポが秋を主として初夏にも一部の種子が発芽する．この性質は夏季に繁茂する背が高い植物との競合の有無を決定してしまう．セイヨウタンポポは夏季にも旺盛に葉を展開するので，繁茂する競合植物の下では光が得られず，新葉形成への栄養投資が無駄になり，植物体は衰退する．ヨーロッパの比較的寒冷地に由来するセイヨウタンポポは，温暖多雨により植生が繁茂する日本の夏に適応する体勢を持っていないのである．それでも日本の多くの都市に，セイヨウタンポポが広がったのは，都市が在来植物を排除してつくってきた植物のいない空き地に生育したからである．一方，カントウタンポポの多くの個体は，夏季には葉を落として休止状態になり，周りの植物が葉を減少させる秋から翌春を主な生育期にしているので，他の植物と同所的に存在できる．セイヨウタンポポは好んで都市にいるというわけではなく，都市には競争相手がいない空き地が多いからよく観察されるのである．

こうした事実から，都市の植生を決める自然環境の特徴をタンポポの立場から見ると，都市化の履歴と，競合する植物の有無が大きな決定要因と考えることができる．

B．都市における植物と生育空間

植物の生育空間という視点から，宮脇（1977）は以下の指摘をしている．大都会の富栄養立地である空き地には冬をロゼット（放射状の根生葉）で越し，夏に大型となるホソアオゲイトウ（*Amaranthus patulus* Bertoloni）などの好窒素性雑草があり，一方，貧栄養の立地にはアレチノギク（*Erigeron bonariensis* Linn.）などが生え，敷石の間隙にはツメクサ（*Spergularia rubra*（Linn.）Presl）やイヌガラシ（*Rorippa indica*（Linn.）Hochr.）が生育し，いずれの場合も人間の影響が止まると，その地域にもとから生育していた多年生植物へ置き換わる．さらにヨモギ（*Artemisia princeps* Pampan.）を例に，その分布域が人間の生活域と一致することを示し，これが河川敷にも出現することから，自然界でも洪水による破壊と有機物の堆積が人間活動と同様の効果をもたらしているとした．

宮脇（1977）はまた，主として明治時代以降に渡来したいわゆる帰化植物（移入種）の種類数がその場所の総出現植物種数に占める割合である帰化率を示し，港で高い値がみられるほか，河川敷でも高いことを示した．

ここで指摘されているように，都市の植物のある種にとっては，都市の人間活動がもともとの生育地に似た都合の良い生育環境をもたらしているととらえることができる．

一方，都市化による土地の改変は，必ずしも100％のコンクリート被覆を一気に完了するわけではなく，しばしば未利用地が形成される．都市再開発の場合も，住宅建設までの一時期，空き地が生まれることがある．そのような空間に，しばしば植物が繁茂することがある．

・アレチマツヨイグサの場合

千葉県の宅地造成地では1990年代―2000年代に，住宅が建つまでの数年間にアレチマツヨイグサ（*Oenothera parviflora* Linn.）の高密度群落が現われて消えていく現象が見られた（浅井，2001）．アレチマツヨイグサは草丈が2mに達することがある外来種である．ここでは造成による裸地形成から3年後に，アレチマツヨイグサの大繁茂が見られた．新生裸地において，アレチマツヨイグサは他の植物が繁茂する前の段階で発芽し，ロゼットの形態で群落を形成した．多くの個体は越冬後もう1年かけて栄養成長し，次の年に抽だいして開花・結実し枯死した．アレチマツヨイグサは栄養生長期をロゼット型で過ごし，開花・結実できるサイズになると一度だけ繁殖して枯れてしまう，一回繁殖型可変二年草である．

大繁殖時に開花・結実した個体は大量の枯れた枝葉を根元に落とした．アレチマツヨイグサの種子は小さく，実生は厚い落葉層を突き抜けて生長することができない．また，種子には発芽に光および変温要求性があって，土中で埋土種子集団を形成する．したがって，アレチマツヨイグサの種子は開発前から当該地に散布されていた可能性が高く，開発による土地撹乱で地表に現れた種子が，競争相手のいない期間にロゼット形成を経て埋土種子を大量に残して地上部は消滅したと考えられる．

・ウラジロチチコグサの場合

近年都市部の公園や路傍において高頻度で見られるウラジロチチコグサ（*Gnaphalium spicatum* Lam.）も，外来の一回繁殖型可変二年草である（横山，2009）．秋に種子から発芽した実生は，ロゼットを形成し，小さいうちは栄養生長だけしていた個体がある大きさに達して初めて生殖生長に切り替わるサイズ依存性の繁殖を示す．そのため，冬型一年草あるいは二年草のように見え，アレチマツヨイグサと比べて早産性が強い．ロゼット葉はしばしば，地表面にぴったりへばりついて地表をつかむような形をとる．密生したウラジロチチコグサの群落では，他の植物の実生がこの葉層を突き抜けて生長するのは困難となる．地表面を独占的に覆ったあと，夏になると，ウラジロチチコグサの群落は種子散布を終えて消えてしまう．

・ナズナの場合

ナズナ（*Capsella bursa-pastoris*（Linn.）Medik.）は，ペンペングサの名で親しまれてきた冬型一年草である．夏から秋にロゼットを形成し，主として秋から春まで栄養生長し，春に抽だいして大きいものでは草丈 50 cm 以上に達し，数千個の種子を生産して晩春に枯死する．秋から冬にかけて建設資材置き場になっていた場所では，発芽できなかった種子が，年度明けに資材が撤去されたあとの春に発芽することがある．こうした個体は草丈が 5 cm 程度と低いまま開花・結実し，種子生産も数個～数十個と少ない．しかし 1 個の種子は大株が生産した多数の種子と同じサイズを持っている．種子サイズが決まっていて，親株の栄養状態により数が調節されていることになる．短期の生長期間でもわずかの種子を残し，できた種子は散布先の栄養条件次第では大株に生長して多数の種子を散布する可能性を持っているわけである．

個体の生長量の大小，生産種子数の多寡といった融通性を，可塑性（プラスティシティ）という．河野（1974）はナズナの生育土壌の栄養状態の違いで上述と同様の差が生まれることを指摘し，アマ（*Linum usitatissimum* Linn.），ハトムギ（*Coix lacryma-jobi* Linn. var. *ma-yuen*（Roman.）Stapf）を同様に例示している．この可塑性は，生育地の大小，たとえば歩道の敷石の間のわずかな間隙と畑の両方にはえる雑草類にも共通してみられる．ナズナの場合はさらに，果樹園で定期的な草刈りや不定期の農業機械による踏圧を避けられるよう，発芽・生育期がずれた生態型（生育地の条件の差異に適応して母集団とは異なる生態的性質をもった個体や個体群．母集団との遺伝子交流は可能なので，種分化まで至っていない）が共存しているという（石川，1997）．

・ブタクサの場合

宮脇（1977）によれば，ブタクサ（*Ambrosia artemisiifolia* Linn. var. *elatior*（Linn.）Descourtils）は外来種の一年草で，撹乱地の指標種とされる．種子発芽

表3.3 空地に出現する植物の生活史特性

和名	繁殖形態	種子の特徴	可塑性
アレチマツヨイグサ	1回繁殖型可変二年草	埋土種子	
ウラジロチチコグサ	1回繁殖型一，二年草	風散布	
ナズナ	冬型一年草		生育期間・個体のサイズの融通性と種子生産数の調整
ブタクサ	一年草	埋土種子	

には低温を受けた後，22〜30℃という比較的高温と光を必要とすることが実験的に知られている．ブタクサも埋土種子集団を形成し，冬季に低温を経験する．地表攪乱によって地表面に出てきた種子は光にさらされるとともに，春季に日射を直接受けて気温以上に温まり，高温に反応して発芽すると考えられている．高温と受光を同時に満たす場所が，攪乱後の空地ということで，攪乱地の指標になるというわけである．

植物から見た都市開発は，主として人間の経済的都合で発生するため，時間的規則性に乏しい．前述した植物たちは，都市化以前には，不定期の攪乱が起こる自然環境，たとえば河川敷などに適応して生育していて，都市域に不定期に造られた一時的な生育可能空間を利用したと考えられる．都市の空き地はこのように，短期間の植物生育を可能とし，そこを利用する植物が埋土種子や可塑性，あるいは大きな種子散布能力という手段を用いて1〜数世代が利用する中継地の役割を果たしている（表3.3）．

3.1.4 都市における生育地分断化の影響

A．個体群の危機

先に紹介したカントウタンポポは昆虫によって花粉を媒介される虫媒花であり，さらに自己の花粉では受精せず，繁殖に他個体からの花粉を必要とする自家不和合性を持った種である．1980年代初めに東京を中心とした南関東地域でタンポポの分布調査が行われた折に，カントウタンポポの個体群サイズ（群れている個体数）と頭状花ごとの種子稔性率を調べた結果，70個体以上の個体群では70%前後の安定した稔性率を示したが，個体数が減少するにしたがった稔性率はばらつきながら低下し，単独で生育していた個体の稔性率は0%であった（Ogawa & Mototani, 1991）．

東京都心に存在した個体数が少ないカントウタンポポの個体群の多くは，10年後のタンポポ調査の時には存在を確認できなかった．

東京都のレッドデータブック2013（東京都，2013）に記載されている地域別絶滅種を集計すると，相対的に都市化がやや遅れている多摩地域では現存するが，都市開発が徹底している23区地域では絶滅してしまった維管束植物が62種を数える．それらの中には，カワラノギク（*Aster kantoensis* Kitamura）とヒメニラ（*Allium monanthum* Maxim.）がある．倉本によると，カワラノギクは河川敷の丸い石ころがたまったところに生え，河川の氾濫により石が数年ごとに供給される環境で，個体群も上流から流されてくる個体を加えて成立している（小川・倉本，2001）．東京の都市化に伴う上水の取水で流量が減り，石を運ぶ能力を失った多摩川は石の代わりに土砂を堆積し，カワラノギクは生育環境を次々に失った．個体群の減少と構成個体の減少は，負のスパイラルと呼ばれるように，多摩川ではカワラノギクの減少を加速し，現存するのは人工増殖をはかっている1個体群のみとなってしまった．

ヒメニラは草丈が10 cm足らずの虫媒花の多年草で，落葉樹下で春の1か月足らずしか地上部を現さない，いわゆる春植物の一つである．日本で知られている個体群の多くでは，雄しべを欠く雌性個体のみが確認されている．長井（1984）によれば，両性の花をもつ個体群においても，実生の出現はごく少なく，根元にできる鱗茎と，20 cm程度になる地表を這う茎（ストロン）の先にできる鱗茎で繁殖・移動を行う．したがって，多くの個体群では，遺伝的に均質な個体ばかりが再生産され，わずかに両性を持つ個体群において少数ながら見つかる実生が，遺伝的多様性を増大させる役割を果たしうるということになる．筆者自身も，東京都八王子市内で両性花を持つヒメニラ個体を見つけたことがあるが，その場所は東京圏拡大に対応するための道路建設で破壊されてしまった．東京23区地域では，生育地の分断と破壊によって先行して絶滅したのであろう．

これらの例が示すように，有効な配偶子の交流に制約があったり，個体の移動能力の小さい種にとっては，都市化による生育地の分断・孤立化は，生物間相互作用の関係を構成する他の動植物の減少とも相まって，遺伝子交流の欠如による個体群の崩壊の危険をはらんでいると考えられる．したがって，今後の開発や保護にあたっては，できるだけ近くに同種の個体群を確保するとともに，生物間相互作用の関係を構成する動植物を考慮した生態系の保全に留意する必要がある．

B．生育地への適応進化

Cheptou ほか（2008）は，コンクリートやアスファルト舗装によって都市の植栽樹の根元の限られたスペースに生育するキク科雑草クレピス（*Crepis sancta.* (L.) Bornmüller）が，連続的地面が確保できる他の生育地の個体とは異なる性質を持つことを見つけた．すなわち，冠毛を発達させて種子を遠くまで飛ばす性質をなくし，あまり飛ばない種子を都市ではつくっているというのである．舗装で固められた都市のなかでは，遠くへ種子を飛ばしても，種子が土の上に落ちることはあまり期待できない．親個体のそばに落ちれば，植栽樹の根元の土の上に落ちる可能性が高い．

Cheptou ほか（2008）は同時に，最近の都市建設の結果できた植樹の根元の土の空間に種子を落とすよう，冠毛の長さが変化したことを生育地の建設履歴と遺伝子の動きとして計算した結果，この変化が 10 世代前後以内の短期間に起こったと推定した．都市の分断された生育地特性は一種の島嶼効果（大陸から離れた島では，遺伝子交流が限られるので，遺伝子の単系統化や種分化が起こりやすい現象）を持つと考えられ，種によってはこうした適応進化を促す効果をもたらすと考えられる．

なお Cheptou ほか（2008）は，こうした早い変化によってその個体群由来の種子を集中させるのは，個体群がますます単系統化して遺伝的崩壊を招く可能性もあると警告している．

また，これまで紹介してきたセイヨウタンポポについても，現在では関東以西では在来種と外来種の双方の遺伝子を持つ雑種の個体が多数を占め，外来種のみの遺伝子を持つ個体（純粋の外来種）が少ないことがわかってきた．前述の各事例におけるセイヨウタンポポとは，雑種である可能性がある．外来種の遺伝子から見ると，雑種化による在来種遺伝子の取り込みにより，気候への適応や在来種生育地への侵入能力の付加，雑種強勢と呼ばれる両親種にない新しい能力の獲得も考えられ，都市の環境が新たな種分化の舞台になる可能性は今後の研究課題であろう．

3.2 鳥から見た都市環境

3.2.1 ニッチ構築としての都市

都市は自然環境をいったん破壊して作られる人工環境である．都市ができることにより，もともとその地域の自然環境に生息していた動物はほとんど一掃されてしまう．しかし年月を経るにつれ，新たな種が侵入，または人為的に持ち込まれ，都市の厳しい環境でも生活可能な，人の生活と結びついた特定の種が定着していく．都市の環境は人工的構造物にとどまるのではなく，そこに住み着いた生物が新しい侵入者に対し，さらに淘汰圧を加えていく．こう考えると，都市の出現はヒトという生物種による時系列的な"ニッチ構築"だと言えなくもない(Box 3.1)．

この1万年，世界のあちこちに都市が出現しては，消滅し，現代に至って来た．その中で，さまざまな動物が都市環境に入り込み，住み着いてきた．とくに鳥は「飛ぶ」という移動手段を持っており，新しく出現した環境に比較的たやすく定着できる特性を持っている．都市というこの新しいニッチを鳥たちはどう利用しているのだろうか？　ここでは鳥に焦点を当てて，都市の生態系に入り込んできた鳥とはどんな鳥なのか，また彼らは都市生態系に入り込むためのどんな特性を持っているのか，そして彼らが都市に入り込むことを可能にした条件とは何かを考えながら，新しいニッチの創出という意味での都市と鳥の関係を見て行きたい．

3.2.2 近代以前の都市の鳥

日本ではとくに近代までは，都市と言えるのは，奈良や京都，長崎や堺や江戸など，そう多いものではなかった．奈良時代から江戸時代まで（さらには明治・大正時代），人々の生活はそんなに自然と距離のあるものではなかった．たとえばツバメやスズメは，現在ではコンクリートの建造物にも巣をつくるが，昭和の初め頃までは，スズメは農家のわら屋根の隙間に，ツバメは土間の天井の梁（はり）に巣を作っているのが自然な姿であった．江戸の町はもちろん，奈良時代や平安時代，さらにはそれにさかのぼる時代のせいぜい数十戸の小さな集落，おそらく三内丸山などの縄文時代の集落にも，スズメやツバメが生息していたと思われる．古代の人々も現代の私たちと同じく，人家に巣を作る小さな鳥たちを慈し

Box 3.1

ニッチとニッチ構築

ニッチとはもともと“壁の穴”をさす英語で，ある生物がその生息環境でどのような位置を占めて生息しているかを表す用語である．それは単に生物の空間的な生息場所をさすだけでなく，食うもの－食われるもの（捕食者と被食者）の関係や寄生・搾取関係，さらには同じ資源を巡る異種間の競争なども含んだ種間関係の総体の中に，その生物が占める地位をいう．エコロジカル・ニッチ（生態的地位）と呼ばれることもある．

ニッチ構築とは，ある生物が存在し，生活することで，そのまわりに新しいニッチを形成していくことをいう．たとえばシロアリの巣や鳥の巣等，さまざまな動物が作る構築物も，それを利用する生物にニッチを提供するという意味でニッチ構築である．ニッチ構築は棲み場所の提供だけを言うのではない．たとえばクモの網のように，空間に障害物（またはトラップ）が存在することにより，飛翔昆虫がクモの網を避ける行動を強いられたりした場合，それはその周囲に生息する生物種に負の影響を与えている（これもある意味，ニッチである）．大規模なニッチ構築としては，たとえばサンゴ礁があげられる．サンゴ礁はサンゴ虫が褐藻と共生しながら群体を作り，海中のカルシウム分を取り込んで，それを外骨格の材料として分泌し，海中に形成した構造物だが，熱帯・亜熱帯海域にサンゴ礁が出現したことで，それはさまざまな生物種に棲み場所を提供し，一次生産者である褐藻の光合成によって食物連鎖を作り上げ，新しいニッチを構築した好例といえる（このような環境の大規模改変は環境エンジニアリングと呼ばれることもある）．

む心を持っていたと考えるのが自然である．人の住居は，それを使いこなせる動物たちにとっては，天敵から逃れられる安全な空間であった．

しかしこの時代，集落に棲んでいた鳥はそんなに多くはなかったとおもわれる．スズメやツバメ以外の鳥類では，人間の出したゴミに依存するトビやカラス類（ハシブトガラスとハシボソガラス）などが集落の周辺部に生息して，人のおこぼれをあさっていたのだろう．

現在の東京にはハシブトガラスが生息しているが，近年になって定着したのではなく，もっと古い時代，少なくとも江戸時代には確実に生息していた（松田，2006）．しかし江戸は都市と言っても，中心部を少し離れると，すぐに農村地帯へと移行し，海岸部には干潟がひろがっていた．だからいわゆる“都市に適応した”という意味での都市鳥の種類は少なかったが，江戸の町は鳥の種類も数も豊かだったことが想像できる．町中には縦横に水路がめぐらされ，船による交通ネットワークが成立していた．こうした水辺にはおそらくカワセミが生息し，カルガモやバンやクイナサギ類など，水鳥の姿もあったのだろう．周囲の農村地帯にはガンやツルも渡来したろうし，トキもいたと思われる．コウノトリが浅草寺の屋根で営巣している絵図も残っている．

3.2.3 都市の変遷と新しく侵入した鳥

江戸から明治，大正を経て，日本の近代化が急速に進み，昭和になると都市の様相も大きく変わりはじめる．そして第二次世界大戦を経て，主要都市のほぼすべてが焦土になってしまった大阪や東京（主要な地方都市も）では，最初は木造家屋での再建が始まったが，やがて急速にコンクリートのビルが増えはじめる．そして高度成長期．この時期が日本ではもっとも都市の鳥相が貧弱だった時期である．

A．森や林の鳥

戦後，高度成長期には，たとえば筆者のいた大阪にはシジュウカラはまったく生息していなかった．大阪平野はそんなに広くないから，古い時代から開発が進み，平野部にはいわゆる平地林は皆無であった．このことがおそらく大阪にシジュウカラがいなかった理由だと思われる．しかし近年，大阪も公園の緑化が進み，市内の緑地を中心にシジュウカラが棲めるようになって来ている．シジュウカラはもともと自然の樹洞に巣を作る鳥だから，巣にするための樹洞のある大きな木がないと生息できないと思われていた．しかし都市部でのシジュウカラの営巣環境を見ると，決して樹洞ばかりではなくパイプの穴などにも巣を作っている．シジュウカラもスズメ並みの都市鳥になってきたのかも知れない．

この時代，シジュウカラに限らず，キジバトやヒヨドリ，そしてメジロも山の鳥だったというと，多くの人は意外に思うだろう．今では大阪でも東京でも，町の中でこれらの鳥たちに普通に出会うことが出来る．だがこれらの鳥たちは，少なくとも1950年代には都市には生息していなかった．こうした鳥たちは1960年代になって都市に進出してきた鳥である．ヒヨドリはもともと冬になると平地に降りてきて，夏には山へ帰って行く漂鳥（ひょうちょう）であったが，関東地方では1960年代から，夏になっても山に帰らずに，平地にとどまり続けるヒヨドリ

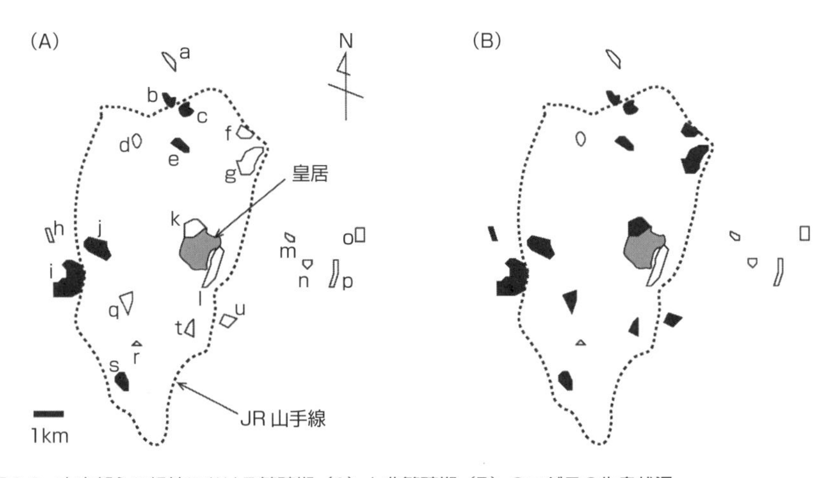

図 3.2　東京都心の緑地における繁殖期（A）と非繁殖期（B）のコゲラの生息状況
黒く塗りつぶしたのが生息していた緑地．a：飛鳥山公園，b：染井霊園，c：六義園，d：豊島岡墓地，e：小石川植物園，f：谷中霊園，g：上野恩賜公園，h：新宿中央公園，i：代々木公園，j：新宿御苑，k：北の丸公園，l：日比谷公園，m：浜町公園，n：清澄庭園，o：猿江恩賜公園，p：木場公園，q：青山霊園，r：有栖川宮記念公園，s：自然教育園，t：芝公園，u：浜離宮庭園．
濱尾ほか，2006 より．

の姿が目につくようになり，やがて 1970 年代にはあちこちで営巣が確認されるようになった（川内，1983）．

これらの鳥は都市に棲むと言っても，コンクリートの建造物に巣を架けることはできない．多少なりとも天敵の目から巣を隠すことのできる木立が必要である．戦後，都市において公園緑地や街路樹の植栽が進み，巣を架けることのできる樹木が生長してきた．メジロが棲めるようになってきたのも都市の木々が育ってきたからと思われる．

キツツキの仲間のコゲラも，1970 年代に大きな都市公園に侵入・定着した（川内，1985；1987）．コゲラが棲めるようになったのは，公園の樹木や街路樹が生長してきて，さらに枯死木（コゲラは生木には巣穴を掘れない）ができるようになったからだと思われる．営巣環境と採食環境が同時に確保できるようになってきたことがコゲラという森林性のキツツキの都市への定着を可能にしているのだろう（図 3.2，濱尾ほか，2006）．

B．水辺の鳥

森や林の鳥たちが町に定着しはじめたのとほぼ同時期（1970年代）に，町の中に水辺の鳥であるハクセキレイの姿が目立つようになってきた．ハクセキレイは，1970年代のはじめまでは，北海道や東北の一部など，北の地方でしか繁殖していなかった鳥であるが，いつの間にか東京や大阪という本州中南部の大都市でも繁殖するようになってきた（中村，1980）．たとえば栃木県で調べられた例では，1965年の1例を除けば，ハクセキレイの繁殖記録はすべて1976年以降に得られている（樋口・平野，1981）．栃木でのハクセキレイの繁殖環境は，砂礫地のない河川，水路のある工業団地，市街地などで，かなり人工物を利用して営巣している．これらの環境には近縁のセグロセキレイは低密度でしか生息していない．セグロセキレイは河川のより上流部の砂礫地に生息しており，2種が出会ったときにはハクセキレイよりも争いに強いことが知られている（Ohsako, 2001）．繁殖期にはハクセキレイは，セグロセキレイによる干渉をより強く受けていることが予想され，ゆえにハクセキレイがセグロセキレイの干渉の少ない河川下流域に発達した都市環境に入り込んできたのだと考えられる．

カワセミも都市環境に復活しつつある．もともとカワセミは清流の鳥ではない．田んぼや池や沼が点在する農村環境が彼らのもっとも好む生息地である．高度成長期に農地の構造改善事業が行われ，それまで小川や細い水路で大きな川や池とつながっていた水田が，川からポンプアップした水を流すだけの用水路に変わって，魚や水生昆虫が棲めなくなったこと，また有機リン系や有機水銀系の農薬が多量に使われた結果，カワセミは激減した．しかし近年，農薬規制が進んで生き物が棲めるようになり，下水道の整備で排水が浄化されるようになって，カワセミが復活してきている．かれらにとっては，餌の小魚が捕れて，巣場所になる土の壁があれば，都会であっても生活できる．

C．海の鳥

海の鳥はどうだろう．意外に思われるかもしれないが，都市には海の鳥の生息も可能である．オオセグロカモメ，ウミネコ，コアジサシなど，カモメ類・アジサシ類は営巣場所さえ確保できればかなりの都市環境にも進出できる．

それは人間の往来や夜の照明さえ気にならなければ，都会のビルは立派な断崖だし，屋上は営巣に適した平らな岩場だからである．ここに目を付けたカモメ類がいる．最初はオオセグロカモメである．オオセグロカモメは本来海辺の崖などに巣を作る鳥である．かつては北海道の離島でしか繁殖していなかった．それがいつのまにか札幌や釧路の町中でも見られるようになり，しかもビルの屋上で繁殖するようになっている．

札幌の市街地では2001年に初めて巣が確認されて以来，年々，ビルや立体駐車場の屋上などに巣が増え，近年は観光名所の大通り公園や繁華街のススキノ周辺でも巣や親鳥が見られるという．しかも面白いことに札幌のオオセグロカモメでは，小樽の海岸部の自然環境での繁殖個体群よりも繁殖成功率が高い（小平ほか，2010）．札幌のオオセグロカモメは市内を流れる豊平川で魚や昆虫を捕食するほか，捨てられた残飯なども食べられる結果，栄養状態がよく，成長するまでに死ぬヒナが少なくなっていると考えられている．

似たようなことがウミネコでも起こっている．東京のど真ん中，上野公園に隣接するビルの屋上でウミネコが繁殖していることが確認されたのはつい最近のことである．

3.2.4 都市化の進行で減った鳥

都市に定着を果たした鳥がいる一方で，都市がさらに発展するにつれ，最初は定着に成功しても，その後に減っていく鳥もいる．都市の住宅の多くが庭のある木造家屋だった時代，オナガは関東地域では普通に見かける鳥だった．しかし近年，木造家屋がコンクリート建造物に変わって，庭のある家が少なくなって行くにつれて，オナガの数は激減した．オナガは協同繁殖をする鳥で，常に10羽前後の家族群を形成して，1年中，一定の地域をなわばりにして行動する鳥である．こうした協同繁殖する鳥にとって，なわばりはその中にエサ場やねぐらや水浴び場といった生活の諸条件がそろっていなければならない．庭のある家が少なくなるにつれ，一定面積のなわばりを都市部に確保できなくなったことが，オナガが減少した大きな要因だと思われる．現在でも大きな緑地のあるところにはオナガの群れが生息しているが，移動性の少ないオナガの習性を考えると，かなり孤立した個体群だと思われる．

もうひとつ，近年，都市部で減少の目立つ鳥がツバメである．ツバメはヒヨドリやシジュウカラと違って，純粋に昆虫食の鳥である．都市部の緑はある程度増えてきたが，そこから発生する飛翔昆虫の量が大幅に減ってきた．昔は夏の夕方などはそこかしこにユスリカの蚊柱ができて，それをツバメやアブラコウモリが盛んに飛翔して，捕獲している光景が見かけられた．ハエも飛んでいたし，トンボも飛んでいた．都市の飛翔昆虫が減少したことがツバメの個体数減少の大きな要因だと思われる．またツバメが減少したもう一つの要因がある．それは道路がすべてアスファルト化され，ツバメが巣をつくる泥が手に入りにくくなったことである．わずかに残った都市のツバメは，ビルの屋上のクーラーの室外機から垂れる水滴で湿ったわずかな土（ほこりや細かい砂粒等が吹き寄せられて集まったもの）などを巣材に用いている．こうした状況を反映してか，最近ではツバメの巣は郊外の高速道路のサービスエリアや道の駅に多く見られるようになってきている．

じつは都市環境に適応したはずのスズメでさえ減少している．三上（2009a, b; 2010）はいくつかの地域での経年的な調査記録や，農地における駆除のための捕獲統計などから，現在のスズメの個体数は1990年ごろの個体数の20%から50%程度に減少したと推定している．1960年代と比べると減少の度合いはさらに大きく，現在の個体数は当時の1/10程度になってしまった可能性が指摘されている．

スズメの減少の原因については，いくつかの要因が指摘されている．その一つは住宅の構造が瓦屋根からスレート屋根へ，木造から鉄筋へと変化したことによる巣穴の減少があげられる．現在，都市のスズメたちは，屋根瓦の下ではなく，信号機や電柱のパイプ穴を巣場所にしている．さらに，都市における繁殖期のエサになる昆虫の少なさも減少要因の一つである．近年，都会では並木に発生するアメリカシロヒトリやマイマイガの姿さえ見られなくなってしまった．三上ほか(2011) が調べたところによると，とくに都会において，スズメの巣立ちビナの数が減少している事実がある．その原因の一つが，この都会における繁殖期の昆虫相の貧弱さに起因している可能性がある．

3.2.5 猛禽類：成熟する都市の生態系

都市緑地の環境が豊かになって，小鳥が町の中に増えると，猛禽類も町中に進出し，成熟した生態系の食物連鎖が成立してくる．ツミは低山帯の森林で繁殖する小型の猛禽だが，1981年以降，市街地でも繁殖が確認されるようになり，とくに関東地方において市街地およびその周辺での繁殖が確認されている（遠藤ほ

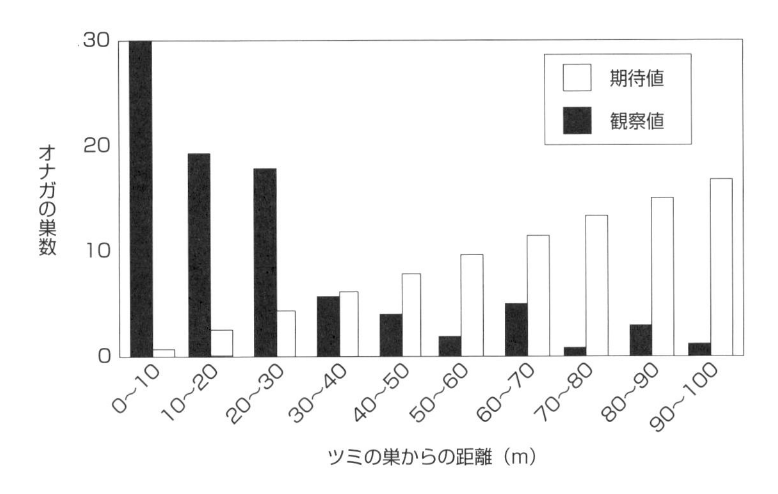

図 3.3 ツミの巣とオナガの巣の位置関係
オナガがツミの巣に無関係に営巣した場合の期待値と実際の値との比較.

か, 1991；平野, 2001). 森と違って都市には小鳥が隠れる枝や葉が茂っている場所は少ない. 人間による干渉さえ気にしなければ, ツミにとってはたやすくスズメやシジュウカラを狩れる好適なニッチなのである.

面白いのは, ツミが営巣するようになると, そのツミの巣の周りにオナガの巣も集まる傾向があることである（図 3.3). ツミは猛禽で, 時にはオナガもそのメニューに入る. なぜオナガがツミの巣のまわりに集まるかというと, じつはハシブトガラス対策なのである. オナガは関東近郊では, その繁殖失敗の大きな原因がハシブトガラスによる卵やヒナの捕食である. しかし, もしツミが近くに営巣していると, ツミが自分の巣に近づくハシブトガラスを攻撃するために, ハシブトガラスはツミの巣の周囲には近寄れない. 結果的にツミの巣に近いオナガの巣も捕食を免れるというわけである（植田, 1994; Ueta, 1994). ツミが営巣している公園の街路樹といった環境はオナガにとっては新しい好適なニッチなのだろう.

ハヤブサはもともと海辺の崖に生息する鳥だが, 東京都内のビル街でのハヤブサの観察例もあるし, 大阪湾の海岸部のビルで, 最近, 営巣した例が知られている. もともと崖地に営巣する鳥だから, 人工の崖とも言えるコンクリート製のビル街に営巣することが出来るのが都市への進出の要因だろう.

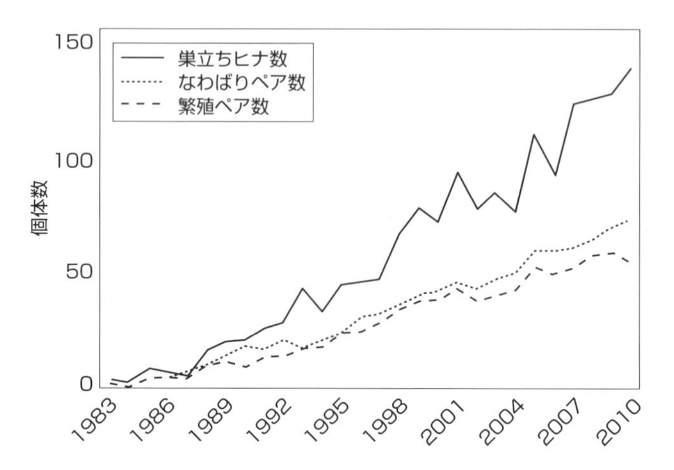

図 3.4　ニューヨークにおけるハヤブサの個体数増加（1983～2010）
上の実線がその年に巣立った若鳥の数，点線がなわばりペア数，下の破線が繁殖ペア数．ニューヨーク州自然保護局レポート，2010 より（許可を得て転載）．

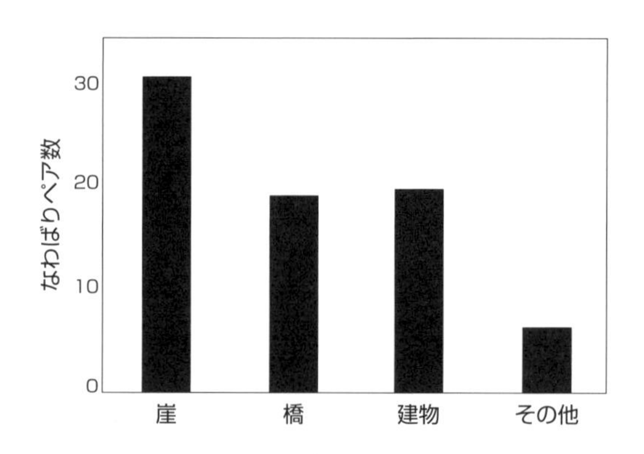

図 3.5　ニューヨークにおけるハヤブサの営巣環境
ニューヨーク州自然保護局レポート，2010 より（許可を得て転載）．

日本の都市ではまだハヤブサは少ないが，ニューヨークでは，いったん農薬使用で激減したハヤブサについて，ヒナの人工孵化と放鳥による個体数回復事業が進められ，1983 年にはじめてニューヨークの橋桁で 1 つがいのハヤブサが営巣して以降，数がどんどん増え始め，ニューヨーク州政府自然保護局のレポート（Loucks, 2011）によると，すでに 144 羽ものハヤブサがニューヨーク州に生息し（図 3.4），その半数以上が橋桁やビルに巣を架けているという（図 3.5）．

チョウゲンボウも橋桁や高圧線鉄塔などをすみかにしている（池田ほか，

1991). オオタカも多くはないが，皇居をはじめ，大きな緑地や都市郊外の林に生息している．都市部では獲物の種類は少ないが，チョウゲンボウやツミならスズメやシジュウカラ，オオタカやハヤブサなら都市に多いドバトやキジバトをたやすく捕獲して餌にすることが出来る．都市は猛禽類にとって，新しく，好適なニッチなのである．

3.2.6 都市鳥の今後と人との共存

このように都市は何種かの鳥に好適なニッチを提供してきた．まさにその意味で，人が自然環境を改変し，都市環境を作り出すということはニッチ構築と言える．しかし都市は，多くの動物たちの生息を支える資源や環境にそんなに恵まれているわけではない．都市では動物の種数は多くなく，生態系の構成要素は少なくなっている．さらに都市では分解者の不在があるので，自然の生態系のように完結した食物連鎖は成立しない．そのため資源の循環が十分に機能せず，廃棄物などが増加し，場合によっては環境汚染が進行する．種数が減少するということは，生態系の構造自体が単純になるということである．都市生態系は独立して機能している閉鎖系ではなく，人間による資源の搬入と廃棄物の持ち出しという循環システムの上に立つ，不安定な生態系だと言える．

一方，都会に鳥を呼び戻そうという声もある．庭やベランダにかわいい小鳥たちが来てくれれば，人々にとっての癒しにもなるだろう．現実的には都市に多くの鳥が生息する空間を確保するのは難しい．また都市に住める鳥もいればそうでない鳥もいる．人にとっても，身近にいて欲しい鳥と，いて欲しくない鳥もいるだろう．庭やベランダにエサ台をつくって，そこにやってくるキジバトやメジロやヒヨドリ，シジュウカラあたりは無理なく都市の鳥として受け入れられるだろうが，ゴミを散らかすカラスやベランダに巣を作って糞で洗濯物を汚すドバトは衛生環境の面からも歓迎されない．

上野の不忍池をはじめとする都市公園の池では，冬期，カモに餌をやる人の姿が目につく．カモばかりではなく，ユリカモメやウミネコもエサをもらいに集まってくる．そういえば最近，一部の都市公園ではドバトばかりではなく，スズメに餌をやる人も増えてきて，人慣れしたスズメが人の手から餌をもらうまでに慣れてきている（図 3.6）．野生鳥類への餌付けは人と鳥の距離を縮めるにはいいのだが，集中させることによる鳥同士，また鳥から人への感染症の危険や，餌付け

図 3.6　上野公園で人の手からエサを食べるスズメ
かつてイギリスの公園などで見られた光景が日本でも普通の風景になってきた.

に依存してしまった冬鳥が繁殖地へ戻ったときに，自分でエサをとれるのかという問題など，その弊害も指摘されていて，無批判に礼賛するわけにはいかない．北欧諸国では，冬期の餌付けによって，それまで夏鳥だった鳥たちが，厳寒期も越冬できるようになって，鳥類の冬期の分布が大きく変わってしまっている(Jokimäki, 2002)．今後，日本でも考えていかねばならない問題だろう．

都市の住人にとって快適な都市空間というとき，そこにはある程度の自然の生態系が必要である．たとえば寝ころべる芝生，水遊びの出来る水辺，木陰の散歩道……大人が休日にくつろげて，子供の遊べる空間があるのが理想の都市だろう．そんな環境にはもちろん鳥もふさわしい．シジュウカラ・オナガ・カワセミ・メジロ・コゲラ・ツミなどが普通に生息できる環境を念頭に入れて，都市設計が図られるなら，21 世紀の日本の都市は，もっとアメニティに富んだ，人に優しい都市空間になって行くだろう．

引用文献

浅井もとえ（2001）千葉ニュータウン造成地におけるアレチマツヨイグサの生活史および繁殖特性．東京学芸大学大学院教育学研究科修士論文（総合教育開発専攻）．

Cheptou, P.-O., Carrue, O., Rouifed, S. & Cantarel, A.（2008）Rapid evolution of seed dispersal in an urban environment in the weed *Crepis sancta*. *PNAS*, **105**, 3796–3799.

遠藤孝一・平野敏明・植田睦之（1991）日本におけるツミ *Accipiter gularis* の繁殖状況．*Strix*, **10**, 171–179.

遠藤容子・小川 潔（2002）南多摩地区の在来2倍体種タンポポと外来種タンポポの20年間の増減．人間と環境，**28**，52–62.

濱尾章二・山下大和・山口典之・上田恵介（2006）都市緑地におけるコゲラの生息に関わる要因．日本鳥学会誌，**55**，96–101.

樋口広芳・平野敏明（1981）栃木県におけるハクセキレイ（*Motacilla alba*）の繁殖記録と繁殖環境．日本鳥学会誌，**29**，121–128.

平野敏明（2001）住宅地周辺で繁殖するツミとカラス類の緑地の利用状況について．*Strix*, **19**, 61–69.

池田昌枝・本村 健・石井良明ほか（1991）南関東都市部におけるチョウゲンボウの繁殖状況と環境特性．*Strix*, **10**, 149–159.

石川枝津子（1997）攪乱と競争へのナズナの適応．『雑草の自然史【たくましさの生態学】』（山口裕文編），p. 131–140，北海道大学図書刊行会．

岩田好宏（2013）『環境教育とは何か　良質な環境を求めて』緑風出版．

Jokimäki, J., Clergeau, P. & Kaisanlahti-Jokimäki, M.（2002）Winter bird communities in urban habitats: a comparative study between central and northern Europe. *J. Biogeography*, **29**, 69–79.

川内 博（1983）ヒヨドリの越夏と都市への適応．遺伝，**37**，32–33.

川内 博（1985）東京都の鳥類・2，東京におけるコゲラ・アオゲラの平地部進出について．日本大学豊山中・高等学校紀要，**16**，1–21.

川内 博（1987）東京都の鳥類・3，東京におけるコゲラ・アオゲラの平地部進出について，その2・コゲラ．日本大学豊山中・高等学校紀要，**18**，1–8.

小平大輔・長谷川理・竹中万紀子ほか（2010）2010年度日本鳥学会大会講演要旨集7.

河野昭一（1974）『種の分化と適応』三省堂．

Loucks, B. A.（2011）*New York State Peregrine Falcons 2010.*

松田道生（2006）『カラスはなぜ東京が好きなのか』平凡社．

三上 修（2009a）日本におけるスズメの個体数減少の実態．日本鳥学会誌，**58**，161–170.

三上 修（2009b）スズメはなぜ減少しているのか？：都市部における幼鳥個体数の少なさからの考察．*Bird Research*, **5**, A1–A8.

三上 修（2010）スズメを日本版レッドリストに掲載すべきか否か．生物科学，**61**，108–116.

三上 修・植田睦之・森本 元ほか（2011）都市環境に見られる巣立ち後のヒナ数の少なさ～一般参加型調査子雀ウォッチの解析より～．*Bird Research*, **7**, A1–A12.

宮脇 昭（1977）『日本の植生』学習研究社．

長井幸雄（1984）ヒメニラの生活史と繁殖特性．『植物の生活史と進化②林床植物の個体群統計学』（河野昭一編）培風館．

中村一恵（1980）ハクセキレイの本州侵入について．野鳥，**45**，360–364.

新村出編（2008）『広辞苑第六版』岩波書店.
小川　潔・倉本　宣（2001）『タンポポとカワラノギク』岩波書店.
Ogawa, K. & Mototani, I.（1991）Land-use selection by dandelions in the Tokyo metropolitan area, Japan. *Ecological Research*, **6**, 233–246.
小川　潔・本谷　勲（2001）南関東の10年後調査から見た在来2倍体種タンポポと外来種タンポポの出現状況変化．野生生物保護，**6**，1–14.
Ohsako, Y.（2001）Spacing patterns and winter dominance relationships among three species of wagtails（*Motacilla* spp.）in Japan. 日本鳥学会誌，**50**，1–15.
品田　穣・立花直美・杉山恵一（1987）『都市の人間環境』共立出版.
武内和彦（1991）『地域の生態学』朝倉書店.
植田睦之（1994）ツミの巣の防衛行動がなくなった場合のオナガの繁殖成功率．*Strix*, **13**, 205–208.
Ueta, M.（1994）Azure-winged Magpies, *Cyanopicacyana, 'parasitize'* nest defence provided by Japanese Lesser Sparrowhawks, *Accipiter gularis*. *Anim. Behav*., **48**, 871–874.
横山昌佳（2009）ウラジロチチコグサ（*Gnaphalium spicatum* Lam.）の生活史．東京学芸大学教育学部卒業論文（環境教育専攻）.

第4章 二次的な自然環境

山本勝利・楠本良延・大久保悟

4.1 二次的自然とは

4.1.1 原生的自然と二次的自然

二次的自然は，生態学の用語として明確に定義されてはいない．1974年発刊の生態学辞典（沼田，1974）では，人為環境の同義語で二次的環境の見出しがあり，「人間が自然環境を変えたり，あるいは新たにつくり出したりしてできた環境.」と定義されている．この場合，大幅に改変された都市環境も含まれるが，今日の一般的な理解では，二次的自然は「二次林，二次草原，農耕地など，長期にわたる人の自然への働きかけの中で形成されてきた自然」や「手つかずの自然（原生的自然）に人為等が加わって生じた二次的な自然」と捉えられることが多い．国際的にみると，この二次的自然と類似した意味合いで「半自然的（semi-natural）」という用語があるが，こちらも明確な定義は存在しない（第1章も参照されたい）．そこで本章では，二次的自然を「人間活動により改変されながらも原生的自然の形態またはプロセス，もしくはその両方を多く保持している，長期にわたる人の自然への働きかけで形成されてきた自然」と定義し，その特徴や生物多様性との関わりについて論じていくことにする．その中でとくに，人間の生業活動の中で維持されてきた生態系に焦点を絞って話を進めたい．

二次的自然が原生的自然と大きく異なる点は，システムに働く撹乱体制（disturbance regime）にある．生態系は，それが人間活動の影響を受けていない原生的な自然生態系であっても，現時点の群集構造を安定して維持し続けているわけではない．山火事や洪水，干ばつ，風倒被害といった物理的な撹乱や，食害や病気といった生物的な撹乱が様々な規模や頻度で発生し，こうした撹乱によるダメージとそこからの回復というダイナミズムのなかで生態系やそこにおける生物相が維持されていることが知られている（森，2010）．二次的自然の場合，上記のような自然的撹乱（natural disturbance）以上に，収穫や伐採，耕起といった人為的撹乱（anthropogenic disturbance）が生態系のプロセスを支配することになる．そのため，二次的自然の構造や機能は，人為的撹乱の強度や頻度，その様式の変化に応じて維持，変化することに留意する必要がある．

4.1.2 我が国における二次的自然の位置づけ

人為がほとんど加わっていない原生的な自然環境は，原生的自然そのものの遺産的価値を有するだけではなく，人為的撹乱に対して脆弱な動植物の重要な生息空間であるとともに，自然のプロセスを理解するための学術的価値を有するため，その保全・保護は極めて重要である．しかし，近世以降の急激な人間活動の拡大により，1995年時点で原生的自然は全球陸域面積の17%しか残存していないといわれている（Sanderson *et al*., 2002）．我が国の場合もほぼ同様で，第5回自然環境保全基礎調査の植生調査報告書（環境庁自然保護局，1999）によれば，原生的自然を植生自然度（植物群落の自然性がどの程度残されているかを最も自然性が高い10から最も低い1までの10段階で示す指標）で9と10に該当する植物群落の範囲と考えると，それは国土面積のわずか19.0%で，河川や湖沼などの開放水域を加えても20.1%でしかない．一方，都市的な土地利用がなされている地域（植生自然度1に該当）は4.3%である．すなわち，国土の4分の3程度を，都市でもなく原生的自然でもない農山村地域を中心とした二次的自然が占めるといえる．

このように国土の大きな部分を占める二次的自然は，我が国の自然環境を考える上できわめて重要な位置を占めている．それは野生生物の生息空間としてみた場合にも同様である．しかし，その生態学的価値が広く認識されたのは1990年代以降である．1980年代から二次的自然の変容と生物相の変化が認識され始め（4.3.1項参照），最終的に我が国における環境政策として，原生的な自然環境といった特定の空間のみを保護・保全の対象とする考え方から大きな転換点を迎えたのが，1993年の環境基本法制定からである（武内・奥田，2014）．環境保全施策策定の指針として，「生態系の多様性の確保，野生生物の種の保存その他の生物の多様性の確保が図られるとともに，森林，農地，水辺地等における多様な自然環境が地域の自然的社会的条件に応じて体系的に保全されること．」と明文化され，生業活動などに伴う人為の影響下にある生態系も保全すべき自然環境として位置づけられた．この環境基本法制定を受けて，翌年の1994年に閣議決定された第一次環境基本計画において初めて，里地里山といった用語とともに二次的自然という語句が登場した．ただし，武内・奥田（2014）によると，1972 年に制定された自然環境保全法の中でも，当初は，国土に存在する原生的自然から二次的自然，さらには生活環境に近いごく普通の自然までを体系的に保全することを念頭においていたという．その当初の理念は，1973 年に公布された自然環境保全基本方針に残されており，農林水産業が営まれている地域の環境保全機能を，食料・林産物といった資源の供給面とあわせて評価する必要性が謳われている．

4.2 生態系および景観としての二次的自然

4.2.1 二次的自然の成立要因と機能

人間の生業活動の中で維持されてきた二次的自然が多く存在するのが里地里山である（図 4.1）．里山という用語は，人によって様々に解釈されるが，耕作地の肥料や農機具の材料などを入手する農用林，薪や木炭生産に利用されてきた薪炭林，農耕用牛馬の餌を確保するまぐさ場や，屋根材などを入手する茅場として維持されてきた草地を指すことが多い．その他の水田や畑，用水路やため池，集落

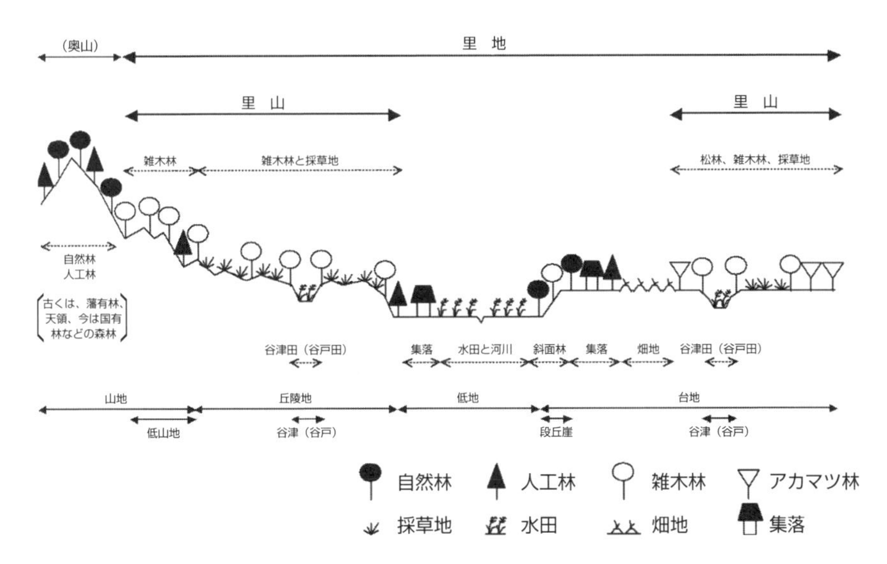

図 4.1　かつての里地里山の概念図　山本（2000）より引用・改変．

などを含め，農村の景観全体を称する時には，里地や里山景観，里山ランドスケープという言葉が使われる（山本，2000；国際連合大学高等研究所・日本の里山・里海評価委員会編，2012）．

農用林や薪炭林においては伐採，下刈り，落葉かき，まぐさ場や茅場といった草地では火入れ，放牧，草刈りといった周期的な人為的撹乱が行われ，資源利用のために地上部バイオマスやリターが持ち出される．こうした撹乱は，他の植物に比べて光や水の資源獲得に優れた競争優位種（competitive species）が優占するのを抑制し，他の植物が競争により排除される効果（競争排除：competitive exclusion）を弱める．そのため，周期的な人為的撹乱が加わる場所では多様な植物が共存できると考えられている．また，火入れや耕起といった特異的な撹乱によって種子の発芽が促進されるような撹乱依存種（disturbance-dependent species）の移入・定着も促進される．カシやナラの萌芽更新によって維持されている我が国の薪炭林と類似の土地利用は，イギリスをはじめとするヨーロッパにも存在し，成熟林や原生林と比べても特異的で保全上重要な動植物の生息地になっていることが知られている（Buckley, 1992）．

二次的自然の中でも，モンスーンアジア地域を中心に歴史的な広がりを持つ水田は独特の特徴を持つ．水田においては，水田耕作による周期的な耕起と湛水などの人為的撹乱が，河川氾濫による裸地形成と冠水という自然的撹乱に類似しているため，自然に起こる撹乱作用に適応して生息していた生物種が水田にみられることも知られている（日鷹ら，2006）．現在，河川の氾濫を制御する河川改修が行われると同時に河川の氾濫原の広くは水田化されているため，いくつかの生物種にとって水田は，かつて河川の後背湿地に存在した生息地の代償地となりうる（第6章参照）．ガン・カモやシギ・チドリ類などの水鳥にとっても水田が重要な湿地生態系となっていることが知られており，2008年に開催されたラムサール条約（特に水鳥の生息地として国際的に重要な湿地に関する条約）の第10回締約国会議において「湿地システムとしての水田の生物多様性の向上（Enhancing biodiversity in rice paddies as wetland systems）」，通称「水田決議」が採択された．

このように，適切な管理下にある農林地そのものや，農林地の周辺に残されたある程度自然性の高い場所（例えば，粗放的に管理されている草地や樹林地，水辺など）が自然生態系を代替する生態学的代償地（ecological compensation areas）となりえることがヨーロッパなどでも確認されている（Herzog *et al.*,

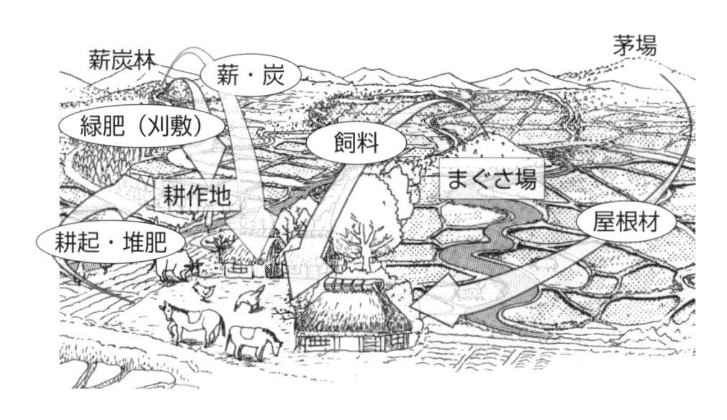

図 4.2　樹林地と草地の資源を中心とした里山景観における資源フロー
武内ら（2001）より引用・改変.

2005).

4.2.2 複合生態系としての二次的自然

里山景観を構成する様々な二次的自然は，それぞれが有機的に結びついて維持されてきたことも，個別の生態系管理や生物多様性保全を考える際に重要である（図 4.2）．人間の生存基盤に不可欠な食料を生産する水田や畑の耕地生態系は，エネルギーおよび物質フローの観点から明らかに開放系のシステムである．有機物の多くが収穫物として系外に持ち出されるため，生産性を維持するために，かつては周囲の山林から採取した刈敷（肥料として田に敷き込む木本の若葉や草本）や落ち葉堆肥を系外から投入する必要があった（林・南，1951）．水田の場合，物質の流出入は灌漑排水を通じても行われ，ため池や河川との物質循環と一緒に魚類の移動経路として重要なことも知られている（守山，1997）．また，かつては耕起するために農耕牛馬のエネルギーが投入されていたが，この牛馬を飼育するにはまぐさ場や放牧草地の維持は不可欠であった（水本，2003）．食料のほか，薪炭や屋根材のカヤなどが集落に持ち込まれ，その量や質を維持するために薪炭林や茅場の管理が定期的に行われてきた．そのため，生業や生活様式の変化は，二次的自然の一つの生態系に影響するだけではなく，物質循環を通じて，他の生態系にも変化が及んでいくことになる．

居住空間であるムラ，主な食料生産の場であるノラ，薪炭や肥料，飼料，用材の調達先であるヤマが一つの集落域に存在してきたことで，二次的自然の総体である里山景観は様々な土地利用，そして様々な遷移段階にある植生のモザイクで特徴付けられる．それは単に土地利用や植生のモザイクではなく，それぞれの土地利用を支える地形や土壌といった非生物的環境の不均質性（heterogeneity）が影響する．モザイクを形作る景観構成要素（landscape element）は，上述したように人為による肥料などの資源移動や，地形連鎖に沿った土壌や水などの物質移動，さらには生物種の移動・拡散（井手，1992）を通じて相互につながっていることから，里山景観を一つの複合生態系として捉えることができる．

こうした，二次的自然を含む人為の影響下にあるモザイク景観において高い生物多様性が維持されることが，日本の里山景観（例えば，Katoh *et al.*, 2009）や，同じ温帯地域のヨーロッパ諸国だけではなく，熱帯地域においても多く報告されている（Tscharntke *et al.*, 2005）．多くの研究において，耕作地や草地，林地などの様々な土地利用から構成される農業景観で生物多様性が維持される主要な条件として捉えられているのが，上述した生態学的代償地の存在と，景観レベルの多様性（landscape diversity）である．里山景観に代表される農業景観では，それぞれの土地に異なった生物種群が生息するため，地域全体でみると単一の土地利用より数多くの生物種群が確認できる．すなわち，β多様性（第2章参照）を高める効果である．さらに，モザイク景観の効用として注目されるのが，景観補完（landscape complementation）の効果である（Dunning *et al.*, 1992）．これは，AとBという2つの景観構成要素がそれぞれ単独で広がる景観と，両者が隣接して存在する景観がある場合，AとBの単独の景観では生息できない種が後者の景観では生息可能になる現象である．上記のように農業景観は様々な土地利用から構成されているため，営巣場所や採餌場所として複数の土地利用を必要としている生物種群にとって生息に有利な土地になる．例えば，アオガエル類やアカガエル類にとっては，幼生期に水田やため池などの湿性環境が必要であり，成体期には樹林環境を必要とし，複数の生態系を提供する農業景観によって個体群が維持されている．また，台地や丘陵地を刻む浅い開析谷に接する斜面のアカマツなどに営巣し，谷底低地の水田や斜面樹林地を餌場にするサシバは，里山景観における景観補完の恩恵を受ける典型的な種といえる（東，2004）．

以上のように，二次的自然を複合生態系として捉え，物質循環や，その生物相の構造や動態を把握するためには，人為的撹乱の種類や強度，頻度，またその変動の歴史を明らかにし，他の二次的自然との相互関係を踏まえる必要がある．とくに，過去の耕作や土地利用の履歴などが，その後の生態系に長期にわたり影響を残すことが知られており，土地利用の遺産効果（land-use legacy）と呼ばれ，現状の生態系構造の理解や保全に関して重要な要素と捉えられている（Foster *et al*., 2003; Lunt and Spooner, 2005）．実際に，過去の土地利用が半自然草地（Koyanagi *et al*., 2009）や樹林地林床（山本ら，2000）の植物種構成に大きな影響を残すことが明らかになっている．

4.3 失われゆく二次的自然の生物多様性

4.3.1 生物多様性の危機と二次的自然

1990年代になって保全すべき自然環境として改めて二次的自然が注目されたのは，人間と自然との関わりの中で維持されてきた二次的自然が量的にも質的にも急激に失われてきたとともに，二次的自然を生息地とする多くの動植物の個体数減少が顕著になってきたことに起因する．また，1992年に国際的な枠組みとして，生物の多様性に関する条約（通称，生物多様性条約）が採択され，条約締約国として我が国ではじめての生物多様性国家戦略が1994年にまとめられたという情勢も大きい．さらに2003年，かつては水田や水路の普通種であったメダカが，環境省が刊行するレッドデータブック（日本の絶滅のおそれのある野生生物の種についてそれらの生息状況等を取りまとめたもの）に絶滅危惧II類として記載されたことで，社会的関心が強くなったといえる．我が国における農村を中心とした二次的自然の生物多様性に関わる研究の系譜については，楠本ら（2010）が網羅的にまとめている．

2002年に閣議決定された新・生物多様性国家戦略では，我が国の生物多様性の現状と問題点について，「3つの危機」として整理された（第2章も参照）．第1の危機とは「開発など人間活動の拡大による危機」で，人間活動による直接的な生物種の減少や，自然を改変することで生物の生息空間が失われる影響を示すもの，これに対して第2の危機は「自然に対する働きかけの縮小による危機」で，人間活動によってこれまで守られてきた生物多様性があり，それが失われつつあることを示すものである．また，第3の危機が「外来種など人間により持ち込まれたものによる危機」で，外来生物が在来の生物の生息に負の影響を与えることなどを指している．2012年に閣議決定された4回目の改訂にあたる「生物多様性国家戦略2012-2020」では，第4の危機として，地球温暖化や海洋酸性化といった「地球環境の変化による危機」が追加された．

二次的自然では，この第1から第3までの危機が実際に，同時に進行しており，急激な生物多様性損失が問題となっている．特筆すべきことは，水田にみられるデンジソウやスブタ，ミズアオイのように，かつては農業生産にとって害を及ぼす雑草として駆除の対象であったいわゆる普通種が，今日，絶滅危惧種として保護・保全の対象になっていることである．これは，我が国だけではなく，ヨーロッパ諸国でも同様で（例えば，Kohler *et al.*, 2011），農業活動を取り巻く社会生態学的変容の大きな現れといえよう．

都市化などによる生息地の消失や乱獲，農薬の利用や圃場整備による乾田化などの第1と第3の危機は比較的早い段階から広く認識されてきたといえる（第6章参照）．コウノトリやトキなどの高次捕食者は，里地里山の環境変化，とくに水田における餌資源の減少や合成化学物質の影響などが複合的に働いて絶滅の危機（トキは日本国内での野生絶滅）に瀕していると考えられている（日鷹，1998）．また，これらの危機と関連する農業の集約化（agricultural intensification：第1章参照）は，農地レベルで生物多様性に影響するだけではなく，品種や作期の統一化や，農地周辺に残存していた自然・半自然生息地の消失や分断化による農業景観の均質化（landscape homogeneity）も介して生物多様性損失の要因となっている（井手，1995; Benton *et al.*, 2003）．

第2の危機は，二次的自然に特徴的に起こっている危機である．それは，二次的自然が，生業上の目的から周期的・定期的な人為的撹乱が加えられ続けてきたことと関係する．エネルギー革命や化学肥料の登場，瓦屋根の普及といった生活資材の変化や，機械化に伴う農耕牛馬の消失が，資材生産の場としての二次的自然の経済的価値を低下させ，農業外労働機会の増加などに伴う離農や過疎化，さらに高齢化などによる二次的自然の利用・管理者の減少が拍車をかけて里山や農耕地の管理放棄が進行した．こうした人間活動の低下で二次的自然の質が変化したことによって生物多様性が減少することは，守山（1988）によっていち早く指摘され，その後多くの事実が積み上げられてきた．守山（1988）によると，二次的自然に依存する生物の多くは，歴史的な人間活動で守られてきた明るい環境を好む最終氷期の遺存種が多いため，人間による定期的な管理がないと植生遷移の中で消失してしまうと考えられている．田端（1997）は中国東北部に広がる「草甸（そうでん）」と呼ばれる湿性草地と，日本の半自然草地や水田畦畔とに類似した植物が多くみられることから，最終氷期の遺存種が二次的自然に生育することを支持している．石井ら（1993）は，さらに，農村における二次的自然の変容が草原性チョウ類の衰退に影響していることにいち早く警鐘を鳴らしている．こうしたことは，二次的自然の生物多様性は適切な範囲の人為的撹乱によって長い時間をかけて維持されており，撹乱の強度や頻度が強まっても，逆に弱まっても多様性が減少することを表している．

4.3.2 林野における二次的自然の変化

Tscharntke *et al.*（2005）が指摘するように，農業などの人間活動が生物多様性に与える負の影響に関して多くの研究蓄積がある一方で，人間活動が正に働くことを示した研究成果は多くない．ただし，我が国の薪炭林や農用林由来の落葉広葉二次林や，これに類似するヨーロッパの萌芽林（coppice woodland）では多くの研究蓄積が存在する．撹乱（伐採）頻度は高いものの，他の林業施業に比べて林床植生や土壌への撹乱強度は小さい萌芽更新管理が植物多様性を高めること（Decocq *et al.*, 2004），管理放棄により coppice に特異的な植物やチョウ類が消失してしまうこと（Buckley, 1992; Gondard, 2001; Kobayashi *et al.*, 2010）が知られている．人為的撹乱だけではなく自然的撹乱によって生じる遷移初期段階の樹林地が減少していることも近年指摘されており，地域の保護対象になっている動植物の多くが，遷移初期段階と強く結びついていることが示されている（Swanson *et al.*, 2014）．

二次遷移の初期段階であり，二次的自然の中で最も衰退が著しく，近年その生態学的価値に注目が集まっているのが，茅場やまぐさ場などとして維持されてきた半自然草地（semi-natural grassland）である．近世以前の我が国では，農業生産や生活に必要な多くの資材を里山の草資源に依存していたことが知られている（水本, 2003）．刈取りや放牧，火入れといった利用および管理方法の違いにより，半自然草地にはススキ型やシバ型，ササ・ネザサ型，ハギ型など様々なタイプがあったとされる（農林水産技術会議，1959）．それは，明治初期には国土の１割（西川，1995），または３分の１以上（小椋，2006）も広がっていたといわれる．しかし，エネルギー革命後の草資源の利用価値低下に伴い，樹林化や畑地化，都市開発などで減少し，今や国土面積の2% にも満たないと見積もられている（小椋，2006）．そのために，草原性チョウ類の衰退や，秋の七草として日本人の生活文化と密接につながっていたキキョウやフジバカマなどの草原性植物の減少が起こっている．須賀ら（2012）は，火入れなどの定期的な人為管理で維持される半自然草地の歴史は縄文時代以前までさかのぼるとし，黒ボク土の生成要因や分布とも関連づけながら，半自然草地が占めた面積と長い歴史を強調し，その保全の重要性を示している．その歴史性は日本だけでなく，氷河の影響を強く受けた中・北部ヨーロッパ諸国においても重要で，伝統的に維持管理されてきた半自然草地が支える生物多様性が高く評価され，農業集約化と粗放化，すなわち第1と第2の危機の両方が多様性損失の要因であることが示されている（例えば，Sutherland *et al.*, 2002）．

4.3.3 耕作地における二次的自然の変化

樹林地や草地の場合と比較して，耕作地の放棄が生物多様性に正に働くのか負に働くのかについては議論が大きく分かれるところである（Queiroz *et al.*, 2014）．天然林伐採を伴う農地開発や農薬に依存した集約化は生物多様性に負の影響を与えるのは明らかで，この文脈においては管理放棄とそれに伴う自然植生への回復は肯定的に捉えられる（Bowen *et al.*, 2007）．集約的な農法でなくとも基本的に栽培作物が高く優占するように管理されるため，耕作期間中の農地では，雑草群落など耕作による撹乱を受けた特異的な生物群集がみられるものの，一般的に種多様性は低い．そのため，耕作という強い撹乱から解放された農地では生物多様性は増加すると考えられる．

一方，伝統的な農法で管理された耕作地，とくに湛水をともなう水田については，耕作の停止が必ずしも生物多様性の増加に結びつかないことが指摘されている．湿田の耕作田および休耕田の植生遷移を調査した Yamada *et al.*（2007）によれば，一年草が休耕1年目で，多年草が休耕1，2年目で種数が最大となることから，休耕1年目で全種数および水田に典型的な雑草の種数が最大になることがわかっている．このように，湿田では耕作放棄に伴う多様性の増加は一時的なものであり，放棄が長期化するほど草本種の多様性は減少していく．休耕・耕作放棄に伴う遷移系列を乾性と湿性に分けて整理した楠本ら（2005）の結果をみても，休耕2，3年目で植物種数が最大になる．放棄年数が経過するにつれて一年草や

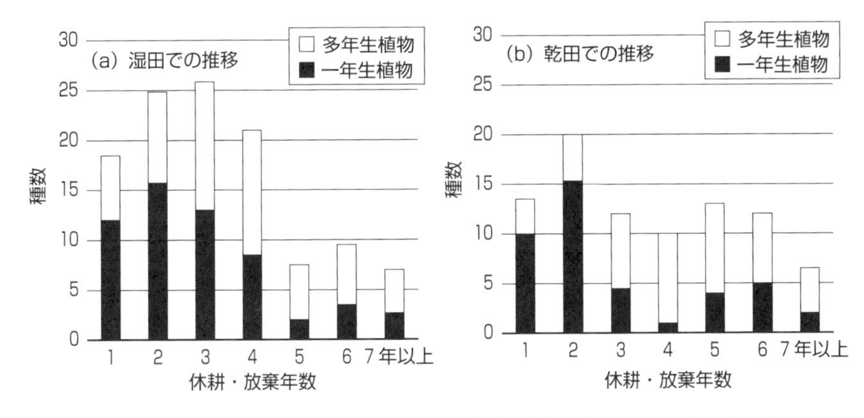

図 4.3 水田における休耕・耕作放棄に伴う植物種数変化 楠本ら（2005）より作成.

低茎多年草が消失して種数が減少するが，湿性系列と比べて乾性系列の種数変化は小さい（図 4.3）．ただし，今日の水田休耕に伴う乾性遷移では，しばしば外来植物が優占することがわかっている．

また，代替生息地として水田を利用するシギやサギ類にとって，数年以上放棄されて高茎草本が密に覆っている水田は利用されず，低茎草本が低密度に分布している休耕初期や，植被が少なく開放水面が広く維持される生産調整のための水田（水稲を移植・栽培しないこと以外は，耕作田と同様に管理される水田）は，水稲が生育した後の付加的な餌場として利用されることが知られている（Fujioka *et al.*, 2001）．二次的自然における湿地生態系を保全する観点からは，耕作田とあわせて休耕初期段階の田面を維持することが重要といえる．ただし，後述（4.4.1 項）する半自然草地としての畦畔などの価値を考慮すると，毎年の人為管理が必要となる．つまり，農地内とその周辺にある半自然的な環境を一体として捉えた場合には，二次的自然の生物多様性にとって耕作放棄は負に影響するといえよう．

畑地における耕作放棄の影響は水田以上に複雑といえる．蓄積の多いヨーロッパでの研究成果をみると，イギリスにおいては，粗放的に管理されてきた伝統的な畑地が固有の生物相を支えていることが知られており（例えば，Robinson & Sutherland, 2002），こうした畑地が放棄されると生物多様性損失につながることが危惧されている．一方で地中海地域では，耕作放棄に伴って植物や鳥類の種数は増える傾向にあり（Plieninger *et al.*, 2014），畑地の管理方法や歴史性，および気候条件などにより，畑地における耕作放棄の影響は大きく異なると考えられる．我が国では，畑地雑草群落の遷移について古くから研究蓄積があり，それによると，放棄初期はヒメジョオンなどの高茎一年草が優占し，数年後にはススキ草地，そしてアカマツ林に遷移が進むことが示されている（堀川・宮脇，1954；菅原，1978）．この場合，畑地における耕作放棄は半自然草地の創出として有効といえるが，土壌改良を伴う集約的な畑作が行われている現代では，こうした典型的な遷移系列をたどらず，セイタカアワダチソウなどの外来高茎草本が優占した後に，クズやネザサが優占する群落が持続するため，アカマツ林などの樹林に遷移が進行しないことが報告されている（Tokuoka *et al*., 2011）．こうした状況は海外でも多く報告されており，集約的な農地の放棄で成立する典型的な novel ecosystem（Hobbs *et al*., 2006），すなわち人為によって作り出された，これまでにない種構成を持つ新規の生態系といえ，森林など自然植生の再生を進めるにしても，期待すべき遷移系列の植物群落構成種が移入・定着できない生物的・非生物的阻害要因を排除するなどの積極的な人間による管理が求められる．

4.4 農業生産システムで守られている二次的な草地環境

4.4.1 水田周りの半自然草地

この半世紀のなかで二次的自然は大きく変容してきた．二次的自然の代表格といえる半自然草地は大きく失われている．しかし，現代の里山景観においても農業生産上の必要性から利用や管理が継続され，それが地域の生物多様性保全に結びついている半自然草地が各所でみられる．その一つとして挙げられるのが，台地や丘陵地の開析谷に細長く広がる谷津田や，傾斜地に位置する棚田などの周辺に維持されている，畦畔や，ため池・水路の法面，斜面林との境界などにある草地である．小面積ながら様々なタイプの植物群落が成立し，草原性の植物やチョウ類の重要な生息地を提供してくれることが知られている（大窪，2002；川村・大窪，2002）．これらの草地は急激に生息地を縮小させている草原性植物の避難場所になるとともに，それらの回復を図る場合において種の供給源として機能することも期待できる．かつてのように刈取られた植物資源（草本バイオマス）を牛馬の飼料や緑肥として利用してはいないが，稲作を営む上で必要な毎年の草刈りや畦塗りにより水田周りの小規模な半自然草地は依然として成立している．このような小規模な半自然草地も，高いモザイク性を有する里山景観と，その系内で実施される農業活動が支える生物多様性の一部として位置づけることができる．

水田周りの小規模な半自然草地の中で，生物多様性の観点からとくに注目されるのが，谷津田と斜面林の間に位置し，田面の日照を確保するために定期的な草

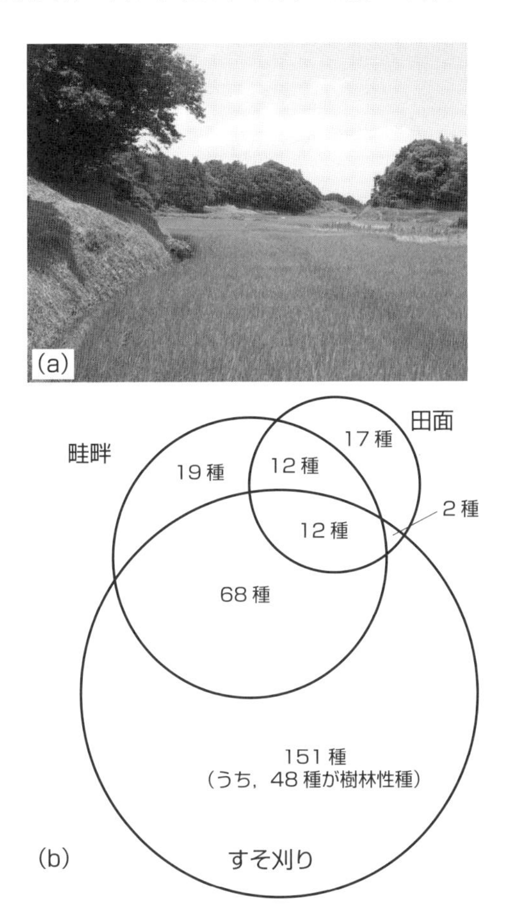

図 4.4　谷津田のすそ刈り草地の（a）風景と（b）多摩丘陵谷津田における田面および畦畔との植生の類似性

(b) の 3 つの円の大きさは，田面，畦畔，すそ刈り地で記録された種数を表す．また，ハビタット間に共通して出現する種数を円の重なり程度で示しており，すそ刈り地の植生が他と大きく異なる様子がわかる．Yamada (2006) より作成．

刈りで維持されている，「すそ刈り草地」と呼ばれる場所である（図 4.4a）．田面間の畦畔と異なり，林地と接すること，乾性と湿性環境の移行帯であることなどから，多様で特異的な植物相が成立していることが知られている（Kitazawa & Ohsawa, 2002; Yamada, 2006; Koyanagi *et al*., 2009）．図 4.4b は，多摩丘陵の谷津田において田面と畦畔，すそ刈り草地に出現する植物の立地特異性と共通性を示したもので，すそ刈り草地に特異的に出現する種数が極めて大きいことがわかる．

4.4.2 茶草場（ちゃぐさば）

東海地方（とくに静岡県域）並びに九州地方（とくに鹿児島県域）の茶生産地域では，良質茶を生産する目的で，伝統的に茶園にススキの刈敷（4.2.2 節参照）を用いており，その供給源として半自然草原（茶草場）が大面積で維持されていることが近年広く知られるようになった（図 4.5）．茶園にススキを主とした茶草（ちゃぐさ）と呼ばれる刈敷を行う技術は，お茶の味や色を良くするとされ伝統的に続けられている農法で，茶生産に関する技術をまとめた書籍（加藤，1943）には，土壌の物理環境の改善，雑草防除の効果があるとして「敷草」と呼ばれる農法として位置づけられている．上述の谷津田周辺に成立する草地と比較して茶草場がユニークなのが，広い面積で存在する半自然草原であることと，茶生産において積極的に農業景観内で得られる植物資源（草本バイオマス）が利用されていることである．茶生産という営農活動により茶草場が維持され，また茶草場から得る資源により茶生産が成り立っている．かつての里山景観にみられた資源フロ

図 4.5　茶園と茶草場の様子（左写真）と茶園の畝間に施用される茶草（右写真）

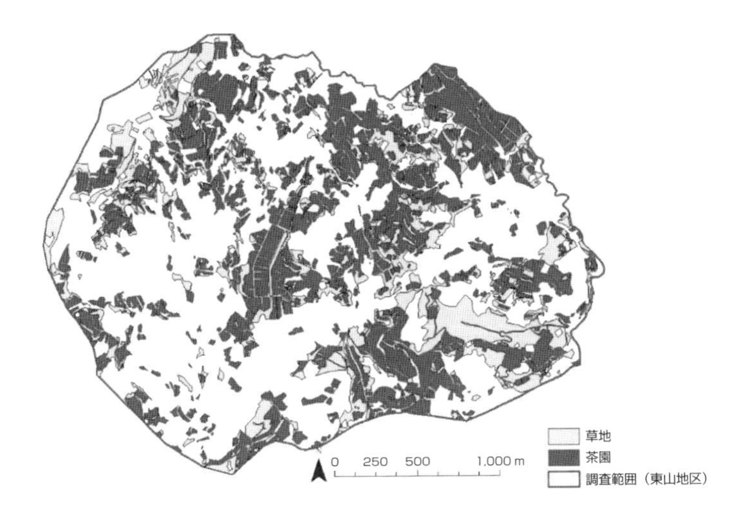

図 4.6　静岡県掛川市東山地区における茶草場の分布把握
対象範囲内で茶園の面積が 182.4 ha であるのに対し，草地の面積は 129.6 ha であり，かなりの面積の草地が維持されていることがわかる．楠本・稲垣（2014）より引用．

ーを通じた複合生態系の姿をみることができる．

静岡県掛川市東山地区において，空中写真（2009 年撮影）から茶園と茶草場の分布を把握した結果，茶園 182 ha に対し，130 ha の茶草場が存在していた（図 4.6）．茶生産農家によると，「茶園 1 に対して茶草場も 1 の割合が理想的であり，かつては茶園 10 a 当たり乾燥重量で 1,000 kg の茶草を敷き込んでいた．」という．また，対象地においては 1970 年代からの基盤整備事業で茶園拡大が行われ，茶の栽培に適した茶草場が茶園に造成された．その結果，茶草場不足が問題化し，当時，棚田や雑木林だった場所を茶草場として新たに整備した歴史も併せ持っている．茶草場の存在が当該地域の茶生産にとっていかに重要であるかを示す事例である．茶草場として成立する草原の種多様性は高く，キキョウやフジタイゲキなどの絶滅危惧種やカワラナデシコ，オミナエシ等の希少種が多数確認されている（楠本・稲垣，2014）．こうした，地域資源を活用した高品質の茶葉生産と生物多様性保全の両立が評価され，静岡（掛川市，菊川市，牧之原市，島田市，川根本町）の茶草場農法が，2013 年に FAO（国際連合食糧農業機関）が認定する世界農業遺産（Globally Important Agricultural Heritage Systems：GIAHS）に登録された．

4.5 二次的自然の保全と再生に向けて

人間と自然の長期にわたる関わりで成立してきた生態系，生物多様性，そして文化を評価する動きは世界的に広がりをみせている．熱帯地域を中心にみられる複合生産システムであるアグロフォレストリー（agroforestry）は，原生的自然への開発圧を低減し，生産活動と生物多様性保全を両立しうる二次的自然として注目されている（大久保，2013）．また，ヨーロッパ諸国においては，粗放的な管理の中で維持されてきた半自然的環境を維持・再生する取り組みが古くから行われている．最近は，我が国の里山景観がかつて維持していた役割とその衰退を踏まえ，世界各地にある二次的自然のまとまりである，社会生態学的生産ランドスケープ（socio-ecological production landscape）の存在価値を再評価しようとするSATOYAMAイニシアティブが，名古屋市で開催された2010年の生物多様性条約第10回締約国会議を契機に，日本から世界に向けて発信された．以来，これまで世界各地の知見を蓄積し，発信する活動が行われている（http://satoyama-initiative.org/）．

再評価される二次的自然であるが，それを維持・保全していくためには，里山景観の構成要素を個別に保全・管理するだけではなく，それらの組合せを複合生態系として捉え，それを維持する景観スケールでの資源利用・管理が不可欠である．しかしながら，農業者の高齢化や人口減少などに直面する今日の日本の農村において，伝統的な農業活動の枠組みだけで農村のさまざまな二次的自然の管理や利用を継続することは難しい．とくに，里山景観を複合生態系として捉えた場合の管理主体を想定すると，単に二次的自然の適切な管理が生物多様性保全に繋がることを，科学的根拠を持って示すだけではなく，静岡県の茶草場農法の事例のように，生産活動を通じて守ってきた二次的自然や生物多様性が，地域ブランドとして付加価値につながるような仕組みも同時に考えていく必要がある．経済的価値の評価や創出を通じて，通常の経済活動の中で生物多様性や生態系サービスの保全が位置づく仕組みを考えていくことが重要である．

農業生産の場において生物多様性を保全し，それを直接の資源として適切に利用すると同時に，生物多様性を維持したからこそ得られる自然の恵みとして生物多様性を利活用することは，持続的な農業生産のためにも重要なのは間違いない

(Alitieri, 1999)．また，送粉サービスや病害虫抑制サービスを提供してくれる生物（ecosystem service providers: Kremen, 2005）を確保するためには，農地内の管理だけではなく，こうした生物の適切な生息地を農地周辺に担保する，農地および景観スケール両方での取り組みが必要となる．さらに，そうした生物多様性配慮型農業の実践が付加価値を生み出す市場形成も重要となる．

生態系サービスの観点でいえば，現在の里山や耕作放棄地には未利用のまま放置されている土地資源や生物資源が多くストックされている状況である．これを利用する流れを作ることができれば，新たな生態系サービスが生み出されることになる．里地のバイオマス利用技術や里地放牧などの耕畜連携システムなどが開発され，普及すれば，里山景観にストックされている植物資源に再び経済価値が見出され，その結果，副次的に二次的自然への適度で周期的な管理システムが再構築され，複合生態系としての里山景観全体の維持管理につながっていくと期待される．それと同時に，身近な自然との相互関係で育まれてきた生物文化や生態学的伝統知識も含めた生物多様性や生態系サービスの多様な価値が再評価されることも重要である．

引用文献

Alitieri, M. A.（1999）The ecological role of biodiversity in agroecosystems. *Agriculture, Ecosystems and Environment*, **74**, 19-31.

東 淳樹（2004）サシバとその生息地の保全に関する地域生態学的研究．我孫子市鳥の博物館調査研究報告書，**12**，1-119.

Benton, T. G., Vickery, J. A., Wilson, J. D.（2003）Farmland biodiversity: is habitat heterogeneity the key? *Trends in Ecology and Evolution*, **18**, 182-188.

Bowen, M. E., McAlpine, C. A., House, A. P. N. & Smith, G. C.（2007）Regrowth forests on abandoned agricultural land: a review of their habitat values for recovering forest fauna. *Biological Conservation*, **140**, 273-296.

Buckley, G. P.（ed.）（1992）*Ecology and Management of Coppice Woodlands*, Chapman & Hall.

Decocq, G., Aubert, M., Dupont, F. *et al.*（2004）Plant diversity in a managed temperate deciduous forest:

understorey response to two silvicultural systems. *Journal of Applied Ecology*, **41**, 1065–1079.

Dunning, J. B., Danielson, B. J. & Pullian, H. R.（1992）Ecological processes that affect populations in complex landscape. *Oikos*, **65**, 169–175.

Foster, D., Swanson, F., Aber, J. *et al.*（2003）The importance of land-use legacies to ecology and conservation. *BioScience*, **53**, 77–88.

Fujioka, M., Armacost, Jr. J. W., Yoshida, H. & Maeda, T.（2001）Value of fallow farmlands as summer habitats for waterbirds in a Japanese rural area. *Ecological Research*, **16**, 555–567.

Gondard, H., Romane, F., Grandjanny, M. *et al.*（2001）Plant species diversity changes in abandoned chestnut（*Castanea sativa*）groves in southern France. *Biodiversity and Conservation*, **10**, 189–207.

Herzog, F., Dreier, S., Hofer, G. *et al.*（2005）Effect of ecological compensation areas on floristic and breeding bird diversity in Swiss agricultural landscapes. Agriculture, *Ecosystems and Environment*, **108**, 189–204.

林 健一・南 侃（1951）農業経営の林野依存に関する一考察．農業技術研究所報告H（経営土地利用），2，45–59.

日鷹一雅（1998）水田における生物多様性保全と環境修復型農法．日本生態学会誌，**48**，167–178.

日鷹一雅・嶺田拓也・榎本 敬（2006）湿生植物RDB掲載種の水田農業依存性評価：博物館等の収録標本における採集地記載情報を用いた一事例から．保全生態学研究，**11**，124–132.

Hobbs, R. J, Arico, S., Aronson, J. *et al.*（2006）Novel ecosystems: theoretical and management aspects of the new ecological world order. *Global Ecology and Biogeography*, **15**, 1–7.

堀川芳雄・宮脇 昭（1954）雑草生育形による群落構造の研究．日本生態学会誌，**4**，79–88.

井手 任（1992）生物相保全のための農村緑地配置に関する生態学的研究．緑地学研究，**11**，1–120.

井手 任（1995）生物相の保全と環境保全型農業．『農林水産業と環境保全』（農業環境技術研究所編），153–168，養賢堂.

石井 実・植田邦彦・重松敏則（1993）『里山の自然をまもる』築地書館.

環境庁自然保護局（1999）『第5回自然環境保全基礎調査植生調査報告書（全国版）』環境庁.

Katoh, K., Sakai, S. & Takahashi, T.（2009）Factors maintaining species diversity in *satoyama*, a traditional agricultural landscape of Japan. *Biological Conservation*, **142**, 1930–1936.

加藤 博（1943）『茶の科学』河出書房.

Kitazawa, T. & Ohsawa, M.（2002）Patterns of species diversity in rural herbaceous communities under different management regimes, Chiba, central Japan. *Biological Conservation*, **104**, 239–249.

Kobayashi, T., Kitahara, M., Ohkubo, T. & Aizawa, M.（2010）Relationships between the age of northern Kantou plain（central Japan）coppice woods used for production of Japanese forest mushroom logs and butterfly assemblage structure. *Biodiversity and Conservation*, **19**, 2147–2166.

Kohler, F., Vandenberghe, C., Imstepf, R. & Gillet, F.（2011）Restoration of threatened arable weed communities in abandoned mountainous crop fields. *Restoration Ecology*, **19**, 62–69.

国際連合大学高等研究所・日本の里山・里海評価委員会編（2012）『里山・里海：自然の恵みと人々の暮らし』朝倉書店.

Koyanagi, T., Kusumoto, Y., Yamamoto, S. *et al.*（2009）Historical impacts on linear habitats: the present distribution of grassland species in forest-edge vegetation. *Biological Conservation*, **142**, 1674–1684.

Kremen, C.（2005）Managing ecosystem services: what do we need to know about their ecology? *Ecology Letters*, **8**, 468–479.

楠本良延・稲垣栄洋（2014）草原の維持による特異な生物多様性の保全．環境情報科学，**43**，14–18.

楠本良延・大久保悟・嶺田拓也・大澤啓志（2010）農村の生物多様性．ランドスケープ研究，**74**，27–32.

楠本良延・大黒俊哉・井手 任（2005）休耕・耕作放棄水田の植物群落タイプと管理履歴の関係：茨城県南部桜川・小貝川流域を事例にして．農村計画論文集，**7**，8-12.

Lunt, I. D. & Spooner, P. G.（2005）Using historical ecology to understand patterns of biodiversity in fragmented agricultural landscapes. *Journal of Biogeography*, **32**, 1859-1873.

水本邦彦（2003）『草山の語る近世』日本史リブレット 52，山川出版社.

森 章（2010）撹乱生態学が繙く森林生態系の非平衡性．日本生態学会誌，**60**，19-39.

守山 弘（1988）『自然を守るとはどういうことか』農山漁村文化協会.

守山 弘（1997）『水田を守るとはどういうことか』農山漁村文化協会.

西川 治監修（1995）『アトラス：日本列島の環境変化』朝倉書店.

沼田 真編（1974）『生態学辞典』築地書館.

農林水産技術会議（1959）『自然草地植生調査法』農林水産技術会議.

小椋純一（2006）日本の草地面積の変遷．京都精華大学紀要，**30**，159-172.

大窪久美子（2002）日本の半自然草地における生物多様性研究の現状．日本草地学会誌，**48**，268-276.

大久保悟（2013）農業生産システムを生態系として捉える：生産と生物多様性保全の両立．『アジアの生物資源環境学：持続可能な社会をめざして』（東京大学アジア生物資源環境研究センター編），23-42，東京大学出版会.

Plieninger, T., Hui, C., Gaertner, M. & Huntsinger, L.（2014）The impact of land abandonment on species richness and abundance in the Mediterranean Basin: a meta-analysis. *PLoS ONE*, **9**（**5**）, e98355.

Queiroz, C., Beilin, R., Folke, C. & Linborg, R.（2014）Farmland abandonment: threat or opportunity for biodiversity conservation? A global review. F*rontiers in Ecology and the Environment*, **12**, 288-296.

Robinson, R. & Sutherland, W. J.（2002）Post-war changes in arable farming and biodiversity in Great Britain. *Journal of Applied Ecology*, **39**, 157-176.

Sanderson, E. W., Jaiteh, M., Levy, M. A. *et al.*（2002）The human footprint and the last of the wild. *BioScience*, **52**, 891-904.

須賀 丈・岡本 透・丑丸敦史（2012）『草地と日本人：日本列島草原 1 万年の旅』築地書館.

菅原清康（1978）熟畑化過程における雑草植生の変遷に関する研究：第 7 報　熟畑から原野化に至る過程における雑草植生の変化．雑草研究，**23**，170-175.

Sutherland, W. J.（2002）Openness in management. *Nature*, **418**, 834-835.

Swanson, M. E., Studevant, N. M., Campbell, J. L. & Donato, D. C.（2014）Biological associates of early-seral pre-forest in the Pacific Northwest. *Forest Ecology and Management*, **324**, 160-171.

田端英雄編著（1997）『エコロジーガイド　里山の自然』保育社.

武内和彦・奥田直久（2014）自然とともに生きる：自然共生社会とはなにか．『日本の自然環境政策』（武内和彦・渡辺綱男編），1-11，東京大学出版会.

武内和彦・鷲谷いづみ・恒川篤史編（2001）『里山の環境学』東京大学出版会.

Tokuoka, Y., Ohigashi, K. & Nakagoshi, N.（2011）Limitations on tree seedling establishment across ecotones between abandoned fields and adjacent broad-leaved forests in eastern Japan. *Plant Ecology*, **212**, 923-944.

Tscharntke, T., Klein, A. M, Kruess, A. *et al.*（2005）Landscape perspectives on agricultural intensification and biodiversity-ecosystem service management. *Ecology Letters*, **8**, 857-874.

Yamada, S.（2006）Landscape ecological studies for the conservation and restoration of the floristic diversity in *Yatsuda* agro-ecosystem. *PhD dissertation, The University of Tokyo.*

Yamada, S., Okubo, S., Kitagawa, Y. & Takeuchi, K.（2007）Restoration of weed communities in abandoned rice paddy fields in the Tama Hills, central Japan. *Agriculture, Ecosystems and*

Environment, **119**, 88-102.
山本勝利（2000）里地におけるランドスケープ構造と植物相の変容に関する研究．農業環境技術研究所報告，**20**，1-105.
山本勝利・趙　賢一・大塚生美ほか（2000）比企丘陵における里山林の構造と変化が植物相に及ぼす影響．ランドスケープ研究，**63**，765-770.

第5章 生息地の分断化

富松 裕

5.1 はじめに

人間活動による生息地の破壊や分断は，生物多様性に対する最も大きな脅威の一つである．森林が伐採されて住宅地や農地になる，河川にダムが建設される，湿地やため池が埋め立てられるといった開発によって，生物の生息地は失われ，次第にパッチ状になっていく（図5.1）．生息地の一部が失われて小さな断片の集まりとなることを生息地の分断化（habitat fragmentation）という．生息地の分断化には，(1) 生息地の総面積が減少する，(2) 個々の生息地が小さくなって他から孤立する，という2つの側面がある．厳密には，前者が「生息地の破壊」であり，後者が「分断化」と言えるが，実際には両プロセスは並行して進んでいく．つまり，生息地が失われれば失われるほど，個々の生息地は小さくなりやすく，孤立しやすい．したがって，多くの場合，生息地の破壊による影響と，生息地の大きさや孤立による影響とを区別することは難しい．ただし，生息地は無作為に開発されるわけではない．森林や草原なら，標高が低い場所や平らな場所，肥沃な場所などが開発によって失われやすい傾向がある．このような環境を好む種は，生息地の破壊によって特に大きな影響を受けている可能性がある．

生息地の分断化がもたらす影響は，種によってさまざまである．種多様性は総じて減少するが，多くの種が衰退して失われる一方で，分断後の環境を好んで分布を拡大する種もある．パッチ状に広がる生息地で，種がどのように振る舞うかを考えるモデルとして，メタ個体群（metapopulation）がある．メタ個体群とは，小さな個体群（局所個体群ともいう）の集まりのことを指す．個体群は，さまざまな要因によってしばしば絶滅するが，周辺の個体群から個体や種子などが移動することで復活し，これを繰り返す（図5.2）．すなわち，メタ個体群は，個体群の絶滅と再生成とのバランスによって維持されている．メタ個体群のモデルは，どの種にも同じように当てはめられるわけではないが，パッチ状に広がる生息地

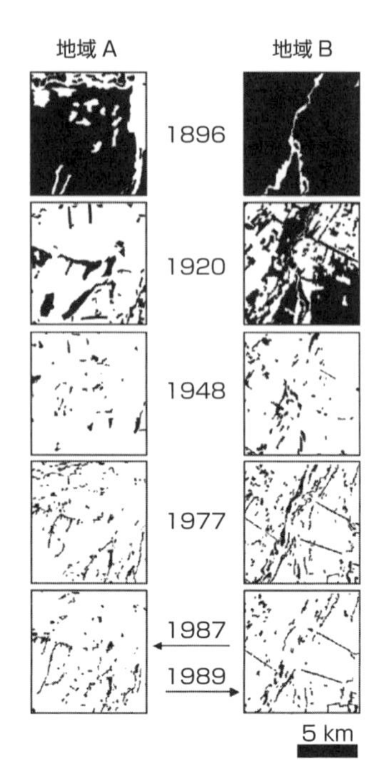

図 5.1　北海道十勝平野の 2 地域（各 100 km^2）における森林景観の移り変わり

黒い部分が森林を表す．1896 年に植民地が開放されてからは移民が急増し，以後 40 年程度で急速に開拓が進んだ．その結果，平地林の 90% 以上が農地や住宅地となっている．紺野康夫氏の御好意による．

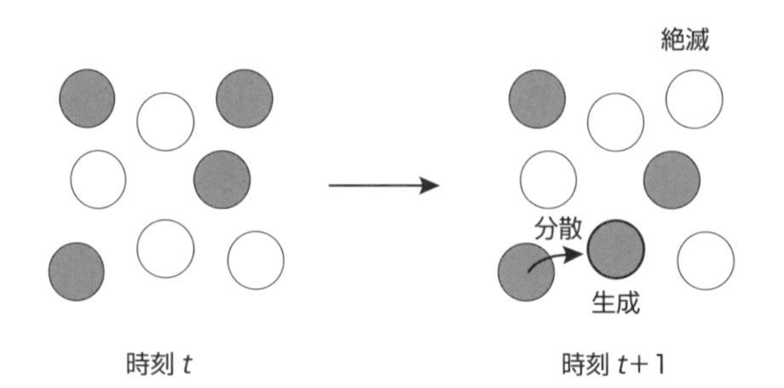

図 5.2　メタ個体群の動態

種は，生息に適したパッチの一部で個体群（灰色）を形成する．他のパッチ（白色）は，生息には適しているが，その種が見られない．個々の個体群はしばしば絶滅するが，個体や種子などの散布体が移動することで新しい個体群が生成し，このバランスによってメタ個体群が維持される．つまり，絶滅によって失われる個体群に見合う分だけ，移動分散によって新しく生成しなければ，メタ個体群は存続できない．

で種が存続できる条件に関して重要な見方を与えてくれる．つまり，分断化によって個体群の絶滅確率が高まったり，生息地間の移動が妨げられたりすると，メタ個体群は衰退していくことが予測される（Box 5.1）.

生息地の分断化が種や群集に及ぼす影響は，(1) 面積の効果，(2) 個体数の効果，(3) エッジ効果，(4) 孤立の効果の大きく4つに整理できる．本章では，これらのメカニズムに関する知見について解説する．

Box 5.1

生息地破壊のモデル

Levinsのメタ個体群モデル：Levins (1969) は，害虫が現れる農地の頻度を予測するために，メタ個体群の動態を初めてモデル化した．モデルでは，無数の生息地パッチを想定し，その一部にだけ注目する種が生息して（局所）個体群を形成する．生息していない場所は，生息には適しているが種が見られない「空きパッチ」となる．種が生息しているパッチの割合を P とすると，P の変化率は次の式で表すことが出来る．

$$\mathrm{d}P/\mathrm{d}t = cP(1-P) - eP \qquad (1)$$

ここで，e は個体群の絶滅確率，c は生成確率を表す．個体群の生成は，個体や種子が生息地パッチを離れ，空きパッチを見つけて定着するという二つの過程から成る．このため，生息しているパッチ (P) が多いほど起こりやすく，かつ，空きパッチ ($1-P$) が多いほど起こりやすい．平衡状態（つまり，$\mathrm{d}P/\mathrm{d}t=0$）にあるときの生息地パッチの頻度は，

$$\hat{P} = 1 - e/c \qquad (2)$$

となり，$c>e$ のときメタ個体群が存続できる ($\hat{P}>0$)．すなわち，絶滅による個体群の減少を上回るほど再生が起こるとき，メタ個体群は存続する．

生息地破壊の効果：次に，生息地パッチの一部が破壊され，失われたとしよう．失われた生息地パッチの割合を d とすると，式1は以下のように書き換えることができる (Nee & May,1992).

$$\mathrm{d}P/\mathrm{d}t = cP(1-d-P) - eP \qquad (3)$$

平衡状態にあるときの生息地パッチの頻度は，

$$\hat{P} = 1 - d - e/c \qquad (4)$$

となり，破壊前（式2）と比べると d の分だけ小さくなる．すなわち，生息地パッチが失われれば失われるほど，種が生息するパッチの頻度は小さくなり，種は衰退す

る（図）.

　これは単純なモデルだが，生息地の保全や管理に対して重要な示唆を与えてくれる．一つ目は，種が生息していない空きパッチが必ず存在することだ（$\hat{P}<1$）．二つ目は，生息地パッチが失われると，失われたパッチにもともと種が生息していたかどうかに関わらず，種の衰退を導くことだ．これらは，種が生息している場所を保全するだけでは不十分であることを意味している．個々の個体群は確率的に絶滅するため，代わりの生息地パッチを用意しておくことが，メタ個体群の維持において重要である．このように，分断されたパッチ状の生息地における種の動態を考える上で，メタ個体群のモデルがよく用いられてきた．ただし，個体群の絶滅や生成が短期間では観察できないことも多く，現実には単純な Levins のモデルが適用できることは少ない．

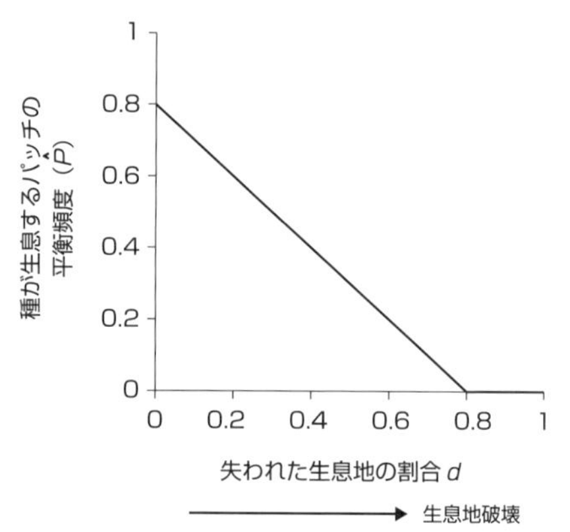

図　メタ個体群を用いた生息地破壊のモデル

生息地の一部（割合 d）が失われたとき，生息するパッチの平衡頻度は減少して，種は衰退していく．図は，個体群の絶滅確率を $e=0.04$，生成確率を $c=0.2$ としたときの結果を示した．この場合，生息地が80% 失われるとメタ個体群は絶滅する．

5.2 生息地の分断化が影響を及ぼすメカニズム

5.2.1 面積の効果

一般に，生息地の面積が小さくなると種数は減少する．これを，種数-面積関係（species-area relationship）という．このような関係が生まれる理由の一つとして，大きな生息地ほど多様な環境を含んでいることが挙げられる．森林や沢・湿地など多様な環境が含まれていれば，それだけ多くの種が生息できるからだ．二つ目の理由は，大きな生息地でしか見られない種があることだ．ツキノワグマ（*Ursus thibetanus*）のような大型の種は，小さな生息地では存続できないだろう．北海道南部の落葉広葉樹林で鳥類の分布を調べた研究では，クマゲラ（*Dryocopus martius*）やキビタキ（*Ficedula narcissina*）といった本来は森林に生息する種が，比較的面積の大きな林でしか観察されなかった（Kurosawa & Askins, 2003）．はっきりとした理由は分かっていないが，クマゲラのなわばりは250～3000 ha と大きく，これを上回る大きさの林でなければ生息できないのかもしれない．三つめの理由は，後述するように，小さな生息地では個体数の減少や環境の改変などによって，個体群の存続が脅かされることである．

このような理由から，生息地を保護する場合には，保護区の面積は大きければ大きいほど良い．しかし，保護できる総面積に限りがあって，希少種があちこちに散らばって分布している場合はどうだろうか．できるだけ大きな保護区を一つ設けるのと，複数の小さな保護区をつくるのとでは，どちらが好ましいか―この問題は，SLOSS（Single Large or Several Small）と呼ばれ，1970 年代に論争を巻き起こした．当初は，どちらが多くの種を保護できるかが議論されていたが，種数だけを問題にするのは必ずしも適切ではない．小さな生息地では，従来の種が失われる代わりに，外来種や撹乱地を好む先駆種が増えることも多い．大面積の保護区をつくれば，ツキノワグマやクマゲラを維持することが出来るだろう．しかし，移動能力の低い希少種が散らばって分布していれば，それぞれの場所に小さな保護区を設ける方が良いかもしれない．したがって，目的と状況に応じて適切な保護区のデザインを決める必要がある（Laurance, 2008）．

5.2.2 個体数の効果

個体群が分断されて小さくなると，生息する個体数が少なくなる．また，個体群が衰退していく過程では，しばしば生息密度が低くなる．個体数が少ない，もしくは生息密度が低いときに，繁殖や生存が制限されることをアリー効果（Allee effect）という．フィンランド・オーランド諸島に生息するタテハチョウ科の一種 *Melitaea cinxia* では，小さな個体群ほど，オスが交配相手を見つけられずに他へ移動し，交配できるメスの数が少なくなった（Kuussaari *et al*., 1998）．植物では，小さく分断された個体群で生産種子数が減少することが多い．北海道の落葉広葉

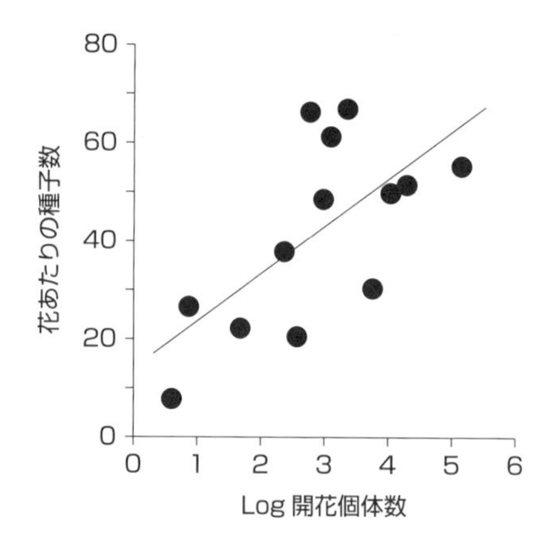

図5.3　北海道十勝平野の孤立林に広く見られるオバナノエンレイソウ（上）と，個体群の大きさ（開花個体数を指標とした）と生産種子数との関係（下）
下：Tomimatsu & Ohara, 2002 より改図.

樹林に生える草本オオバナノエンレイソウ（*Trillium camschatcense*）では，小さな個体群ほど，花あたりの種子数が少なくなる傾向が見られた（Tomimatsu & Ohara, 2002；図5.3）．オオバナノエンレイソウでは甲虫やハエなどの昆虫が花粉を媒介するが，生産種子数の少なかった個体群では，雌しべに運ばれた花粉の数が少なかった．小さな個体群では昆虫に対する報酬（花）が少なく，十分に昆虫を集めることが出来ないのかもしれない．種子生産量の減少には，他にも複数のメカニズムが関与していると考えられる（Box 5.2）．

また，小さな個体群では，大きな個体群に比べて確率的なゆらぎの影響を受けやすい．仮に，メスがそれぞれ50%の確率で子どもを産むとしても，10個体が必ず5個体の子どもを残すとは限らない（「人口学的確率性」と呼ばれる）．これは，硬貨を10回投げても，表（おもて）が必ずしも5回出るとは限らないのと同じことである．また，気候の変動や病気の蔓延などの環境条件のゆらぎも，個体数を変動させる要因となる（「環境の確率性」）．個体数が極めて少ないとき（特に，50個体以下のとき）には，悪い偶然が重なるだけで絶滅に追いやられることがある．

さらに，個体数の減少は，遺伝的多様性の低下や近親交配を引き起こす．これを遺伝的劣化（genetic deterioration）という．個体群が分断されると，対立遺伝子の一部だけが各断片に取り残される．分断後も，遺伝的浮動（どの個体が子孫を残すかといった偶然によって生じる遺伝子組成の変化で，小さな個体群ほど強くはたらく）によって，対立遺伝子は時間とともに少しずつ失われる．この予測どおり，分断後の個体数と遺伝的多様性との間には正の相関関係が広く認められている（Honnay & Jacquemyn, 2007）．遺伝的多様性は，絶えず変動する環境に対して適応進化を続けるために不可欠なものである．また，脊椎動物の主要組織適合性抗原複合体（MHC）や植物の自家不和合性（Box 5.2）など，重要な機能を担う一部の遺伝子座では，対立遺伝子数の減少が短期的に個体群の存続を脅かす可能性がある．例えば，MHCは病気に対する抵抗性などに関与しているが，異なる対立遺伝子を併せもったヘテロ接合体が病原体感染に対して有利に働くことが分かっている．個体数が少ないときは，任意（ランダム）に交配が行われていても血縁度の高い個体間で近親交配が生じやすい．近親交配は，主に劣性の有害遺伝子がホモ接合となって発現することで，子孫の適応度を低下させることがよく知られている（近交弱勢：inbreeding depression）．分断化にともなう遺伝的劣化の影響に関しては，さまざまな可能性が指摘されているが，実証的な研究が乏しい．詳しくは，Frankham *et al.*（2007）などを参照されたい．

Box 5.2

生息地の分断化が植物の繁殖に影響を与えるメカニズム

植物では，分断化によって種子生産量が減少することが，よく知られている．そのメカニズムはさまざまで，特定することは必ずしも容易ではないが，小さく分断された生息地では花粉媒介が不十分であることが多い．このため，自家受粉では受精できない自家不和合性の植物では，分断化によって特に種子生産量が減少しやすい（Aguilar *et al.*, 2006）.

花粉媒介が不十分になる理由は，いくつか考えられる．まず，個体数が減少するとポリネータ（＝花粉を運ぶ動物）に対する報酬が少なくなり，十分にポリネータを集めることが出来なくなるだろう．また，分断化はポリネータの数や多様性に影響を与えている可能性がある．ハチ類は多くの植物にとって重要なポリネータだが，ハチに対する人間活動の影響を幅広く調べた研究では，生息地の著しい減少が，ハチの種数や個体数を減少させていることが分かった（Winfree *et al.*, 2009）．埼玉県にあるサクラソウ（*Primula sieboldii*）の自生地では，ポリネータによる訪花がほとんど観察されず，他の自生地と比べて種子生産量が少ない（Washitani *et al.*, 1991）．周囲を市街地やゴルフ場に囲まれており，有効なポリネータであるハチ類の生息地が十分でないことが原因だと考えられている．

たとえ，花粉媒介が十分に行われたとしても，個体数が減少すると交配相手の数が制限されることがある．自家不和合性は，*S* 対立遺伝子（自家不和合性制御遺伝子）の多型によって維持され，花粉と雌しべが示す遺伝子型の組み合わせによって近親交配を妨げている．通常は，個体群に数十の *S* 対立遺伝子があるが，個体数が減少すると *S* 対立遺伝子の数が確率的に減少するため，受精可能な遺伝子型の組み合わせが少なくなる．オーストラリアで近年減少したキク科の草本 *Rutidosis leptorrhynchoides* では，小さく分断された個体群で *S* 対立遺伝子の数や生産種子数が減少した（Young & Pickup, 2010）．この例は，分断化にともなう遺伝的多様性の減少が，個体群の絶滅確率を高めうることを示している．

5.2.3 エッジ効果

生息地の境界（エッジ）に近いところでは，外部の影響を強く受けることで，さまざまな環境条件が変化する．これをエッジ効果（edge effect）という．例えば，森林が伐採されて畑や草地になると，残された林の林縁は林の内部と比べて明るく，気温や土壌温度が高くなるほか，乾燥して土壌水分量が少なくなる．

概して，エッジ効果の影響は大きい．ブラジル・アマゾンの断片林プロジェクト（Biological Dynamics of Forest Fragment Project）は，SLOSS 論争をきっかけとして 1980 年代に始まった研究プロジェクトである．熱帯多雨林を実験的に分断して，さまざまな大きさの断片林をつくり，20 年以上にもわたってデータが取られた．その結果，エッジ効果が断片林の生態系を変化させる主要因であることが分かっている．例えば，林縁から 100 m 以内の範囲では，乾燥化や強い風によ

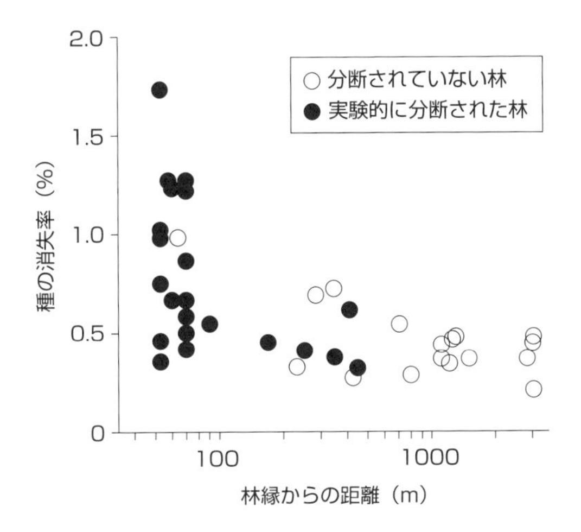

図 5.4　ブラジル・アマゾンの断片林プロジェクトで観察されたエッジ効果
複数の森林にプロットを設けて，実験的に森林を分断した後の木本種の推移が記録された．図は，各プロットの林縁からの距離（対数軸）と，年平均の種の消失率との関係を示す．林縁の近くに設けられたプロットでは，分断後に多くの種が失われた．Laurance *et al.*, 2006 より改図．

って樹木の死亡率が著しく上昇し，分断されてから 15 年ほどの間にバイオマスが最大で 36% も失われた（Laurance *et al.*, 1997）．また，林縁から多くの植物種が失われ，明るい光環境を好むつる植物が増えるなど種構成が大きく変化した（Laurance *et al.*, 2006；図 5.4）．エッジ効果によって，新しい個体の加入（更新）が制限されることも多い．北海道のオオバナノエンレイソウ（*Trillium camschatcense*）では，林縁に近いほど幼植物の密度が低かった（Tomimatsu & Ohara, 2004；図 5.5）．種子をつくる開花個体や生産される種子の数には，林内であまり違いがないが，幼植物は林縁に向かうにつれて顕著に少なくなる．したがって，林縁における物理環境の変化によって，種子の発芽率が低下していると考えられる．

エッジ効果は，種間相互作用を通じて思わぬ影響をもたらすことがある．アメリカ西部に自生するエンレイソウ属の草本 *Trillium ovatum* では，森林伐採の後に出来た林縁部で，新しい個体の加入がほとんど見られなかった．林縁では，ネズミの一種 *Peromyscus maniculatus* が個体数を増やし，このネズミによって種子が食べられてしまうことが原因だと考えられている（Tallmon *et al.*, 2003）．森林に生息する鳥類では，林縁に近いほど，巣の卵や雛が食べられる危険が高まる．

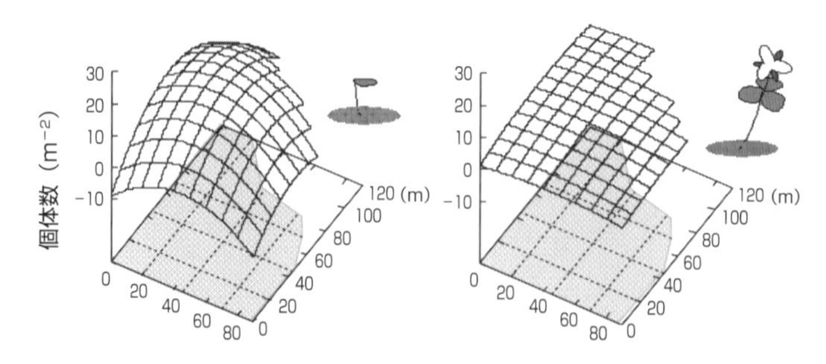

図 5.5　オオバナノエンレイソウで観察されたエッジ効果
小さく分断された約 1 ha の孤立林で，発芽後の幼植物（左）と親植物（右）の分布を調べたところ，林縁に近いほど幼植物が少なく，若い個体の加入が制限されていた．親植物も林縁で若干少ない傾向があるが，その効果は実生と比べると小さい．底面の灰色部が孤立林の範囲を表し，個体数のデータを 2 次曲面で回帰した結果を示す．Tomimatsu & Ohara, 2004 より改図．

北海道の落葉樹林では，主な捕食者であるハシブトガラス（*Corvus macrorhynchos*）が森林の内部よりも林縁で多く見られた（Kurosawa & Askins, 1999）．アメリカ東部の広葉樹林では，スズメ目の鳥類 2 種で，林縁に近いほど捕食によって多くの巣が失われた（Flaspohler *et al*., 2001）．スズメ目の種では，林縁などの開けた場所を好んで営巣する傾向があり，林外を中心として活動する捕食者の影響を受けやすくなると考えられる．また，エッジ効果の影響を受けるのは，森林に生息する種に限らない．ヨーロッパの湿地に多く生えるサクラソウ属の草本 *Primula farinosa* では，エッジで種子の結実率が低く，葉の被食率が高かった（Lienert & Fischer, 2003）．

エッジ効果の影響を受ける空間的範囲は，数十メートルから，時には数百メートルにも及ぶ．上記の鳥の例では，捕食率が高い範囲が林縁から 300 m にまで達していた（Flaspohler *et al*., 2001）．エッジ効果の大きさは，生息地の大きさや形によって異なる．つまり，大きくて形が円に近い生息地ほど，エッジ効果の影響を受けにくい．仮に，生息地の境界から 50 m の範囲で，エッジ効果の影響が及ぶと仮定してみよう．生息地が面積 16 ha の正方形（400 m×400 m）なら，全体の 56% がエッジ効果の影響を受けないコアエリア（core area）となる（図 5.6）．一方，面積 4 ha の正方形（200 m×200 m）なら，コアエリアは全体の 25% しかない．小さな生息地では，エッジ効果の及ぶ範囲が生息地の面積に対して相対的に大きくなり，強いエッジ効果がはたらく．エッジ効果が，しばしば生態系を大

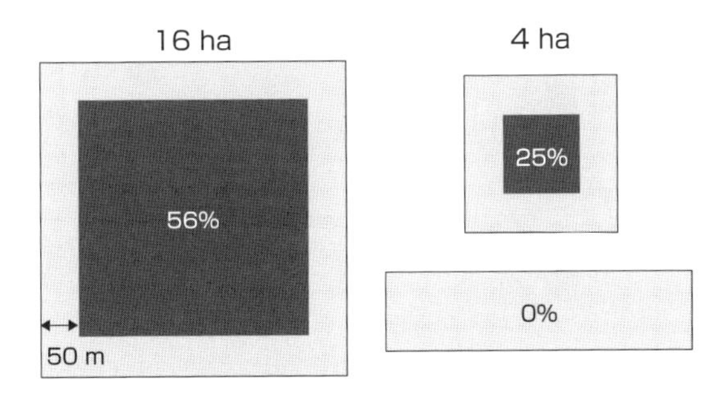

図 5.6 生息地の大きさや形とエッジ効果による影響の受けやすさ
エッジ効果の大きさは，生息地の大きさや形によって異なる．エッジ効果の影響を受けないコアエリア（黒色）を大きくするためには，なるべく大きく，そして円形に近い生息地にする必要がある．

きく変えてしまう原動力となるのは，このためである．また，同じ面積 4 ha でも，細長い生息地（100 m×400 m）ではコアエリアが無くなってしまう（図 5.6 右下）．したがって，小さな生息地を管理する場合には，その形状にも配慮する必要がある．

5.2.4 孤立の効果

生息地が他から孤立すると，生物の移動が妨げられる．このことは，生息地間をつなぐ細長いコリドー（回廊，corridor）を用いた実験によって，よく確かめられている．多くの場合，コリドーには生物の移動を促す効果があり，孤立の効果を緩和するために生息地間をコリドーでつなぐことが保護区の管理策の一つとなっている．アメリカ・サウスカロライナ州では，サバンナ状の草原生態系を復元するときに，他とコリドーでつながった草地と，コリドーを設けずに孤立した草地の組み合わせをつくることで，コリドーの効果を実験的に検証した．動物の移動や植物の花粉・種子散布について比べたところ，調べた 10 種の全てにおいて，コリドーでつながった草地どうしの方が高い頻度で移動が生じていた（Haddad *et al.*, 2003；図 5.7）．コリドーが種多様性に及ぼす影響についても少しずつ明らかになっている．同じ実験区を利用して行われた研究では，コリドーでつながった草地の方が，孤立した草地よりも植物の種数が多くなり，その差は年々大きくなっていった（Damschen *et al.*, 2006）．種子や花粉による移動分散が頻繁に生じることで，個体群の存続や生成確率を高めていると推測される．コリドーは，外

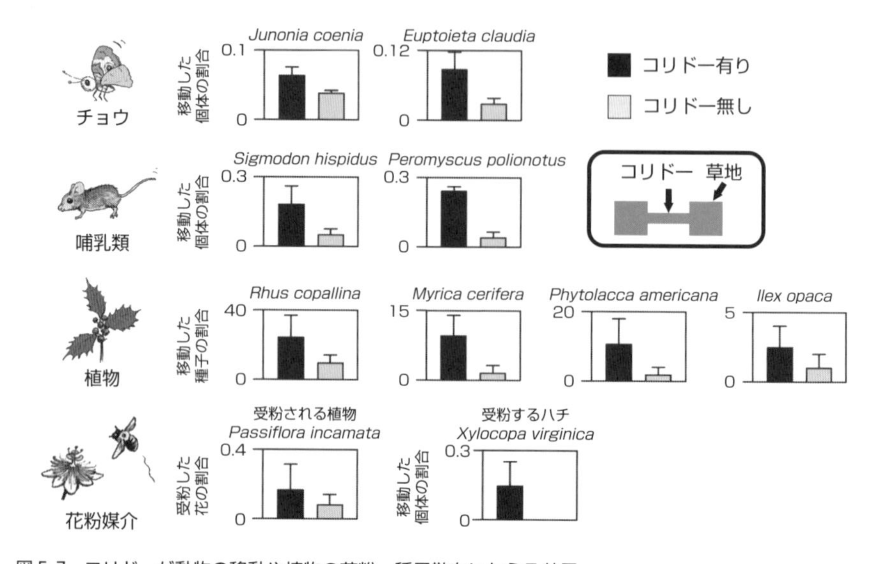

図 5.7　コリドーが動物の移動や植物の花粉・種子散布に与える効果

アメリカ・サウスカロライナ州の草地を用いて実験が行われ，コリドーでつながった草地パッチ，もしくはコリドーのない孤立した草地パッチへの移動量が観察された．エラーバーは，+1 標準誤差を表す．Haddad *et al.*, 2003 より改図．

来種の侵入や病気の伝播を促す可能性も指摘されているが，地球規模の気候変動によって生物の分布が移り変わる可能性を考えると，生息地が空間的に連続性を保つことは，今後ますます重要になるだろう．

河川では，ダムが建設されると，河川環境が変化するだけでなく，上流と下流の生息地が互いに孤立してしまう．サケ科の魚類イワナ（*Salvelinus leucomaenis*）には，その一生を川で過ごす「残留型」と，海と川とを行き来する「回遊型」の二つの生活史がある．北海道の河川には，これら生活史の両方をもつ個体が生息しているが，砂防ダムの上流では「残留型」のイワナだけが見られた（Morita *et al.*, 2000）．つまり，ダムによって河川が分断されたことで，海へ出た「回遊型」は上流に帰ることが出来なくなっている．海で大きく成長する「回遊型」と比べると，「残留型」の産卵数は少なく，ダムの上流の個体群では絶滅確率が高まっていると考えられる（Morita & Yamamoto, 2002）．

5.3 分断後の長期的変化と生息地管理

これまでに述べたように，生息地の分断化は，生存や繁殖から適応進化の可能性まで，さまざまな短期的および長期的影響をもたらす．したがって，小さく孤立した生息地では個体群の絶滅リスクが高まり，その結果，種多様性の分布は個々の生息地の大きさや孤立の度合いなどの景観要素によって，ある程度説明することができる．

しかし，分断化の影響が種数の変化として表れるまでには，多かれ少なかれ時間がかかる（小柳・富松，2012）．例えば，繁殖が妨げられて，ほとんど子孫が残せなくなったとしても，成熟個体はしばらく生きていくことが出来るだろう．このため，種や個体群が将来的に消失する場合でも，実際に絶滅が生じるまでにはタイムラグがある．例えば，アマゾンの断片林プロジェクトでは，分段後20年を経てもなお鳥類種の局所個体群の絶滅が進行していた（Stouffer *et al*., 2009）．群集を構成する多くの種でタイムラグが長くなるとき，生息地が分断された後も種多様性は少しずつ失われることになる（図5.8）．ヨーロッパでは，種多様性の高い草地が刈り取りや牧畜によって伝統的に管理されているが，土地利用の変化にともなって急速に失われた．Helm *et al*.（2006）は，エストニアの35の草地で見られた植物の種多様性が，現在ではなく過去70年前の景観要素によって説明できることを示した（図5.9）．この結果は，残された個体群や群集が，分断化にと

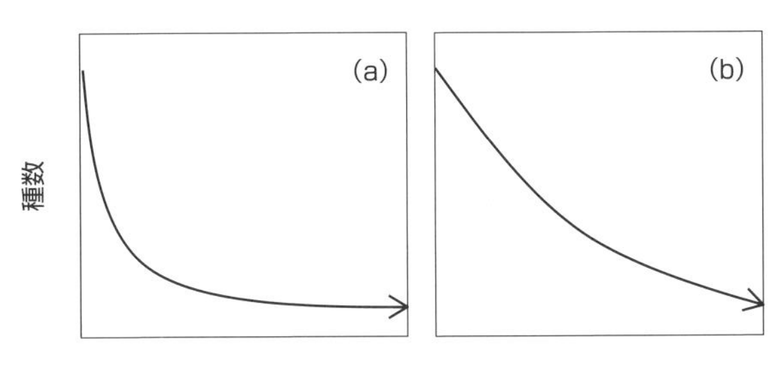

図5.8 生息地が分断された後の種多様性の変化パタン
(a) 絶滅のタイムラグが小さいとき，種数の変化は主に分断された直後に起こる．(b) 群集を構成する多くの種で絶滅のタイムラグが長くなるとき，種数は分断後も少しずつ失われる．

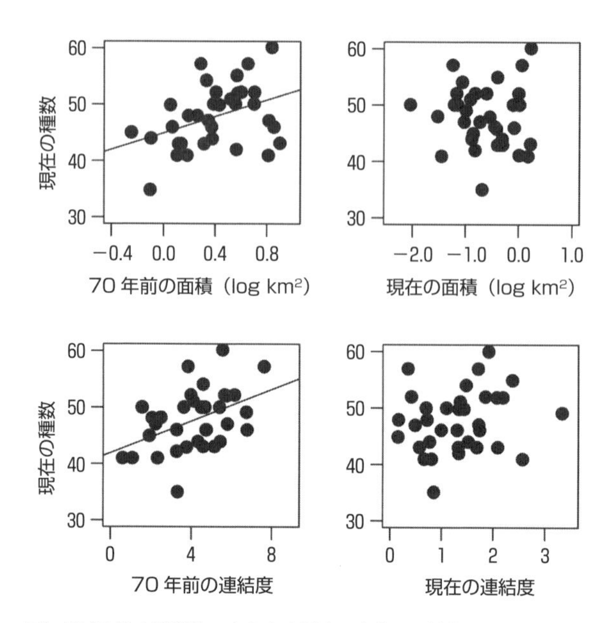

図 5.9　エストニアにおける半自然草地の大きさや孤立の度合いと植物の種数との関係

連結度は，それぞれの草地が他からどのくらい隔てられているかを表す指標である．現在見られる種数の分布は，現在ではなく過去 70 年前の面積や連結度によって説明できた．Helm *et al*., 2006 より改図．

もなう景観の変化に応答するまでには，かなり長い時間がかかることを意味する．林床植物などの世代時間の長い種では，絶滅の遅れが 100 年以上にも及ぶ可能性が指摘されている（Vellend *et al*., 2006）．したがって，今後いっさい生息地が失われなかったとしても，生物多様性が長期にわたって減少し続ける可能性が高い．

「絶滅のタイムラグ」は，生息地の保全や管理に対して，前向きのメッセージでもある．今のうちに生息地を拡充する，生息地どうしをコリドーで結ぶといった復元を行えば，将来失われるであろう生物多様性の減少を，ある程度は緩和することができるだろう．生物多様性のこれ以上の減少を防ぐためには，生息地の分断化を抑制するだけではなく，生息地の復元を含む保全・管理策を行うことが求められる．実際には，生息地が復元もしくは再生したり，生息地が新たに失われたりというように，生息地が次々と移り変わっていく．復元もしくは再生した生息地では，多様性の高い周囲の生息地から個体や種子が移動して定着することで，生物多様性は長い時間をかけて緩やかに回復していくだろう（Jackson & Sax, 2010）．したがって，地域の生物多様性を維持するためには，(1) 多様性の高い生息地（天然林や管理の行き届いた里山林など）を維持し，小さく孤立させないこと，(2) 生息地全体で，空間的な連続性を持たせることが肝要である．

引用文献

Aguilar, R., Ashworth, L., Galetto, L. & Aizen, M. A.（2006）Plant reproductive susceptibility to habitat fragmentation: review and synthesis through a meta-analysis. *Ecol. Lett.*, **9**, 968–980.

Damschen, E. I., Haddad, N. M., Orrock, J. L. *et al.*（2006）Corridors increase plant species richness at large scales. *Science*, **313**, 284–286.

Flaspohler, D. J., Temple, S. A. & Rosenfield, R. N.（2001）Species-specific edge effects on nest success and breeding bird density in a forested landscape. *Ecol. Appl.*, **11**, 32–46.

Frankham, R., Ballou, J. D. & Briscoe, D. A.（2007）『保全遺伝学入門』文一総合出版.

Haddad, N. M., Bowne, D. R., Cunnigham, A. *et al.*（2003）Corridor use by diverse taxa. *Ecology*, **84**, 609–615.

Helm, A., Hanski, I. & Pärtel, M.（2006）Slow response of plant species richness to habitat loss and fragmentation. *Ecol. Lett.*, **9**, 72–77.

Honnay, O. & Jacquemyn, H.（2007）Susceptibility of common and rare plant species to the genetic consequences of habitat fragmentation. *Conserv. Biol.*, **21**, 823–831.

Jackson, S. T. & Sax, D. F.（2010）Balancing biodiversity in a changing environment: extinction debt, immigration credit and species turnover. *Trends Ecol. Evol.*, **25**, 153–160.

小柳知代・富松裕（2012）絶滅と移入のタイムラグ：景観変化に対する生物多様性の長期的応答．保全生態学研究，**17**，245–255.

Kurosawa, R. & Askins, R. A.（1999）Differences in bird communities on the forest edge and in the forest interior: are there forest-interior specialists in Japan? *J. Yamashina Inst. Ornith.*, **31**, 63–79.

Kurosawa, R. & Askins, R. A.（2003）Effects of habitat fragmentation on birds in deciduous forests in Japan. *Conserv. Biol.*, **17**, 695–707.

Kuussaari, M., Saccheri, I., Camara, M. & Hanski, I.（1998）Allee effect and population dynamics in the Glanville fritillary butterfly. *Oikos*, **82**, 384–392.

Laurance, W. F.（2008）Theory meets reality: How habitat fragmentation research has transcended island biogeography theory. *Biol. Conserv.*, **141**, 1731–1744.

Laurance, W. F., Laurance, S. G., Ferreira, L. B. *et al.*（1997）Biomass collapse in Amazonian forest fragments. *Science*, **278**, 1117–1118.

Laurance, W. F., Nascimento, H., Laurance, S. G. *et al.* (2006) Rapid decay of tree-community composition in Amazonian forest fragments. *Proc. Natl. Acad. Sci. USA*, **103**, 19010–19014.

Levins, R. (1969) Some demographic and genetic consequences of environmental heterogeneity for biological control. *Bull. Entomol. Soc. Amer.*, **15**, 237–240.

Lienert, J. & Fischer, M. (2003) Habitat fragmentation affects the common wetland specialist *Primula farinosa* in north-east Switzerland. *J. Ecol.*, **91**, 587–599.

Morita, K., Yamamoto, S. & Hoshino, N. (2000) Extreme life history change of white-spotted char (*Salvelinus leucomaenis*) after damming. *Can. J. Fish. Aquat. Sci.*, **57**, 1300–1306.

Morita, K. & Yamamoto, S. (2002) Effects of habitat fragmentation by damming on the persistence of stream-dwelling charr populations. *Conserv. Biol.*, **16**, 1318–1323.

Nee, S. & May, R. M. (1992) Dynamics of metapopulations: habitat destruction and competitive coexistence. *J. Anim. Ecol.*, **61**, 37–40.

Stouffer, P. C., Strong, C. & Naka, L. N. (2009) Twenty years of understorey bird extinctions from Amazonian rain forest fragments: consistent trends and landscape-mediated dynamics. *Div. Distrib.*, **15**, 88–97.

Tallmon, D. A., Jules, E. S., Radke, N. J. & Mills, L. S. (2003) Of mice and men and trillium: cascading effects of forest fragmentation. *Ecol. Appl.*, **13**, 1193–1203.

Tomimatsu, H. & Ohara, M. (2002) Effects of forest fragmentation on seed production of the understory herb *Trillium camschatcense*. *Conserv. Biol.*, **16**, 1277–1285.

Tomimatsu, H. & Ohara, M. (2004) Edge effects on recruitment of *Trillium camschatcense* in small forest fragments. *Biol. Conserv.*, **117**, 509–519.

Vellend, M., Verheyen, K., Jacquemyn, H. *et al.* (2006) Extinction debt of forest plants persists more than a century following forest fragmentation. *Ecology*, **87**, 542–548.

Washitani, I., Osawa, R., Namai, H. & Niwa, M. (1991) Species biology of *Primula sieboldii* for the conservation of its lowland-habitat population: I. Inter-clonal variations in the flowering phenology, pollen load and female fertility components. *Plant Species Biol.*, **6**, 27–37.

Winfree, R., Aguilar, R., Vázquez, D. P. *et al.* (2009) A meta-analysis of bees' responses to anthropogenic disturbance. *Ecology*, **90**, 2068–2076.

Young, A. G. & Pickup, M. (2010) Low *S*-allele numbers limit mate availability, reduce seed set and skew fitness in small populations of a self-incompatible plant. *J. Appl. Ecol.*, **47**, 541–548.

第6章 農業の特性と生物の応答

池田浩明

6.1 はじめに

農業とは，人類に有用な植物（作物）や動物（家畜）を選択的に栽培または飼育して，食べ物や繊維などの生活資材を生産する人間活動である．農耕の始まりについては諸説あるが，現在からおよそ1万年前に複数の地点で起こったとされている（第1章参照）．それまでの長きにわたる狩猟採集時代から考えると，人類にとって農業の歴史は比較的浅いと言える．しかし，農耕の開始に伴って，人類の生活は激変を遂げた．

作物を栽培するためには，光と水と養分（栄養塩類）が必要である．これらのうち，光を得るために，原生の自然を破壊して農地を開墾する．水を得るために，灌漑・治水技術を発達させ，農地までの水路をつくる．栄養塩類を得るために，農地に肥料を投入する．したがって，農業は必然的に自然の改変を伴う．ただし，初期の農業では施肥技術が発達していなかったため，別の場所に移動して耕作（焼畑農業など）するか，農地の地力が回復するまで耕作を休む必要があった（第1章参照）．その後（年代は不明），動物の糞尿や植物（野草，落葉，海藻）を肥料として利用するようになったと考えられており，ヨーロッパではB.C. 200〜100年に編纂されたローマの農書に家畜糞尿利用の記述がある（高橋，1990）．このような農業技術の発達とともに，農業による生態系への負荷は増大していった．とくに，20世紀半ばにおける高収量品種の導入と化学肥料の大量投入による農業技術の改変は「緑の革命（green revolution）」と呼ばれ，穀物の劇的な増産をもたらしたが，同時に化学肥料や農薬の多用により生態系に大きな影響を及ぼすようになった．この章では，緑の革命以降の農業に焦点を当て，その特性と農業の近代化に対する生物の応答について紹介する．

6.2 農業の特性

農耕地では，作物が良く育つように，土地を改変して定期的な管理が施される．例えば，栽培を始める前に地表面を耕起し，作物の種子を播くか，幼苗を移植する．作物の成長を促進するため，肥料と水を加え，一定の時期に収穫する．しかも，これらの行為が定期的に繰り返されるので，その環境は不安定ではあるものの予測しやすい．これに対し原生の自然環境では，頻度こそ低いが，干ばつや低温など過酷な環境変化が不定期に起こり，時に生物の生息に甚大な影響を及ぼすことがある．人類は予測不可能な自然環境の変化に対抗し，食料を安定的に獲得するために農業を発展させてきたと言える．

一次生産者である植物は水・栄養塩類など，要求する資源がほぼ共通しているため，作物が良く育つ環境は多くの野生植物にとっても好適な環境であり，耕起などの撹乱（disturbance：生物体や生態系の一部または全てを破壊することで，成長や増殖に必要な資源の獲得量あるいは物理的環境を改変する出来事）と富栄養を好む植物（雑草）が増加する．そして，作物の量が豊富であれば，それを利用する寄生者や植食動物も増加する．これが病虫害の発生である．このごく自然な野生生物の反応は，結果として作物の収量を低下させる．したがって，作物にとってより良好な環境を提供すればするほど（収量を増大させるほど），作物以外の生物を排除（防除）する技術（農薬など）も高度化させなければならない宿命にある．

このように農業は，撹乱に依存した生物にとって良好な生息環境を供給しており，その意味で生物多様性を増加させる機能を有している（第4章参照）．しかし，生物多様性には農業生産にとって好ましくない生物（病害虫・雑草）も含まれるため，農業は有害な生物を除去する防除・管理技術を発展させてきた．また，生産効率を向上させるため，農地や水路の形状や排水性を大規模に改変してきた（後述する圃場整備）．このため農業は，生物多様性にとってプラスとマイナスの両方の側面を持っている．

6.3 農業が生態系に及ぼす影響

2005年に公表された人間活動が生態系に及ぼす影響のグローバルな評価は，ミレニアム生態系評価（Millennium Ecosystem Assessment）と呼ばれ，水供給機能，大気・水質の管理機能，自然災害の防止機能など，人類に福利をもたらす生態系の機能（生態系サービス（ecosystem service））のうち約60%の項目で悪化していることが報告された（Millennium Ecosystem Assessment, 2005）．また，この50年間において人類によってもたらされた生態系の変貌は過去のどの時期よりも急速で広範囲であり，それが地球上の生物多様性の不可逆的な衰退をもたらし，現在では，ほ乳類，鳥類，両生類の10%から30%の種が絶滅の危機にさらされているとしている．そして，この生態系の変化には，1950年代以降の耕作地の拡大や1980年代以降の化学肥料の大量使用など，農業の拡大に伴う開発と集約化（intensification）が強く影響したと指摘された．耕作地の拡大は，森林などの自然生態系を破壊するため，自然生態系を利用する野生生物の生息地が失われる．また，化学肥料の使用による富栄養化は湖沼などの水域に生息する野生生物の生息環境を悪化させたと考えられている．

グローバルスケールのミレニアム生態系評価を受け，日本においても国土スケールで1950年代後半から現在までの生物多様性の変化を評価した「日本版生物多様性総合評価（Japan Biodiversity Outlook）」がまとめられた（環境省生物多様性総合評価検討委員会, 2010）．それによれば，日本の農地生態系における生物多様性の損失は，陸水生態系，沿岸・海洋生態系，島嶼（とうしょ）生態系に比べれば深刻度は低いが，評価期間を通して悪化しつつあるとされた（第2章参照）．

日本における農業の状況は，ミレニアム生態系評価に記述されたグローバルな傾向とは次の点で大きく異なっている．第1に，耕作地は1961年までに拡大が終息し，それ以降，現在もなお減少しており，代わって耕作放棄地が拡大していることである（図6.1）．第2に，農作業効率を改善するため，「圃場整備（farmland consolidation）」と呼ばれる土地改良事業が1960年代に開始され，通年で水が溜まっている湿田から一時的にしか水が存在しない乾田へと変貌したことである．日本の水田の多くは，排水性の悪い湿地に造成されてきたため，大型農業機械が使用できないなどの問題を抱えていた．そのため，圃場整備事業によ

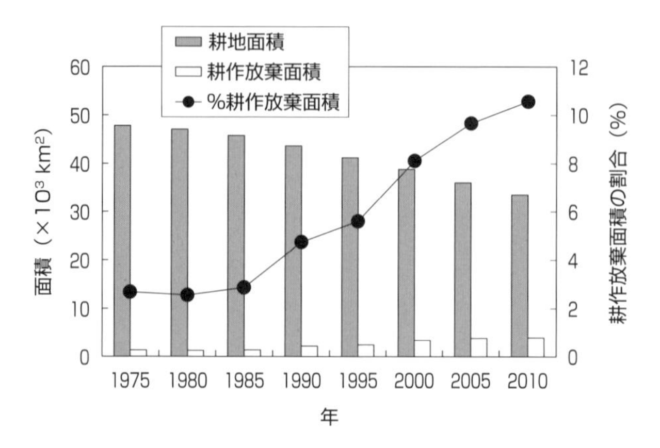

図 6.1　日本の耕地面積と耕作放棄地面積の推移

ここで，耕地面積とは一定の経営規模農家の「経営耕地面積」を，耕作放棄地とは「以前耕地であったもので，過去1年以上作物を栽培せず，しかもこの数年の間に再び耕作する考えのない土地」をそれぞれ指す．農林水産省「農林業センサス累年統計」より作成．

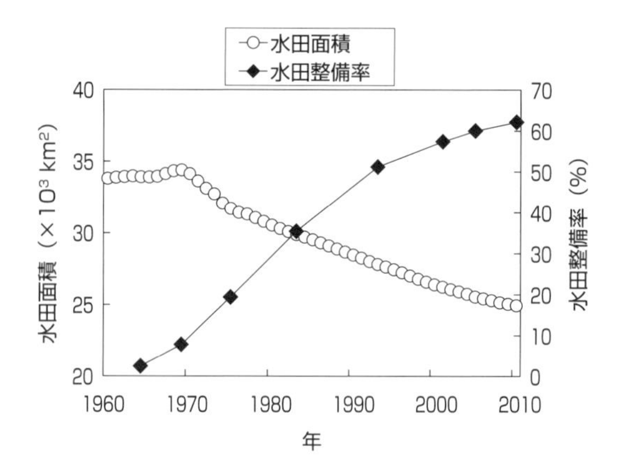

図 6.2　日本の水田面積と水田整備率の推移

ここで，水田面積とは農林水産省「耕地及び作付面積統計」での「田」の本地と畦畔の合計面積を，水田整備率とは水田面積に対して面積 30 a 以上の区画が整備されている区画の面積割合をそれぞれ指す．農林水産省「食料・農業・農村白書」より作成．

り，農地区画の整形・大型化，用排水路や農道の整備，暗渠排水路（地中に埋められた排水用パイプ）の整備などが行われた．その結果，中干し期（通常，1期作では6月下旬から8月上旬にかけて複数回，落水と間断灌漑を繰り返す）と収穫のための落水期（1期作では8月中旬），およびそれ以降の時期は田面に水が存在

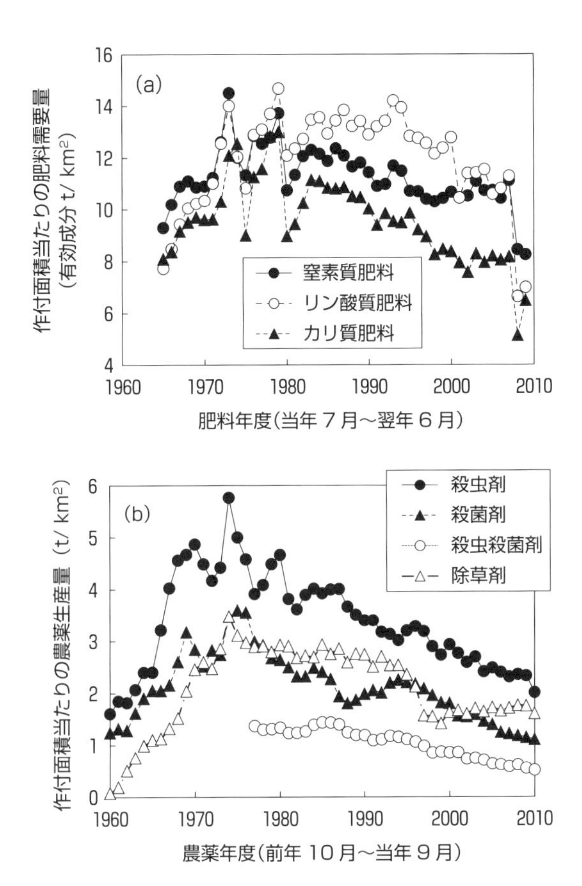

図 6.3　作付面積当たりの肥料需要量（a）と農薬生産量（b）の推移

ここで，肥料需要量は「生産量＋輸入量－輸出量－在庫量（当年度分）－工業用」を指し，作付面積は農林水産省「耕地及び作付面積統計」を参照した．農林水産省「ポケット肥料要覧」，日本植物防疫協会「農薬要覧」より作成．

しない．ただし，水田におけるこのような整備圃場の面積は，1970-1980 年代に増加して水田面積の 60% 以上に達したが，2000 年代以降はあまり増えていない（図 6.2）．

一方，日本においても，農業生産性を向上させるため，化学肥料と農薬が大量に使用されてきた点はグローバルな傾向と一致する．しかし，化学肥料や農薬の使用量は高度経済成長期（1960-1970 年代）に増加したものの，1990 年代以降は下がってきている（図 6.3）．ただし，それらの耕地面積当たりの使用量は，現在も世界的に上位にランクされる（FAOSTAT, http://faostat.fao.org/）.

これらの農業活動を生物多様性の危機（第2, 4章参照）のカテゴリ別に整理してみよう．次節で述べるように，日本ではまず圃場整備が第1の危機の要因として作用し．その影響が顕在化した．その後，化学肥料や農薬の使用に伴う第3の危機が増大した．そして，現在では耕作放棄など，里地里山における利用・管理の縮小に伴う第2の危機が最も深刻化していると言える．第4の危機である温暖化の影響については病害虫の分布拡大に関する研究（Yamamura & Yokozawa, 2002; Yamamura *et al.*, 2006）があるものの，生物多様性そのものへの影響については未だ研究事例が少ない．生物多様性への影響としては，温暖化の直接的な影響だけでなく，温暖化に伴う作物種や栽培技術の変化によってもたらされる二次的な影響についても考慮する必要があろう．これらの危機のうち，第2の危機の問題はすでに第4章で詳述されているので，本章では第1および第3の危機に関係する圃場整備と農業資材（農薬と化学肥料）の問題を紹介する．

6.3.1 圃場整備の影響

日本の自然河川では，洪水時の土砂堆積作用により河道に沿って微高地（自然堤防）が形成される．この自然堤防が形成されると，氾濫した水が河川に戻れないため，背後（河川から離れる側）に「後背湿地（back marsh または back swamp）」と呼ばれる湿地が成立する．この湿地には粒径の細かい土壌が堆積するため，きわめて排水性が悪く，水深の浅い湿地（水が流れない止水域）が形成される．また，洪水という不定期の撹乱があるため，植生遷移が森林まで進行せず，水生・湿性の草本群落が維持されるとともに，一部に池沼（開放水域）も形成される．このような後背湿地は，水深の浅い止水域を好む多くの生物（鳥類，魚類，両生類，水生昆虫，水生・湿性植物など）によって利用されてきた．日本の水田（paddy field）の多くは，この後背湿地を改変して造成されたが，水田においても水深の浅い止水域が維持されたため，後背湿地を利用する生物たちの多くがそのまま水田を利用してきた（守山, 1997）．現在の日本では自然の後背湿地は開発によってほとんど残っていないため，水田は後背湿地を代替する生態系として重要な役割を果たしている．また，稲作の到来とともに，水田の雑草，昆虫類，鳥類も一緒に移入してきた．このような生物を史前帰化生物と呼ぶが（前川, 1943），水田には後背湿地生の生物と史前帰化生物が共存する豊かな生態系が形成された．桐谷編（2010）が作成した日本の水田に生息する生物の全種リストには，動物2495種，原生生物829種，植物1941種，菌類205種の合計5470種が収録されている．日本全体の既知種数（移入種を含む）は動物6万種，原生生物6千種，植物9千種，菌類1万3千種程度であり（日本分類学会連合（2003）第1回日本産生物種数調査，http://www.ujssb.org/biospnum/search.php），水田面積が国土の6.6%（平成25年）であることを考慮すると，とくに植物では水田を利用する種が多いと言える．

圃場整備は，水田内部だけでなく，農業水路の水環境や構造をも改変する．その結果，圃場整備の主な影響は，水田の乾田化と水系ネットワーク（連続的な水系のつながり）の分断によってもたらされる（江崎・田中編，1998；農林水産省，http://www.maff.go.jp/j/nousin/jikei/keikaku/tebiki/03/index.html）．乾田化すると，一定の期間（中干し期，収穫期，冬期），水がなくなるため，止水域を利用する魚類，両生類，昆虫類，水生・湿性植物が死亡したり，水田を利用できなくなったりする．その影響は，それらの生物を餌種として利用する鳥類や爬虫類にも及ぶ．乾田化した水田を利用し続けることができるのは，水田の利用がもともと一時的な生物や，成長が速く，短い湛水期間でも繁殖可能な生物，非湛水期間は雨水だけで生存できる生物（例えば，ヒエ類などの水田雑草），周辺の水路（流水域）やため池（止水域だが水深は深い）まで移動して異なるタイプの水域を利用できる生物に限定される．とくに，冬期から春期に水田を利用していた北方系の生物は，乾田化で非湛水期間が長期化したため，圃場整備の影響を強く受けることとなる（守山，1997）．例えば，干潟や水田という浅い湿地を利用するシギ・チドリ類では，冬期に水田をよく利用する種に限って，圃場整備が本格化した1980年代後半から個体数が減少を始めたことが報告されている（Amano *et al.*, 2010）．

圃場整備による水系ネットワークの分断は，水系を介して一時的に水田を利用する生物（魚類，両生類，水生昆虫など）の移動を困難にする．具体的には，水田と農業水路の分断（灌漑用水系と排水系の分離）や農業水路内における落差の問題が指摘されている．水田は水深の浅い止水域であり，ここを産卵場所として利用する魚類（ドジョウなど）は多いが，それらは水田に遡上できないと個体群が縮小する．カエル類では，農業水路のコンクリート化によって，一度水路に落下すると脱出できないため個体数が減少する．サギなどの鳥類では，圃場整備による直接的な影響ではなく，その餌種（ドジョウやカエル類）の減少による間接的な影響が発生する．

また，圃場整備の多くは，圃場の区画や形状を改変するため，大規模な表土の撹乱を伴う．そのため，水田の畦畔に成立する植生は，圃場整備の影響を受けやすい．整備田と未整備田の畦畔植生を比較すると，整備田の方で植物の種数が少ないにもかかわらず，外来植物の占める割合は高くなることが報告されている（山口ほか，1998）．また，整備後の年数が多いほど畦畔の植物の種数も増えて多様性は回復するが，未整備田の畦畔（種子供給源）からの距離が離れるほど種数は減ってしまうことも明らかにされている（Matsumura & Takeda, 2010）．このことは，一見，移動しなさそうな植物であっても，ひとつの畦畔をずっと利用し続けるのではなく，種子の分散によって場所を移動していることを意味する．このように空間的に独立で小さな（局所的な）生息場所が複数存在し，複数の局所的な個体群（集団）が移動・分散によって結びついている個体群の集まりはメタ個体群（metapopulation）と呼ばれ（Hansky & Gilpin, 1997），局所的な個体群が絶滅しても，周囲の個体群からの移入によって回復することが知られている（第5章参照）．今日では，多くの生物でメタ個体群が形成されていることが知られているため，圃場整備に限らず，農業活動の影響を評価する場合には，局所的な生息場所（例えば，圃場スケール）の消失だけで議論するのではなく，より広い空間スケールにおける移動・分散の実態を調べていく必要がある．

6.3.2 化学肥料の影響

農地に投入される化学肥料（chemical fertilizer）だけでなく，家畜の糞尿（畜産廃棄物）に由来する窒素とリン酸が環境中に流出して，水質汚染の原因となっている．農業に由来する窒素とリン酸の物質循環を見てみると，畜産廃棄物の一部は堆肥として化学肥料とともに農地に投入される（図6.4）．窒素では自然活動に伴う付与（図6.4では窒素固定と灌漑水による流入から脱窒による流出を差し引いた値）もある．作物は投入された窒素の約6割を利用（収奪）するが，リン酸は日本の農地土壌に強く吸着されるため，作物に利用される量は少ない．日本全体のフローとしては，窒素は未利用の畜産廃棄物よりも，農耕地を経由して地下水や系外に流出する量が多い．一方，リン酸は系外流出のほとんどが未利用の畜産廃棄物である（農地からの流出がまったくないわけでなないが，土壌に強く吸

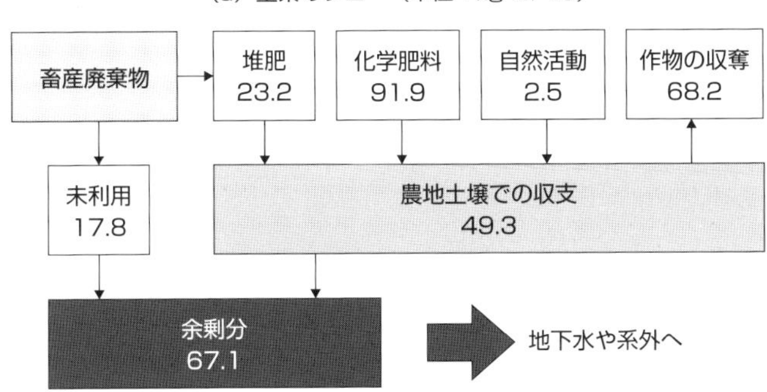

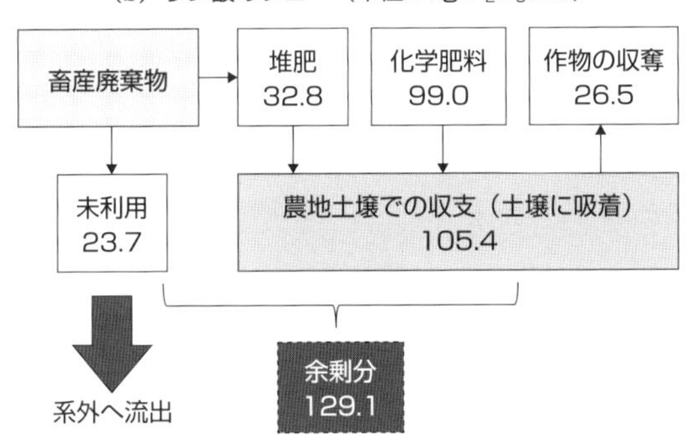

図 6.4　国土スケールで見た日本の窒素（a）およびリン酸（b）の物質フロー
2005 年の統計データ（Mishima *et al.*, 2009, 2010）より作図.

着されるため量はわずかで，しかも時空間的変動が高いため図 6.4 では省略している）．Mishima *et al.* (2009；2010) は，これらのフローの経年変化を評価しており，化学肥料使用量の減少（図 6.3）に伴い，1985 年から 2005 年にかけて窒素，リン酸ともに農地での余剰が減少していることを報告している．一方，窒素・リン酸ともに未利用の畜産廃棄物による環境負荷は年々増加傾向にあるため，注意を喚起している．

化学肥料に含まれる窒素とリン酸などの物質は植物の成長に必要な栄養分であり，農薬のように野生生物に対する枯殺性はない．したがって，化学肥料の多用を農地における生物多様性の損失に直接結びつける報告は少ない．一方，ため池や湖沼の水生植物は水質の影響を受けやすく（小林ほか，2006），生活排水だけでなく農地で使用した肥料や畜産廃棄物の流出に由来する富栄養化（eutrophication）によって沈水植物などの水生植物が減少していることが指摘されている（第2章参照）．このような水域では，富栄養化に伴い，水生植物（維管束植物）が優占する透明度の高い水域からアオコ（植物プランクトン）が優占する濁度の高い水域へと急激に変化することが知られている．この現象は，レジームシフトまたはカタストロフィックシフトと呼ばれている（Scheffer *et al.*, 2001；加藤，2012）．

陸域でも，化学肥料成分の流出に伴う間接的な影響は存在する．例えば，土壌の富栄養化が外来植物の侵入を助長することで，間接的に植物の種多様性を低下させる（第10章参照）．日本の草原では，植物が利用可能な有効態リン酸の濃度と土壌酸性度が外来植物の侵入性に影響し，植物の種組成を規定しているという報告がある（平舘ほか，2008）．日本の土壌は，降水量の多さと火山活動の影響を強く受けており，火山灰を起源とする黒ボク土ではリン酸が強く吸着されるため，有効態リン酸の濃度はきわめて低い．また，降水量の多さと中国大陸から飛来する黄砂の影響により強酸性層が形成され，植物の成長を阻害する可溶性アルミニウム濃度は高い．一方，日本で問題となっている外来植物の原産地の多くは降水量が少ないため，植物が利用する栄養塩類は土壌表層に移動・集積され，土壌は中性からアルカリ性を示す．したがって，乾燥地に適応した外来植物の多くは，強酸性で貧栄養な日本の土壌ではうまく生育できない．ところが，農地では土壌の酸性を矯正するために土壌改良剤が使用され，不足しているリン酸が施肥によって補給されているため，外来植物に好適な環境がつくられる．

6.3.3 農薬の影響

農薬はひとつの剤で広い範囲の有害な生物種を制御できた方が効率的であるため，作物には効かないが，その他の生物の多くに効く農薬が開発されてきた．したがって，必然的に農業に有害でない野生生物にも影響が及ぶ．しかし，農地では農薬以外にも野生生物に影響を及ぼす要因が複数あるため（例えば，圃場整備や水管理など），農薬の影響だけを分離して評価するのは難しい．この問題を克服するひとつの方法は，実験的に農薬を野生生物に散布して，その影響の濃度依存性（影響濃度）を調べ，併せて農地において生物体が遭遇する農薬の濃度（曝

表 6.1 水稲用除草剤ベンスルフロンメチルの維管束植物に対する影響

植物種	絶滅危惧カテゴリ (2012)†	12 日間の曝露試験¶		水田の最高濃度§ (μg/L)	最高濃度/EC50
		EC50 (μg/L)	95% 信頼区間 (μg/L)		
オオアカウキクサ	IB 類	2.0	1.5–3.0	106	53
サンショウモ	II 類	0.22	0.15–0.31	106	482
コウキクサ	普通	4.3	3.0–7.0	106	25

† 環境省 HP 参照；¶ Aida *et al.*, 2007；§ Okamoto *et al.*, 1998

露濃度）も測定し，両者を比較することである．この方法は化学物質の生態リスク評価においてよく使用される（詳細は第 9 章）．

維管束植物では，環境庁自然保護局編（2000）のレッドデータブックにおいて種ごとの減少要因が上位 3 位まで記載されているが，その減少要因として「農薬汚染」があげられた種は 17 種あり，そのうち 16 種が水生・湿性植物である．この 16 種には水田とその周辺に分布する植物が多いことから，農薬の中でも，水稲用除草剤の影響が大きいと考えられる．Aida *et al.* (2006) は，浮遊性シダ植物で絶滅危惧種であるオオアカウキクサとサンショウモの幼植物ならびに浮遊性種子植物で普通種のコウキクサを用いて，現在の代表的な水稲用除草剤であるベンスルフロンメチル，ベンチオカーブ，メフェナセット，シメトリンに対する成長反応を水耕試験により比較した．その結果，とくにベンスルフロンメチルで強い成長抑制が示され，水田で観測された最高濃度は 3 種植物それぞれの EC50（成長速度が無処理区の 50% に抑制される濃度）の 25〜500 倍に相当した（表 6.1）．そのため，ちょうど除草剤が使用される時期（5 月）と幼植物が重なるオオアカウキクサとサンショウモでは，水田における生育は困難であると考えられた．同様に，水田を主な生育地とするシダ植物の絶滅危惧種デンジソウでも，ベンスルフロンメチルに対する高い感受性が報告されている（Luo & Ikeda, 2007）．

水稲用除草剤の多くは水溶性であるため，水田だけにとどまらず，水路や河川に流出して水生生物に影響することも考えられる．永井ほか（2011）は，水稲用除草剤 11 種の影響を種の感受性分布（詳細は第 9 章）と河川水中濃度の確率分布を用いて生態リスクを評価したところ，最もリスクの高い剤はベンスルフロンメチルで，水生植物の 6.2% が影響を受けるとした（ただし，藻類が主体であり，上記のシダ植物は含まれない）．ベンスルフロンメチルに代表されるスルホニルウレア系除草剤（SU 剤）は現在日本の水田で最もよく使用されている剤であり，その影響については今後も注意していく必要がある.

水生動物でも，タガメなどの水生昆虫類，トンボ類（幼虫），両生類，魚類，鳥類で農薬の影響が懸念されているが，動物は移動し，しかもその水田利用も一時的である生物が多いため，農薬の影響を証明するのが難しい（日鷹，1998）．また，農薬が生物に直接的に影響するのではなく，餌種を通して間接的に捕食者に摂取されたり，農薬によって餌種が減少し，それが捕食者に影響したりするため，動物に対する農薬の影響を評価するためには，食物連鎖（food chain）を通した農薬の影響を考慮しなくてはならないが，それらのプロセスを踏まえた評価までは行われていないのが現状である（Köhler & Triebskorn, 2013）.

水稲用殺虫剤としては，田面に散布する本田処理剤と田植えの直前にイネ幼苗に施用する（浸透させる）育苗箱施用剤がよく使用されている．近年になって，育苗箱に施用するフェニルピラゾール系ならびにネオニコチノイド系殺虫剤の影響が懸念されている．例えば，水田を代表するトンボ類で減少が指摘されているアカネ属のアキアカネでは，フェニルピラゾール系殺虫剤のフィプロニルやネオニコチノイド系殺虫剤のイミダクロプリドの影響を強く受けるという報告がある（神宮字ほか，2009）．さらにフィプロニルは，アカネ属の他の種やアオイトトンボ科の種にも影響する（神宮字ほか，2010）．一方，Nagai *et al.*（2012）は水生節足動物を対象にして種の感受性分布を用いた育苗箱施用剤（上記2剤）と本田処理剤（1剤）のリスク評価を行い，水生節足動物における生態リスクは育苗箱施用剤よりも本田処理剤の有機リン系殺虫剤であるフェニトロチオンの方で高く，田面の水中濃度で影響を受ける種の割合はフィプロニルで20%，イミダクロプリドで62%であるのに対し，フェニトロチオンで98%に上ることを報告した．育苗箱施用剤を止めて本田処理に切り替えれば良いという単純な話ではないことがわかる.

カエル類の個体数減少は国内に限らず，世界的に共通して見られる現象である（坂，2004）．現在使用されている除草剤は一般的に選択性が高く，植物には影響するが動物には効かない剤がほとんどであるが，大津ほか（2013）は，ニホンアマガエルの幼生（オタマジャクシ）に対する生態毒性が，育苗箱施用殺虫剤より水稲用除草剤インダノファン，エスプロカルブ，プレチラクロールの方で強いことを示した．ただし，これら除草剤の半数致死濃度（LC50）より田面水中の最高濃度は低いため，水田での生態リスクは低いとされたが，多くの個体が死亡に至る作用メカニズムまでは解明されていない．カエル類は，タガメや鳥類の主要な餌種となるため，食物連鎖を通した捕食者への影響も大きい．除草剤の直接的な影響によるカエル類の死亡だけでなく，その餌生物を介した間接的な影響にも注意が必要である．

ここまで水田を中心に農薬の影響を紹介してきたが，近年，陸域で問題になっているのが，世界各地で見られるミツバチの大量死である．また，働き蜂のほとんどが女王蜂や幼虫を残したまま巣を放棄して失踪する現象も見られ，蜂群崩壊症候群（Colony Collapse Disorder：CCD）と呼ばれている．これらの原因については諸説あるが，2012年にネオニコチノイド系殺虫剤の影響であるという研究成果が相次いで報告された（Henry *et al.*, 2012; Whitehorn *et al.*, 2012; Gill *et al.*, 2012）．さらに欧州食品安全機関（European Food Safety Authority）が実施したミツバチに対する殺虫剤のリスク評価の結果を受けて，EUでは2013年12月よりネオニコチノイド系殺虫剤3剤（クロチアニジン，イミダクロプリド，チアメトキサム）の使用を，さらに2014年3月よりフェニルピラゾール系殺虫剤フィプロニルの使用を全域で禁止した．これは2年間の暫定的な措置であり，その効果を踏まえて規制が見直される予定である．この規制は国家規模の壮大な野外実験とも言うべき出来事であり，今後の動向が注目される．

日本では農林水産省が養蜂家を対象としてミツバチの死亡について調査し，北日本で夏季に顕著な死亡が発生するもののCCDのような大量失踪は見られないこと，斑点米カメムシ（籾を吸汁して，玄米を斑点状に変色させるカメムシ類）の防除用に水田でイネ開花期に使用された殺虫剤が死亡の原因である可能性が高いこと（ネオニコチノイド系3成分，フェニルピラゾール系2成分，ピレスロイド系1成分および有機リン系1成分が死亡したミツバチから検出されたが，どの成分が影響したかまでは特定できていない）を2014年6月に公表した（http://www.maff.go.jp/j/press/syouan/nouyaku/140620.html）．同時に農林水産省は，巣箱の設置に際しては，ミツバチがカメムシ用殺虫剤に暴露する確率が高い場所や時期を避けること，また殺虫剤の散布に際しては，ミツバチが影響を受けやすい時間帯の回避やミツバチが暴露しにくい形態の農薬（粒剤等）の使用をそれぞれ養蜂家および稲作農家に指導するよう都道府県の関係部局に通知したが，EUのような特定農薬の使用規制は実施していない．

Box 6.1

農薬抵抗性の進化（自然選択による抵抗性遺伝子頻度の増加）

農薬抵抗性の進化は，集団遺伝学（population genetics）における自然選択の理論で抵抗性遺伝子や抵抗性個体の頻度の変化を計算することにより，予測が可能である．ここで，農薬抵抗性の遺伝様式が単一の遺伝子座における1対の対立遺伝子（R, r）によって支配され，完全優性する（抵抗性遺伝子Rと感受性遺伝子rのヘテロ接合体Rrが抵抗性のホモ接合体RRと等しい抵抗性を示す）場合を考えてみよう（単因子完全優性遺伝）．農薬による選択圧の強さをs（選択係数（selection coefficient）と呼ばれ，ここでは農薬を散布したときの抵抗性個体RRと感受性個体rrとの相対的な適応度（fitness；一定の期間で次世代に残す子孫の数）の差を指す），親集団における抵抗性遺伝子と感受性遺伝子の頻度をそれぞれp, qで表すと，完全無作為に交配する（交配する確率がどの遺伝子型でも等しい）集団における次世代の抵抗性遺伝子頻度は表のように計算される．1世代後の抵抗性遺伝子頻度の増分を示す式から，農薬の選択係数sが大きい（すなわち，農薬の防除効果が高い）ほど，農薬抵抗性が急速に発達することがわかる．

表　次世代における農薬抵抗性遺伝子頻度（単因子完全優性遺伝する無作為交配集団の場合）
Jasieniuk *et al.*, 1996を改変.

	遺伝子型			合計	抵抗性遺伝子の頻度
	RR	Rr	rr		
農薬散布前の集団における頻度（f）	p^2	$2pq$	q^2	1	p
農薬を散布した時の相対的適応度（w）	1	1	$1-s$		
農薬散布後の集団への貢献度（$=f\times w$）	p^2	$2pq$	$q^2(1-s)$	$1-sq^2$	
農薬散布後の集団における頻度	$p^2/(1-sq^2)$	$2pq/(1-sq^2)$	$q^2(1-s)/(1-sq^2)$	1	$p/(1-sq^2)$
1世代後の抵抗性遺伝子の増分（Δp）					$spq^2/(1-sq^2)$

6.4 農業活動に対する生物の適応進化

農業活動に対する生物の適応現象として最も顕著なものは農薬抵抗性（pesticide resistance）の発達である．同じ農薬を何度も繰り返して使用すると，防除対象である有害生物の集団がその農薬への抵抗性を獲得するため，農薬は効かなくなる．

農薬抵抗性の歴史は古く，世界で初めて報告されたのは1914年の米国におけるナシマルカイガラムシ（カンキツ類の害虫）の石灰硫黄合剤に対する抵抗性であるが，問題が深刻化したのは大量に使用された有機塩素系の殺虫剤DDT（ジクロロジフェニルトリクロロエタン）に対する抵抗性害虫が出始めた1950年代以降である（http://www.irac-online.org/）．1970年代以降になると，殺菌剤に対する抵抗性の報告が増え，その後もさまざまな殺虫・殺菌剤に対する抵抗性が報告された．一方，除草剤については1968年に米国でトリアジン系除草剤アトラジンに対する抵抗性雑草（ノボロギクとイヌビエ）の報告が最初であるが，殺虫・殺菌剤ほど問題は深刻化しなかった（http://www.weedscience.com）．しかし，1980年代になるとトリアジン系除草剤，1990年代よりSU剤に対する抵抗性雑草の報告が急激に増加した．日本では，トリアジン系除草剤が使用されるトウモロコシ，ソルガム，サトウキビの栽培が盛んでないため，この剤への抵抗性は問題にならなかった．しかし，SU剤は主要作物である水稲用として日本でも1990年代に広く普及した結果，1996年にはミズアオイで抵抗性が報告された（内野・岩上，2014）．現在までに，19種の雑草でSU剤抵抗性が確認されている．

農薬抵抗性は，生物が環境に順応するという個体レベルの変化ではなく，遺伝子レベルの変化を伴う進化現象である．すなわち，農薬が効かない抵抗性遺伝子が突然変異して（多くの場合，当該農薬を使用する前），農薬の使用によってその遺伝子を持っていた個体がそれを持っていない個体よりも多く生き残り（これは自然選択（natural selection）と呼ばれる），世代交代を繰り返すうちに，集団のほとんどがその遺伝子を持つようになるプロセスである（Box 6.1）．この農薬抵抗性の発達には，農薬抵抗性の遺伝様式，農薬による選択圧の強さ（選択係数），自然集団における抵抗性遺伝子の頻度（農薬使用開始時の初期値），農薬の選択圧がかからない条件における抵抗性個体の適応度，集団内および集団間の遺伝子流動など，さまざまな要因が影響する（Jasieniuk *et al*., 1996；内野・岩上，2014）．

進化というと，数千年から数万年のオーダーで起こる現象というイメージがあるかもしれない．近年，進化には短期間に起こる「迅速な進化（rapid evolution）」が存在し，人間が観察している時間スケールでの生態系の変動にも影響することが指摘されている（Hairston *et al*., 2005）．農薬抵抗性が進化する速度も速く，殺虫剤では最短で1年の使用期間で抵抗性が発達する（桐谷・川原，1970）．一般的に雑草は害虫に比べて世代交代にかかる時間が長い（短命な一年草でも1世代に1年かかる）ため，抵抗性が発達する速度も遅いことが予想されるが，SU剤抵抗性の場合では最短で5年程度で抵抗性が発達したと考えられる．Box 6.1で紹介した農薬抵抗性の理論モデルを用いて，抵抗性遺伝子が完全優性の場合の抵抗性個体（ここではRRとRr）の頻度を計算してみると，農薬による選択圧が高く（$s=0.99$），初期（当該農薬を使用する前）の抵抗性遺伝子頻度が1×10^{-8}であった場合では，5年（5世代）程度で農薬抵抗性が急速に発達することがわかる（図6.5a）．

農薬抵抗性が発達しないようにするには，作用機構の異なる複数の農薬をロー

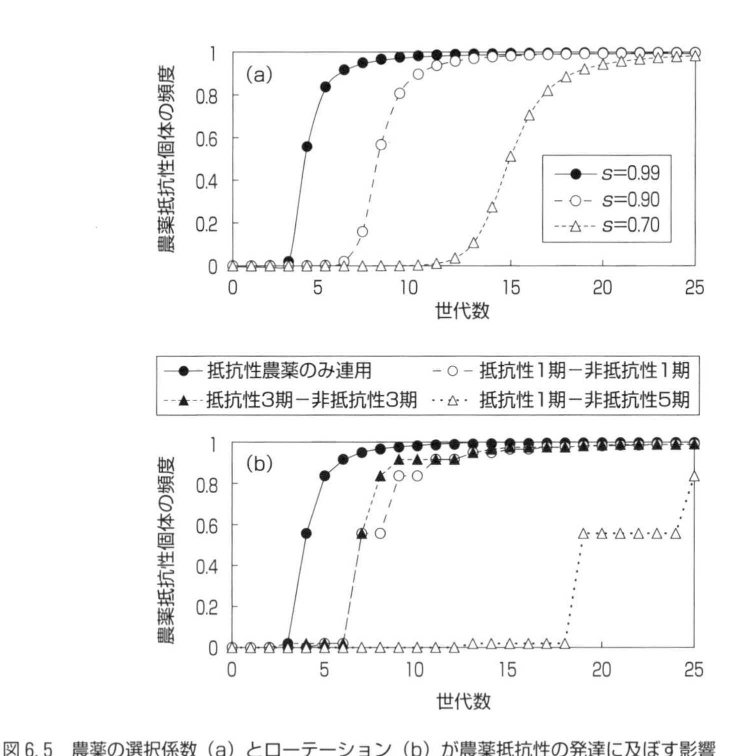

図6.5　農薬の選択係数（a）とローテーション（b）が農薬抵抗性の発達に及ぼす影響

ここで，農薬抵抗性個体とは抵抗性ホモ体（RR）と抵抗性ヘテロ体（Rr）の合計値を表す．農薬抵抗性が単因子完全優性遺伝し，抵抗性遺伝子頻度の初期値が1×10^{-8}の計算結果で，農薬のローテーションは抵抗性発現農薬の選択係数が0.99で，抵抗性発現農薬を使用しない条件では抵抗性個体と感受性個体の適応度が同等である場合の結果．Jasieniuk *et al*., 1996を改変．

テーションさせて特定の農薬の連用を避けることが有効であると考えられている．このローテーションの効果を同じ理論モデルで計算してみよう．抵抗性が発現した農薬を使用しない条件では抵抗性個体と感受性個体の適応度が同等であるという報告が多い．この場合では，抵抗性が発現していない農薬を使用している期間の遺伝子頻度が変化しないため，2 剤による短期間のローテーションでは発達速度はやや遅くなるものの，容易に集団中に広がってしまう（図 6.5b）．この発達を抑止するためには，抵抗性未発達の農薬を使用する期間をかなり長くする必要があり，実施が困難な場合も多い．一方，抵抗性遺伝子の優性が不完全な（ヘテロ接合体 Rr がホモ接合体 RR と rr の中間的な抵抗性を示す）場合は，Rr を防除するため，rr を防除する標準量より高い薬量で農薬を散布するとともに，感受性個体 rr の保護区（休耕地など，当該農薬を使用しない場所）を設けて RR と rr を自然交配させ，防除可能な個体 Rr の頻度を高めることで，抵抗性の発達を遅延させる高薬量／保護区戦略（high dose-refuge strategy）が有効である（鈴木，2012）．ただし，この方法では農薬が多量に使用されるので，生態系への影響に注意が必要である．

ここまでは病害虫・雑草における農薬抵抗性を紹介したが，この抵抗性は防除の対象ではない野生生物でも発達する可能性がある．Cothran *et al.*（2013）は，アメリカアカガエルで有機リン系殺虫剤クロルピリホスに対する抵抗性を調べ，農地に近い集団ほど抵抗性も高いことを報告した．このような野生生物における農薬抵抗性の報告はまだ少ないが，単に実態調査が不十分なだけかもしれないので，今後の研究が期待される．

農地では農薬抵抗性の発達以外にも，植物（作物）とそれを食べる動物（植食性昆虫），さらにはその動物を食べる動物（肉食性昆虫）や寄生する動物（寄生虫）との間の共進化（coevolution：生物間で双方に影響を与えながら両者が進化すること）など，さまざまな進化が起こっている．このような進化のプロセスを解明することは，農業生産を安定化させる技術を開発する上でも重要である．したがって，農業生態系は進化を解明する基礎研究の場であるだけでなく，基礎研究の成果を農業生産に役立てる応用研究の場としても格好の研究対象であると言えよう．

6.5 農業と野生生物の共生を目指して

化学肥料・農薬を使用する集約的農業の普及によって，農業生産性は向上したが，その一方で新たな問題も発生した．とくに防除効果が高く，しかも幅広い昆虫類に対して殺虫性を示すBHC（ベンゼンヘキサクロリド）やDDTなどの有機塩素系殺虫剤が登場してからは，先に紹介した農薬抵抗性の発達とは異なるプロセスで，農薬散布後に一部の害虫が異常に大発生するという現象が各地で見られるようになった（Ripper, 1956）．この現象は「誘導異常発生」または「リサージェンス（resurgence）」と呼ばれ，主な原因は農薬が害虫だけでなく天敵（natural enemy）までを殺してしまうことである．そのプロセスには，農薬散布後に生き残った害虫が天敵のいない状態で激増するケースと，天敵によって低密度に抑えられていたため，作物を利用していなかった昆虫が天敵のいない状態で高密度になることによって害虫化するケースがある．

この問題は「殺虫剤の逆理（pesticide paradox）」として知られ，農薬抵抗性の問題と併せて，農薬に過度に依存するリスクを広く認識させることになり，その後，生態系や自然環境に配慮した農業技術の進展を促した．その例として，総合的病害虫・雑草管理（integrated pest management：IPM）と環境保全型農業（environment-friendly farming）を紹介する．

6.5.1 総合的病害虫・雑草管理（IPM）

IPMは，農林水産省の定義によれば「病害虫の発生状況に応じて，天敵（生物的防除）や粘着板（物理的防除）等の防除方法を適切に組み合わせ，環境への負荷を低減しつつ，病害虫の発生を抑制する防除技術」とされている（http://www.maff.go.jp/j/syouan/syokubo/gaicyu/）．すなわち，病害虫や雑草の防除を農薬（化学的防除）だけに依存するのではなく，病害虫抵抗性品種の利用や輪作などによって病害虫・雑草の発生しにくい環境を整え，フェロモントラップ（害虫を誘引する揮発成分を仕掛けて害虫を捕獲する装置）などを利用して病害虫の発生予察を行うとともに，他の防除技術を化学的防除と適切に組み合わせることで，病害虫の密度を経済的被害が生じるレベル以下に抑えるための総合的な管理技術である．日本におけるIPMの歴史については，桐谷（2004）に詳しい．

桐谷（2004）は，IPMの概念をさらに発展させ，生物多様性の保全までをも視野に入れた総合的生物多様性管理（integrated biodiversity management：IBM）を提唱している．IPMでは病害虫の密度を経済的被害の許容水準以下に管理するのに対し，IBMではこの管理目標に加えて，希少種の密度を絶滅限界密度以上に保全することを目標とする．またIPMでは，害虫と天敵（益虫）との関係を重視したのに対し，IBMではさらに害虫でも益虫でもない「ただの虫」も含め，農地を利用する生物と作物生産の「共存」を図る．

このIBMは農地における希少種の保全を目標にしているものの，そこには解決すべき問題がある．そもそも農地は農業生産のための場であり，IPMも天敵などを利用した防除による農業生産と農家経営が基本である．IBMによって希少種を保護するための管理を実施する場合，農業生産に直接結びつかない作業が必要となるため，それ相応の費用が発生する．問題はこの費用を誰が支払うのかである．農業は農家が生計を立てるための手段であり，経済性を無視した希少種の保護では農家に受け入れてもらえない．IBMを実践するためには，農地において安価に希少種を保護する管理技術を開発するとともに，保護のための費用を農家以外の者が支払う仕組み（例えば，国の交付金や栽培作物のブランド化など）をつくることが，今後の課題である．

6.5.2 環境保全型農業

環境保全型農業は，農林水産省の定義によれば「農業の持つ物質循環機能を生かし，生産性との調和などに留意しつつ，土づくり等を通じて化学肥料，農薬の使用等による環境負荷の軽減に配慮した持続的な農業」とされている（http://www.maff.go.jp/j/seisan/kankyo/hozen_type/）．これに該当する農業の種類はさまざまで，農薬を全く使用しない有機農業（詳細はhttp://www.maff.go.jp/j/jas/jas_kikaku/yuuki.html）から，アイガモなどの小動物を田面で飼育するアイガモ農法，紙製の被覆シートを田面に敷き詰める紙マルチ農法などがある．環境保全型農業とIPMは，両者ともに「環境負荷の低減」が定義に含まれるため，共通する部分（化学農薬の低減など）がある．しかし，IPMが「環境負荷の低減」よりも適切な病害虫・雑草防除を主要な目標として位置づけているのに対し，環境保全型農業は「環境負荷の低減」そのものを目標としている点が異なる．

環境保全型農業は化学肥料・農薬の使用を低減するため，生物多様性を保全す

表 6.2　関東地域の水田における指標生物とその調査法および評価スコア
農林水産省農林水産技術会議事務局ほか，2012 を改変.

指標生物名	調査法	単位	スコア		
			0点	1点	2点
アシナガグモ類	捕虫網による すくい取り	20 回振り×2 か所の合計個体数	5 匹未満	5 匹以上 15 匹未満	15 匹以上
コモリグモ類	イネ株見取り	イネ株 5 株×4 か所の合計個体数	3 匹未満	3 匹以上 9 匹未満	9 匹以上
アカネ類（羽化殻または成虫）またはイトトンボ類成虫§	畦畔ぎわ見取り	畦畔ぎわ 10 m×4 か所の合計個体数	1 匹未満	1 匹以上 3 匹未満	3 匹以上
ダルマガエル類またはアカガエル類§	畦畔見取り	畦畔 10 m×4 か所の合計個体数	3 匹未満	3 匹以上 9 匹未満	9 匹以上
水生コウチュウ類と水生カメムシ類の合計	たも網による 水中すくい取り	畦畔ぎわ 5 m×4 か所の合計個体数	1 匹未満	1 匹以上 3 匹未満	3 匹以上

§ この中で 1 種類を選んで調査する.

る効果も期待できる．農林水産省農林水産技術会議事務局ほか（2012）は，環境保全型農業が生物多様性を保全する効果を評価する手法を開発し，その調査や評価の方法をマニュアルにまとめて公開した（http://www.niaes.affrc.go.jp/techdoc/shihyo/index.html）．この評価手法では，環境保全型栽培（化学肥料・農薬を不使用または低減）と慣行栽培（化学肥料・農薬を使用）との間で生息個体数が統計的に異なる指標生物を地域別に選定し，指標生物ごとに個体数に基づいて定められたスコアを合計した総スコアによって環境保全型農業の保全効果を総合的に評価する（表 6.2）．この手法は天敵となる昆虫類が指標生物の主体であり，農地の生物多様性を網羅的に評価しているわけではないが，環境保全型農業のように集約度の低い栽培方法を実施することによって，生物多様性保全と農業生産の調和を図る道が存在することを示唆している．このような生物多様性の客観的評価を活用すれば，地域の作物のブランド化など，付加価値をつけた販売も可能であり（すでに，三重県御浜町尾呂志地区におけるマニュアルの活用例もある），今後の発展が期待される．

6.5.3 ランドシェアリング（環境保全型農業）とランドスペアリング（集約的農業と保護区の分割）

環境保全型農業だけで，農地における生物多様性のすべてを保全することが可能だろうか．あるいは，それが経済的にも成立する戦略なのだろうか．環境保全型農業は，環境への負荷を軽減する反面，農業生産性（面積あたりの収量）が低下するか，収量を維持するために労働コストは増大することが指摘されている（Seufert *et al.*, 2012）．生産性の低下が著しい場合，一定の収量を獲得するために農地を新たに開発するケースさえも発生する．それならば，あえて高度に集約的な農業生産を実施し，少ない面積で必要な収量を獲得してしまえば，余った農地を生物の保護区として活用することができる．環境保全型農業のみによって生物多様性保全を実施する戦略はランドシェアリング（land sharing），集約的農業と保護区の分割によって保全を実施する戦略はランドスペアリング（land sparing）と呼ばれ，どちらが適正なのかについて国際的にも議論が盛んになっている（Green *et al.*, 2005）．理論的には，農地に生息する種ごとに収量に対する個体数あるいは密度（生物量）をプロットして，上に凸の収量-生物量曲線であればランドシェアリングが，下に凸の収量-生物量曲線であればランドスペアリングが適

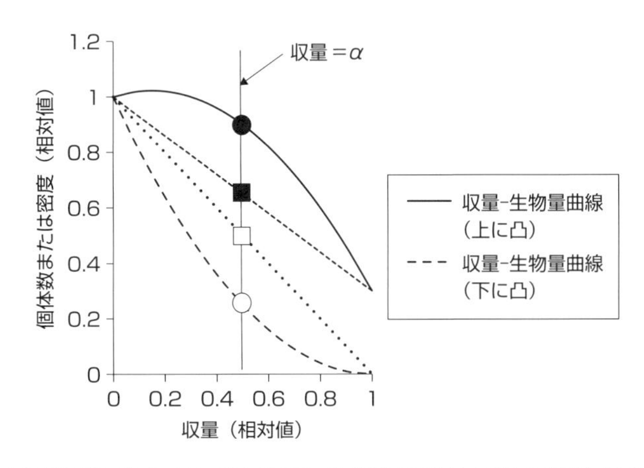

図 6.6 収量-生物量関係に基づくランドスペアリング（集約的農業と保護区を分割）とランドシェアリング（環境保全型農業）の保全成功度

収量は全域で集約的農業をしたときの値を 1 とする相対値で，目標収量を α（$0<\alpha<1$）とする．収量-生物量曲線が上に凸（図中の実線）の場合は，面積割合 α で集約的農業（収量＝1）を行い，残りの面積（$1-\alpha$）を保護区（収量＝0）とするランドスペアリングによる保全成功度は，収量-生物量曲線の両端を結ぶ直線（弦）と収量＝α の交点■で示される．このとき，全域で環境保全型農業（収量＝α）を実施するランドシェアリングによる保全成功度は●で示され，ランドスペアリングよりランドシェアリングの保全成功度が高くなる．一方，収量-生物量曲線が下に凸（図中の破線）の場合，ランドスペアリング（□）よりランドシェアリング（○）の方が保全成功度は低くなる．Green *et al.*, 2005 を改変．

正と判断される（図6.6）.

ランドシェアリングとランドスペアリングのどちらが適正かは，保全の対象とする生物によって異なる．農地を利用する種（farmland species）であっても，農業への依存の仕方と強さには種特性があり，農業がなければ生存できないほど農地への依存度が高い生物であれば，ランドシェアリングが選択されるだろう．逆に，自然生態系が生活の本拠地であり，農地の利用が一時的でその依存度も低い種であれば，ランドスペアリングが選択される．しかし，収量と生物量との関係には，地域の土地利用パターン（農地が占める面積割合）や農業形態（栽培作物の種類と多様性）が影響するため，現地調査の結果に基づいて判断する必要がある．さらに，実際の意志決定は，生物側の問題だけで決まるのではなく，社会経済的状況（人口動態，農家の経営規模など）も影響するため，単純にどちらがよいかという二者択一の問題ではなく，両者の戦略を地域内で混合することも有効である（Fisher *et al.*, 2008）．したがって，実効性のある保全を実現するためには，地域ごとに保全対象生物の農地利用特性，地域の土地利用パターンおよび社会経済的状況に基づく総合的な評価を行い，ランドシェアリングとランドスペアリングの最適な空間配置を考えることが望まれる．

引用文献

Aida, M., Ikeda, H., Itoh, K., *et al.*（2006）Effects of five rice herbicides on growth of two threatened aquatic ferns. *Ecotoxic. Environ. Saf.*, **63**, 463-468.

Amano, T., Székely, T., Koyama, K. *et al.*（2010）A framework for monitoring the status of populations: an example from wader populations in the East Asian-Australasian flyway. *Biol. Conserv.*, **143**, 2238-2247.

Cothran, R. D., Brown, J. M. & Relyea, R. A.（2013）Proximity to agriculture is correlated with pesticide tolerance: evidence for the evolution of amphibian resistance to modern pesticides. *Evol. Appl.*, **6**, 832-841.

江崎保男・田中哲夫編（1998）『水辺環境の保全―生物群集の視点から―』朝倉書店.

Fischer, J., Brosi, B., Daily, G. C. *et al.*（2008）Should agricultural policies encourage land sparing or

wildlife-friendly farming? *Front. Ecol. Environ.*, **6**, 380-385.
Gill, R. J., Ramos-Rodriguez, O. & Raine, N. E.（2012）Combined pesticide exposure severely affects individual- and colony-level traits in bees. *Nature*, **491**, 105-108.
Green, R. E., Cornell, S. J., Scharlemann, J. P. W. *et al.*（2005）Farming and the fate of wild nature. *Science*, **307**, 550-555.
Hairston, Jr. N. G., Ellner, S. P., Geber, M. A. *et al.*（2005）Rapid evolution and the convergence of ecological and evolutionary time. *Ecology Letters*, **8**, 1114-1127.
Hanski, I. & Gilpin, M. E.（1997）*Metapopulation Biology: Ecology, Genetics, and Evolution*, Academic Press.
Henry, M., Béguin, M., Requier, F. *et al.*（2012）A common pesticide decreases foraging success and survival in honey bees. *Science*, **336**, 348-350.
日鷹一雅（1998）水田における生物多様性保全と環境修復型農法．日本生態学会誌，**48**, 167-178.
平舘俊太郎・森田沙綾香・楠本良延（2008）土壌の化学特性が外来植物と在来植物の住み分けに与える影響．農業技術，**63**，469-474.
Jasieniuk, M., Brûlé-Babel, A. L. & Morrison, I. N.（1996） The evolution and genetics of herbicide resistance in weeds. *Weed Sci.*, **44**, 176-193.
神宮字寛・上田哲行・五箇公一ほか（2009）フィプロニルとイミダクロプリドを成分とする育苗箱施用殺虫剤がアキアカネ幼虫と羽化に及ぼす影響．農業農村工学会論文集，**77**，35-41.
神宮字寛・上田哲行・角田真奈美ほか（2010）耕作水田におけるフィプロニルを成分とした箱施用殺虫剤がアカネ属に及ぼす影響．農業農村工学論文集，**267**，79-86.
環境省生物多様性総合評価検討委員会（2010）『生物多様性総合評価報告書』環境省自然環境局.
環境庁自然保護局編（2000）『改訂・日本の絶滅のおそれのある野生生物８　植物Ｉ（維管束植物）』財団法人自然環境研究センター.
加藤元海（2012）湖沼のレジームシフト.『淡水生態学のフロンティア』175-183，共立出版.
桐谷圭治（2004）『「ただの虫」を無視しない農業：生物多様性管理』築地書館.
桐谷圭治編（2010）『田んぼの生きもの全種リスト　改訂版』農と自然の研究所・生物多様性農業支援センター.
桐谷圭治・川原幸夫（1970）殺虫剤抵抗性の発達に及ぼす環境要因の影響．植物防疫，**24**，474-478.
小林浩幸・山本 眞・國弘 実（2006）農村地域における水生植物の生育地の水質．雑草研究，**51**，133-138.
Köhler, H.-R. & Triebskorn, R.（2013）Wildlife ecotoxicology of pesticides: Can we track effects to the population level and beyond? *Science*, **341**, 759-765.
Luo, X.-Y. & Ikeda, H.（2007）Effects of four rice herbicides on plant growth of an aquatic fern *Marsilea quadrifolia* L. *Weed Biol. Manag.*, **7**, 237-241.
前川文夫（1943）史前帰化植物について．植物分類・地理，**13**，274-279.
Matsumura, T. & Takeda, Y.（2010）Relationship between species richness and spatial and temporal distance from seed source in semi-natural grassland. *Appl. Veg. Sci.*, **13**, 336-345.
Millennium Ecosystem Assessment（2005）*Ecosystems and Human Well-Being*, Island Press.（http://www.maweb.org/en/index.aspxd）
Mishima, S., Endo, A. & Kohyama, K.（2009）Recent trend in residual nitrogen on national and regional scales in Japan and its relation with groundwater quality. *Nutr. Cycl. Agroecosyst.*, **83**, 1-11.
Mishima, S., Endo, A. & Kohyama, K.（2010）Recent trends in phosphate balance nationally and by region in Japan. *Nutr. Cycl. Agroecosyst.*, **86**, 69-77.

守山 弘（1997）『水田を守るとはどういうことか：生物相の視点から』農山漁村文化協会.

永井孝志・稲生圭哉・横山淳史ほか（2010）11種の水稲用除草剤の確率論的生態リスク評価. 日本リスク研究学会誌, **20**, 279-291.

Nagai, T. & Yokoyama, A.（2012）Comparison of ecological risks of insecticides for nursery-box application using species sensitivity distribution. *J. Pestic. Sci.*, **37**, 233-239.

農林水産省農林水産技術会議事務局・農業環境技術研究所・農業生物資源研究所（2012）『農業に有用な生物多様性の指標生物調査・評価マニュアル』農林水産省農林水産技術会議事務局・農業環境技術研究所・農業生物資源研究所

大津和久・稲生圭哉・大谷 卓（2013）ニホンアマガエル（*Hyla japonica*）幼生（オタマジャクシ）の水稲用農薬数種に対する感受性. 環境毒性学会誌, **16**, 69-78.

Okamoto, Y., Fisher, R. L., Armbrust, K. L. *et al.*（1998）Surface water monitoring survey for bensulfuron methyl applied in paddy fields. *J. Pestic. Sci.*, **23**, 235-240.

Ripper, W. E.（1956）Effects of pesticides on the balance of arthropod populations. *Annu. Rev. Entomol.*, **1**, 403-438.

坂雅 弘（2004）両生類保全のための環境毒性学. 爬虫両棲類学会報, 2004, 82-92.

Scheffer, M., Carpenter, S., Foley, J. A. *et al.*（2001）Catastrophic shifts in ecosystems. *Nature*, **413**, 591-596.

Seufert, V., Ramankutty, N. & Foley, J. A.（2012）Comparing the yields of organic and conventional agriculture. *Nature*, **485**, 229-232.

鈴木芳人（2012）殺虫剤抵抗性管理の原理. 植物防疫, **66**, 380-384.

高橋英一（1990）肥料の社会史（2）：自給肥料の時代. 農業および園芸, **65**, 678-682.

内野 彰・岩上哲史（2014）水田雑草におけるスルホニルウレア系除草剤抵抗性の出現とその生態. 日本農薬学会誌, **39**, 58-62.

Whitehorn, P. R., O'Connor, S., Wackers, F. L. *et al.*（2012）Neonicotinoid pesticide reduces bumble bee colony growth and queen production. *Science*, **336**, 351-352.

山口裕文・梅本信也・前中久行（1998）伝統的水田と基盤整備水田における畦畔植生. 雑草研究, **43**, 249-257.

Yamamura, K. & Yokozawa, M.（2002）Prediction of the geographical shift in the prevalence of rice stripe disease trasmitted by the small brown planthopper, *Laodelphax striatellus*（Fallen）（Hemiptera: Delphacidae）, under global warming. *Appl. Entomol. Zool.*, **37**, 181-190.

Yamamura, K., Yokozawa, M., Nishimori, M. *et al.*（2006）How to analyze long-term insect population dynamics under climate change: 50-year data of three insect pests in paddy fields. *Popul. Ecol.*, **48**, 31-48.

第7章　林業の特性と生物の多様性

尾崎研一

7.1 はじめに

森林は世界の陸地面積の3割にすぎないが，そこに陸上生物種の約80%が生息すると推定されている．そのため，森林の消失や改変は多くの生物に影響を与える．人間活動は森林を伐採して得た木材を利用するとともに，伐採後の土地を農地等に利用することにより，大規模な森林の消失をもたらしてきた．2005年に出版された国連のミレニアム生態系評価によると，世界の森林面積は過去30年の間に約半分に減少している．しかしながら，森林は基本的に再生可能な資源であるため，適切に管理，利用すれば，森林を失うことなく継続的に木材を生産することができる．そのためには，伐採だけでなく樹木の植栽や保育等を行うが，その結果，森林の構造に変化が生じる．特に特定の樹種を大面積に植栽する人工林の造成は，森林の構造と遷移（時間的な構成種の移り変わり）に大きな変化をもたらすため，そこに生息する生物への影響が大きい．本章では林業活動による森林への働きかけのうち，人工林の造成が生物に与える影響についてみていく．

国際連合食料農業機関（FAO）の定義によれば，人工林（plantation または planted forest）とは「1種以上の樹種の植栽または播種（種をまくこと）により成立した林」である．一般に，特定の樹種の収穫を目的としているが，水土の保全や防風のために作られるものもある．通常，単一樹種，同一年齢の樹木から成り立っている．本章では，まず，世界および国内における人工林の現状について概説する．そして，人工林における生物の種多様性の実態を，他の土地利用，特に天然林との比較により説明し，天然林との違いが起きる原因について，それぞれの要因を検討する．次に森林のように長期間，存在するものを扱う場合，その時間的な変化を考えることが重要である．そこで，人工林の造成から伐採までの間の林齢に伴う種多様性の変化をみていく．最後に，人工林の特徴である樹木の植栽に関して植栽樹種の違いの影響を説明し，その中でも特に生物多様性保全上問題となる，外来樹種の植栽について解説する．

Box 7.1

生物多様性への影響を測る尺度

一般に生物多様性は遺伝的多様性，種多様性，生態系多様性の3つからなる．このうちの種多様性には種数や個体数といった測定しやすい尺度があるため，最も取り扱いが容易である．特に種数は生物多様性の状態を把握する基本的な情報であり，地域間で種多様性を比較する最も簡単な指標である．しかし，種数が多いことが必ずしも生物多様性保全上重要だという訳ではない．例えば，小笠原諸島のような海洋島は一般に種数が少ないが，そのほとんどが，そこにしか生息しない固有種であるため，種数が少なくても保全上貴重である．このような場合には，種数だけでなく種構成（どのような種が生息するのか，その内訳）を考慮する必要がある．

7.2 人工林の現状

世界には140百万haの人工林があり，その面積は年々2〜3百万haずつ増加している．これらの人工林が全森林面積に占める割合は4%に過ぎないが，天然林の面積が減少する中で，木材生産や生物多様性保全の場として，人工林の重要性が注目されている．実際，人工林からは世界の木材生産量の35%が供給されている．人工林の60%が中国，インド，ロシア，米国の4カ国にあり，植栽樹種としてはマツ属とユーカリ属樹木が全体の30%を占める．世界の人工林の約半分が木材生産を目的とする産業植林（industrial plantation）で，これらは同一樹種，同一年齢の木が規則的に配置されている典型的な人工林である．材積成長量は通常，天然林よりも高い．人工林造成のこれ以外の目的は薪炭用，水土保全，二酸化炭素吸収，防風等である．

日本での人工林の歴史は古く，室町時代にすでに京都近郊でスギの造林が行われていたといわれている．第二次世界大戦前までの日本は，里山に薪炭林や農用林が，それよりも少し奥山にはスギやヒノキ等の人工林が多く見られた．そしてさらに奥には広葉樹を中心とした天然林が広がっていたといわれている．しかし，戦後の復興期から高度成長期に木材の需要が著しく拡大したため，成長速度

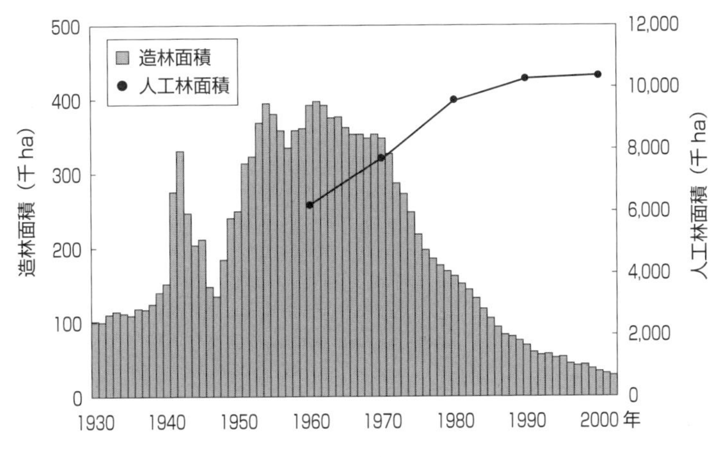

図 7.1 日本の人工林面積と造林面積の推移 日本統計協会，2006 より作成．

が遅く経済価値の低い広葉樹天然林を伐採して，成長速度が速く経済価値の高い針葉樹人工林を造成する拡大造林政策が 1954 年から進められた．その結果，わずか 20～30 年の間に全森林面積に対する人工林の割合は 20% から 40% に倍増した．この高い人工林率は日本の森林の特徴である．これらの人工林の 7 割がスギ・ヒノキ林である．しかし，その後の長期的な木材需要の落ち込みにより，造林面積は 1970 年代以降減少し，最近では年間 3～6 万 ha にとどまっている（図 7.1）．そのため，人工林の多くは 1950 年代後半から 70 年代前半に造成されたもので，現在では間伐が必要な林齢にある．しかし，木材価格の落ち込みによる経営意欲の低下や林業従事者の高齢化によって，間伐等の保育が行き届いていない状態にある．間伐等の保育が人工林の生物に及ぼす影響については 7.4.3 項で述べる．

Box 7.2

森林の種類

森林には人為的な影響の受け方によって様々な呼び方がある．まず，原生林は伐採等の人為的影響をほとんど受けていない森林である．一方，原生林が伐採や山火事等によって破壊された後に自然にできる森林を二次林という．また，林業的には，天然林とは自然の力でできた森林のことを言い，人工林に対比して使われる言葉である．この天然林には原生林と二次林の両方が含まれる．

7.3 人工林の種多様性

人工林は一般に生物多様性が乏しいと考えられている．実際，鳥類の種多様性を人工林と天然林で比較した多数の研究をまとめた結果からは，人工林の方が鳥類の種数が少ないことが分かっている（Najera & Simonetti, 2010）．また，国内のスギ人工林でも，蝶やカミキリムシ等いくつかの昆虫群の種数と個体数は，広葉樹天然林よりも少ない（前藤 & 槇原，1999）．しかしその一方で，人工林には絶滅危惧種を含む多様な種が生息することも分かっている．例えばブラジル，アマゾンの原生林を伐採した後にできた二次林と外来樹種人工林で15の生物群を調べた結果，5つの生物群では二次林の方が人工林よりも種数が多かったが，それ以外の10の生物群では明らかな違いがなかった（図7.2）．また，国内で人工林の林床植物を調べた研究のように，天然林よりも人工林の方が種数が多い場合もある（Igarashi & Kiyono, 2008）．このことは森林の発達段階とも関係するが，それについては7.5節で触れる．さらに人工林を同じ生産的土地利用である農地等と比べると，人工林は生物の生息場所として変異に富む．例えば，ニュージーランドで行われた研究では，在来植物種の種数は天然林，人工林，草地／牧草地の順に少なくなり，逆に外来植物種の割合はこの順に増加した（図7.3）．従って，農地や牧草地を人工林に転換した場合は，在来種の種数が豊富になる．ただし，人工林とそれ以外の土地利用の間には，種数だけでなく種構成にも違いがある．例えば，人工林に生育する植物は，天然林と比べて雑草等の遷移初期種が多い．また草原に人工林を造成すると，元の草原に成立していた固有の生物群集が消失する．

人工林の造成は，渓流に生息する水生昆虫にも影響を与える．高知県での研究では，老齢天然林内を流れる渓流と，針葉樹人工林内を流れる渓流に生息する水生昆虫の科の数や全個体数には違いがなかったが，科の構成には顕著な違いがあり，特にシタカワゲラ科（Taeniopterygidae）とナガレアブ科（Athricidae）の昆虫は老齢天然林にしか生息していなかった（Yoshimura, 2007）．この違いの原因としては，人工林の造成によって渓流の水質，落葉量，光環境が変化したためではないかと考えられる．

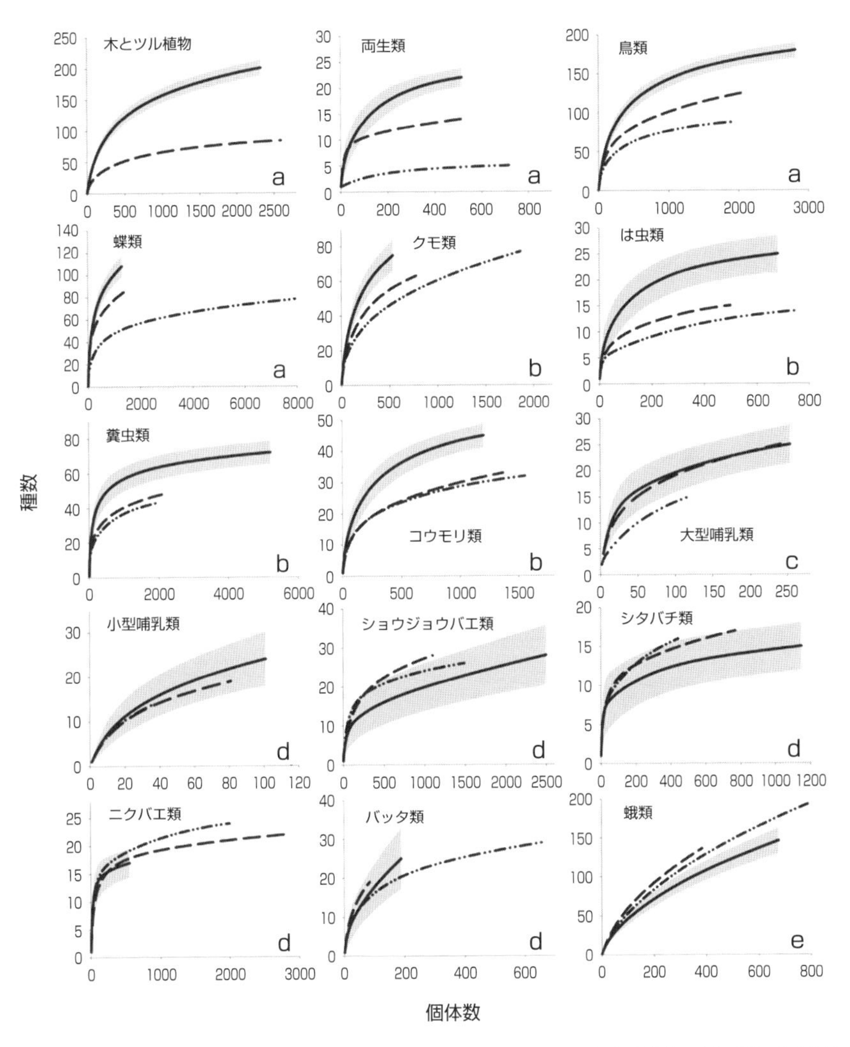

図 7.2 ブラジル，アマゾンの原生林（実線）と，その伐採後にできた二次林（破線）および外来樹種人工林（二点鎖線）における各生物群の種数累積曲線

通常，種数（縦軸）はサンプリングした個体数（横軸）とともに増加し，ある値で頭打ちになる．頭打ちになる前の段階で種数を比較するにはこの図のような種数累積曲線を描き，その上下関係を調べる．a と c で示した 5 つの生物群では二次林の方が人工林よりも生息する種数が多かったが，それ以外の 10 の生物群では明らかな違いがなかった．Barlow *et al.*, 2007 を改変．

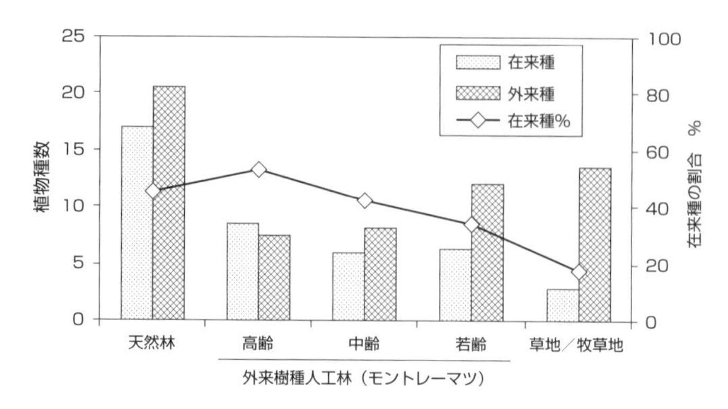

図7.3　ニュージーランドの天然林，外来樹種（モントレーマツ）人工林，草地／牧草地に生育する植物種数とそのうちの在来種の割合

外来樹種人工林は林齢で3段階（高齢，中齢，若齢）に区分している．Ecroyd & Brockerhoff, 2005を改変．

7.4 人工林の種多様性に影響する要因

では，どうして人工林は天然林よりも生物の生息場所として不適なのだろうか．その原因としては以下の3つを挙げることができる．

7.4.1 樹種，構造が単純

第一に，人工林には単一樹種，単一年齢の樹木が規則正しく植栽されているため，樹種と構造が単純である．樹種の多様性については，日本の多くの地域で，本来の植生は多様な広葉樹が主体であり，本来の生物相はその上に成り立っている．そこに広大な針葉樹の人工林を造成したために生物相が単純化しているところが多い（藤森，2006）．また，一般に動物は直接的，間接的に植物に依存しているので，植物の多様性が低いと動物の多様性も低下すると考えられる．山梨県のカラマツ（*Larix kaempferi*）人工林と広葉樹天然林の昆虫群集を調べた研究では，ゾウムシ科の昆虫の種数は木本植物の種数が多いほど多く（Ohsawa, 2005），ハムシ科の昆虫の種数は林床植物種の種数が多いほど多くなる（Ohsawa & Nagaike, 2006）．また，針葉樹人工林に生息する鳥類の種数は，混生する広葉樹が多いほど多い（山浦，2007）．

次に構造の多様性については，森林には高木層，低木層，草本層といった垂直

図 7.4　構造が単純な人工林（左図）と，構造が複雑な天然林（右図）

方向の階層構造があり，草地のように草本層しかない環境よりも階層構造が複雑である．この複雑な階層構造が多くの生物に生息場所を提供する．しかし，人工林では高木層以外の樹木を取り除く上に，林内の明るさが平均的に暗いため，階層構造が単純になる（図 7.4）．一般に各階層が均等に発達している森林ほど鳥類の種多様性が高いことが知られている．これは，各階層を異なる種が利用することで様々な種が生息できるためだと考えられる．実際，鳥類を対象とした研究をまとめた結果では，階層構造が複雑な人工林の方が，単純な人工林よりも種数，個体数が多い（Najera & Simonetti, 2010）．

樹種と構造の複雑さが生物に与える影響を実験的に調べた研究として，単一植栽と混交植栽（複数の樹種を混ぜて植えること）を比較したものがある．混交植栽は単一植栽よりも葉群構造が複雑であるため，林内に注ぐ光の場所間の違いが大きい．このような明るさのばらつきは，様々な植物が共存できる要因となる．人工林と天然林の種多様性を比較した研究では，単一植栽の人工林は天然林よりも種多様性が低くなることが多いが，混交植栽の人工林は天然林と違いがないことが多い（Stephens & Wagner, 2007）．しかし，熱帯で 2～3 樹種をそれぞれ単一植栽した区と，そのうちの 2 種ずつを混ぜて植栽した区を比較した実験では，混交植栽による木本植物の種数の増加はなかった（Parrotta, 1995）．また，オーストラリア東部では，熱帯降雨林を伐採した後に混交植栽の人工林を数千 ha にわたり造成したが，そこでの熱帯降雨林に依存する鳥類の種数は，単一植栽の人工林よりも少し多いものの，熱帯降雨林に比べるとずっと少ない（図 7.5）．この原因としては混交植栽（この場合は 6～20 樹種を混ぜて植栽）と言えども，数百種

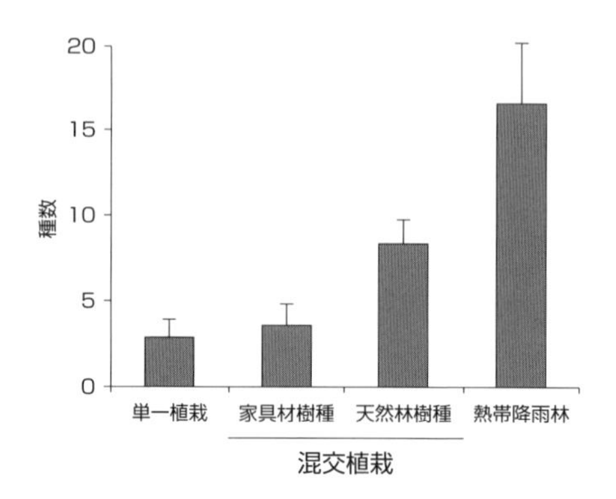

図7.5　オーストラリア，クイーンズランド州における単一植栽と混交植栽（家具材樹種または天然林樹種）の人工林，および熱帯降雨林に生息する，熱帯降雨林に依存する鳥類の種数の平均値と標準誤差
Kanowski *et al.*, 2005 を改変.

もの樹種が生育する天然林と比べると構造がずっと単純であることが考えられる（Kanowski *et al.*, 2005）.

7.4.2 林齢が若い

第二に，人工林は効率的な木材生産のため，通常，後述する老齢段階に達する前に伐採される．そのため，老齢林にみられる立ち枯れ木や倒木等の枯死木，発達した土壌，樹洞（木にできた洞）のある大木がないため，これらの老齢林に特徴的な構造物を利用する生物が人工林に生息することは困難である．樹洞の中で営巣，越冬する多くの哺乳類や鳥類にとって樹洞は必須のものである．そのため，樹洞のない人工林は生息に適した場所ではない．実際，人工林は天然林と比べて樹洞営巣性鳥類の種数と個体数が少ない（山浦，2007）．オーストラリアでは，樹上性有袋類の利用に適した樹洞がユーカリ属の樹木に形成されるには数百年かかるが，これは人工林の伐採間隔よりもずっと長期間である（Lindenmayer & Hobbs, 2004）.

生活史の一部において，枯死木や衰弱木およびそれに生息する菌類に依存する昆虫を「枯死材性昆虫（saploxylic insect）」と呼ぶ．これらの昆虫にとって，枯死木の少ない森林は好適な生息場所ではない．ヒメハナカミキリ属等のカミキリムシには，幼虫が大径木の厚い内樹皮を食べ，その後，湿った落葉層の中で蛹化する種がいる．これらの老齢林に特徴的な環境を必要とする種は，人工林にはほと

んど生息しない (Maeto *et al.*, 2002). また, 老齢林に特徴的な構造物の重要性を示す研究として, 人工林内に伐採されずに残存した木 (retention tree) の影響を調べたものがある. それによると, カラマツ人工林内に残された樹齢200年以上のミズナラ孤立木は, 稀少種を含む枯死材性昆虫の生息場所として機能していた (Ohsawa, 2007).

Box 7.3

人工林の作業体系

人工林を造成し管理するための作業は以下のようになる. 元々森林である場所に人工林を作る場合はまず伐採を行う. 人工林の場合は通常, 皆伐 (全ての木を一度に伐る) が行われる. 次に行われるのが, 伐採によって生じた残材を処理し, 苗木の植栽のための場所を準備する地ごしらえと呼ばれる作業である. 地ごしらえができたら目的樹種の植栽を行う. 植栽後に, 森林の成長のために行われる作業を保育と言う. この作業には, 造林木を被陰する草や木を刈り払う下刈り, つる植物を除去するつる切り, 幹の下部にある枝を取り除く下枝打ち, 一部の木を除去することにより植栽木の本数を管理する間伐等がある.

7.4.3 人為的撹乱が多い

最後に, 人工林では木材生産の効率化のために, 伐採, 地ごしらえ, 植栽, 下刈り等の作業を行う. これらの一連の人為的な撹乱により, 人工林は頻繁に遷移の初期段階に戻る. そのため人工林は, 撹乱に弱い遷移後期種にとって良い生息場所ではない.

まず, 伐採では一時的に森林が消失するという大きな環境の変化が起きるため, それについていけない種は生息できない. 植物の場合, 皆伐により消失する種は, 太陽からの直射光, 乾燥, 寒暖の差に弱い種が多い. 伐採の次は地ごしらえが行われるが (図7.6), その際に地表処理や除草剤散布を行った場合は生物相が大きく変化する. カナダ東部の天然林を皆伐後に放置した区と, 皆伐後に地ごしらえと植栽を行い人工林化した区で植物相の変化を調べた研究では, 皆伐後に地ごしらえと植栽を行った区でより多くの種が減少または消失し, その一方で撹乱に適応した種や外来種が増加した (Roberts & Zhu, 2002). ブルドーザー等による地表処理は残存植生を破壊するとともに地表の微地形を均一にするため, 多

図 7.6　伐採後，地ごしらえし，植栽を行った造林地

様な生息環境が失われる．また，倒木やその根返りの部分でしか更新できない植物にとって，倒木の除去は更新場所がなくなることを意味する．これらの人為的な撹乱の結果，第一世代目の人工林よりも第二世代の方が林床植物の種数が減少することがある（Takafumi & Hiura, 2009）．また，スウェーデンで，地ごしらえに伴う残材処理の影響を調べるために，皆伐後に残材を除去した区画と残材を放置した区画を比較した研究では，オサムシ科昆虫の個体数は残材を除去した区画で少なかったが，コモリグモ科のクモの個体数には違いがなかった（Nitterus & Gunnarsson, 2006）．地ごしらえの後に目的樹種の植栽を行い，その後，植栽木の樹高が低い間は下刈りが行われる．スギ人工林では，下刈りによって広葉樹二次林よりも長い期間，草原状態が維持されるため，伐採後 7～8 年間は草原性蝶類の好適な生息環境となる（井上，2005）．

植栽木がある程度，成長し混み合ってくると間伐が行われる．間伐によって林冠が空き，林内が明るくなると中低層の植物が成長し，森林の階層構造が発達する．そのため，間伐，特に強度の間伐は動植物の種多様性を増加させると考えられる．植物の場合，間伐により林床が明るくなると林床植物の種数とバイオマスが増加する．40 年生のスギ人工林で列状に間伐を行い，その 4 年後に林床植物を調査した研究では，無間伐林と比べて種数は約 3 倍に，バイオマスは約 10 倍に増加した（Ishii *et al*., 2008）．しかし，ササが林床の優占種である場合には，間伐によって林床が明るくなるとササがさらに繁茂し，他の植物が生育できなくなることがある．また，間伐に伴って植栽樹種以外の木を除去したり，林床を機械等によって踏み荒らした場合にも種数は減少する（Ito *et al*., 2006）．

一方，動物の場合，間伐によって林冠が空き，植栽木が少なくなることで鳥類や哺乳類が林内を移動しやすくなる．また，間伐により生じた森林の階層構造や林床植物の増加は，様々な動物に食物と生息場所を提供する．さらに，間伐により発生する枯死木は，枯死材性昆虫の生息場所となる．ハンガリーのヨーロッパトウヒ（*Picea abies*）人工林で，間伐により植栽木の本数を1/3に減らした林では，オサムシ科昆虫の種数と個体数が増加し，種数と種構成が周辺の広葉樹天然林と変わらなくなった（Magura *et al*., 2000）．間伐の効果が持続する期間は，間伐の仕方や生物群によって異なる．北茨城で材積の30%を間伐したスギ人工林の昆虫（ハナバチ，蝶，ハナアブ，カミキリムシ）群集を調査した研究では，間

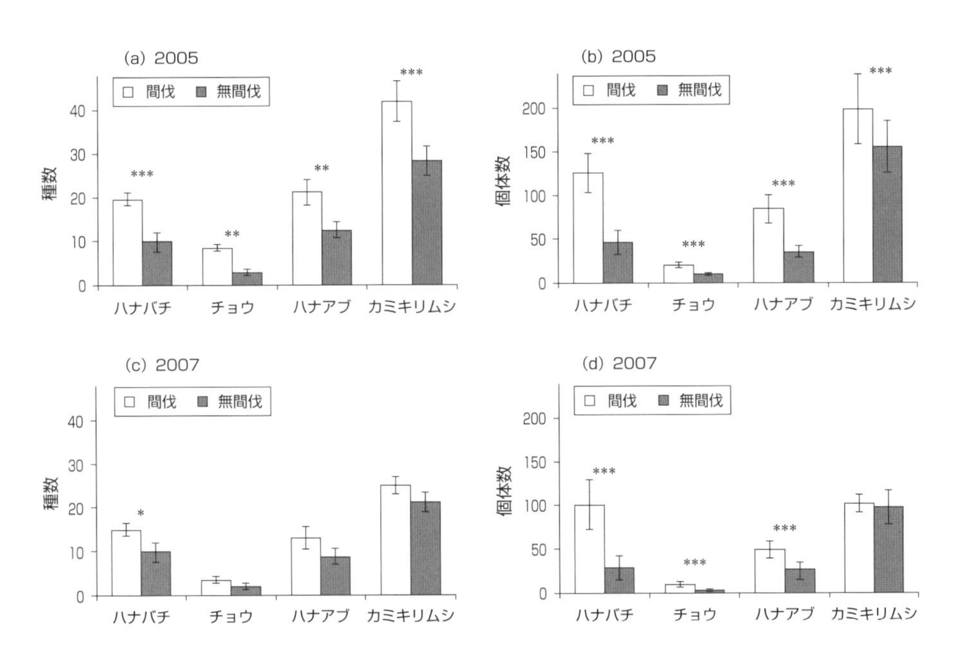

図7.7 北茨城のスギ人工林における間伐1年後（2005年）と3年後（2007年）の各生物群の種数と個体数

誤差範囲は標準誤差を，＊は間伐林と無間伐林に有意差があることを示す．間伐1年後には全ての生物群の種数と個体数が間伐林で有意に多かったが，間伐3年後に有意差があったのはハナバチの種数と，ハナバチ，蝶，ハナアブの個体数だけであった．Taki *et al*., 2010a を改変．

伐1年後には全てのグループの種数と個体数が無間伐林よりも多かったが，間伐3年後には無間伐林との違いはかなり少なくなった（図7.7）．一方，兵庫県のスギ人工林では，4 m の幅で列状に間伐を行った6年後に，ハチ目と甲虫目昆虫の個体数が無間伐林より多かった（Maleque *et al.*, 2007）．

Box 7.4

林冠とギャップ

森林の木を見ると，ほとんどの葉は木の上のほうに集中して付いている．1本の木の中で枝や葉が集まっている部分を樹冠という．そして，森林の中で高木の樹冠が集まってできた枝や葉の層を林冠という．また，木が枯れると林冠に隙間ができるが，この隙間のことをギャップと呼ぶ．

7.5　林齢にともなう種多様性の変化

人工林では，植栽木のサイズや本数は林齢とともに変化していき，それに伴い植栽木以外の樹木や草本の生育も変化する．これらの林齢にともなう森林の構造と樹種構成の変化は，人工林に生息する生物に大きな影響を与える．藤森（1997）は，林齢にともなう林分構造の変化を森林の発達段階として以下の4段階に類型化した（図7.8）．森林の発達段階とは，森林に大きな撹乱がない状態が続いた場合，森林の状態がどのように変化していくのか，その一般的な傾向を段階に区分して示したものである．まず幼齢段階は木本類が林冠を形成し始めるまでで，日本の人工林では植栽後10年くらいまでにあたる．次に若齢段階は林冠が強く閉鎖し，林床が暗くなり，幼齢段階で繁茂していた植物の多くが姿を消し，新たな植物の侵入が非常に少ない時期で，植栽後50年くらいまでにあたる．次の成熟段階は，林冠に隙間ができて林床がある程度明るくなり，草本層や低木層が豊かになる時期で，植栽後150年くらいまでにあたる．この段階で林冠に隙間ができるのは，木が高くなるにつれて風による樹冠同士の摩擦力が増し，各樹冠の枝葉の先端がすり落とされるのに加えて，間伐を行うためである．最後が老齢段階で，この時期には立ち枯れ木，倒木，ギャップが形成され，パッチ構造と階層構

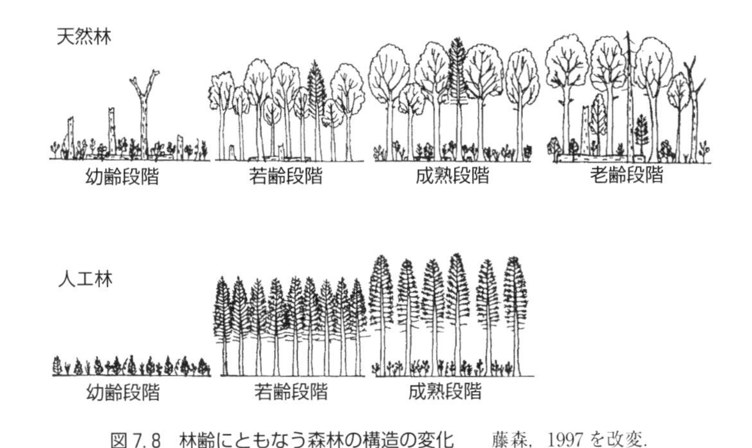

図 7.8　林齢にともなう森林の構造の変化　　藤森，1997 を改変.

造の発達した複雑な森林になる．ただし，通常，人工林は木材生産のために老齢段階以前に伐採されるため，実際には成熟段階までの3段階が存在することになる．

このような森林の構造の変化に対応して植物の種多様性も変化する．即ち，幼齢段階では，十分な光環境の下で，様々な陽生（明るい環境を好む）の植物種が生育してその多様性が高い．特に天然林では，立ち枯れ木や倒木による局所的な微気象によって生き残った耐陰性の植物が混ざっており，種のタイプの多様性が高い．しかし若齢段階では林冠の閉鎖が急激に強まり，林床植生が乏しくなるため多様性が目立って下がり，成熟段階になると低木層や草本層が発達するため再び多様性が増加する（藤森，2006）．しかし，集約的な管理が行われている林分では，目的樹種以外を頻繁に排除するため，このような傾向が見られないこともある（長池，2000）．では，実際の例はどうなのだろうか．人工林において林齢にともなう植物の変化を調べた研究では，種多様性は最初高く，いったん減少してから再び増加するU字型の変化をすることが多い．例えば北茨城のスギ人工林に生育する植物の種数は，林齢が20～30年で最小になるU字型の変化を示す（図7.9）．

伐採後の造林地では，一般的に1年生草本に始まり越年生草本，多年生草本，陽生木本類へと林床の優占種が変化していく．それにともなって伐採後数年目に植物種数が最大になるが，それ以降は植栽木の被陰と植物同士の競争により種数が減少する．特にササが繁茂する場所では，ササとの競争により草本植物は顕著

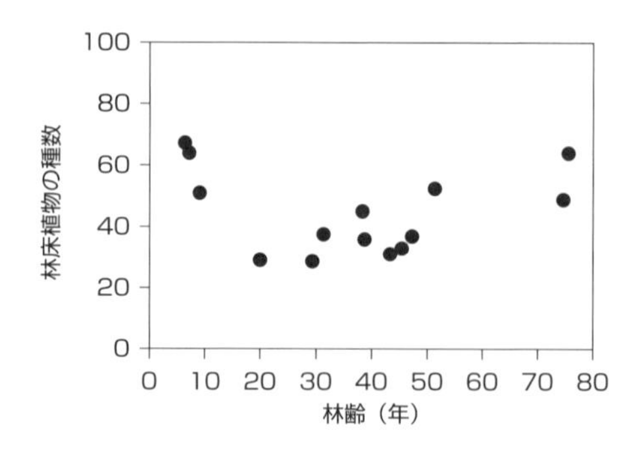

図 7.9　北茨城のスギ人工林の林床に生育する植物の種数と林齢の関係
Tanaka *et al.*, 2008 を改変.

に減少する．一方，若齢段階での多様性の低下は，植栽樹種によって異なる．イギリスでの研究では，林冠が強く閉鎖され林床が暗くなるシトカトウヒ（*Picea sitchensis*）林では林床植物の種数が半減したが，林床があまり暗くならないカラマツ林ではほとんど減少しなかった（Hill & Jones, 1978）．また，この段階で植物の種構成は草原に近いものから広葉樹二次林に近いものに変化した．次の成熟段階では植物種数が増加するとともに雑草種等の遷移初期種が減って，遷移後期種が増える．その結果，高齢化した人工林に生育する植物の種構成は，広葉樹二次林に近づく．山梨県のカラマツ人工林では，高齢化すると雑草種が減り，高木性種，中でも鳥散布植物が増えた結果，種構成が成熟段階の広葉樹二次林に近づいた（Nagaike *et al.*, 2006）．また，イギリスのトウヒ属樹種の人工林では林齢が 80〜100 年をすぎると老齢林的な特徴を持つようになる（Humphrey, 2005）．

一方，林齢にともなう動物の種多様性の変化は分類群によって異なる．鳥類では，種数が若齢段階で最小となる U 字型を示す研究もあるものの，一般的に種数は林齢とともに増加することが多い．これは林齢とともに森林の構造が複雑になるためだと考えられる．また，イギリスの研究では，林齢とともに樹洞営巣性種の個体数が増加した（Donald *et al.*, 1998）．昆虫では地表性のオサムシ類を対象とした研究が多数行われている．それによると，オサムシ類の種数は林齢とともに減少することが多い．これは若齢の林に，草地等の開放地を主な生息環境とする種が多いからである．一方，北茨城にある 1〜70 年生のスギ人工林では，蝶類とカミキリムシ類の種数は林齢とともに減少したが（井上，2005；牧野，2008），蛾類の種数は 20 年前後で最小となる U 字型を示した（Taki *et al.*, 2010b）．また，アイルランドでクモ類を調査した研究では，林齢とともに森林性種が増えたものの，それ以上に開放地性種が減少したため，全体の種数は林齢とともに減少した（Oxbrough *et al.*, 2005）．このように林齢や森林の発達段階は種の多様性に大きな影響を及ぼすため，次に述べる植栽樹種間の比較を行う場合でも林齢の違いを考慮する必要があり，今後はそのような研究が期待される．

7.6 植栽樹種の影響

人工林は主に植栽木から成り立っているため，植栽樹種の選択が，そこに生息する生物の種多様性に重要な影響を与える（Kanowski *et al.*, 2005）．まず，植栽樹種が常緑か落葉かの違いは，林床の明るさと，植物の多様性を大きく左右する．例えば，常緑針葉樹（シトカトウヒ）の人工林では，林冠が強く閉鎖されて林床が暗くなるため林床植物がほとんど生育しないが，落葉針葉樹（カラマツ）の人工林では，林床が明るいため林床植物の被度が50%を越え，種数も常緑針葉樹の人工林よりも多かった（Hill & Jones, 1978）．落葉樹の人工林の方が常緑樹の人工林よりも植物の種数が多い傾向は，植栽樹種が広葉樹の場合にも知られている（Harrington & Ewel, 1997）．また，スペインで常緑針葉樹（モントレーマツ *Pinus radiata*）と落葉針葉樹（カラマツ）の人工林の植物を調べた研究では，種数には違いがないものの，種構成は落葉針葉樹の人工林の方が天然林に近かった（Amezaga & Onaindia, 1997）．

このように，植栽木による林冠の閉鎖が弱く，林内に光の入る樹種の人工林は植物の種多様性が高い傾向があるが，ササ等の特定の植物が優占する地域では，林床が明るいとこれらの優占種が繁茂してしまい，それとの競争のため他の植物が生育できなくなる場合がある．例えば，コスタリカで7樹種の人工林を比較した研究では，最も林床植物の種数が多かった植栽樹種は成長が早く，林冠が強く閉鎖されており，その結果，草本とシダ類の被度が抑制され，木本植物等の定着が促進されていた（Powers *et al.*, 1997）．林冠の閉鎖度以外に植物の種多様性に影響する植栽樹種の特性としては，鳥やコウモリ等の種子散布者が利用しやすい樹種の方が多くの植物が定着すること，落葉が分解されやすい樹種の方が，種子の発芽を阻害する落葉層が土壌表面に発達しないため，林床植物の種数と密度が高くなることがある．

一方，植栽樹種の違いが動物群集に及ぼす影響を調べた研究は少ない．イギリスにおいて針葉樹，広葉樹，そして針葉樹と広葉樹の混交した人工林で繁殖する鳥類を調査した研究では，種数には違いはなかったが種構成には違いがあり，広葉樹人工林で樹洞営巣性種の割合が高かった（Donald *et al*., 1998）．また，アイルランドで常緑針葉樹（シトカトウヒ）と落葉広葉樹（*Fraxinus excelsior*）の人工林のクモ類を調査した研究では，常緑針葉樹の人工林の方が種数が多く，種構成の比較では森林性種の割合が高かった（Oxbrough *et al*., 2005）．

7.7 外来樹種の人工林

生物多様性からみて植栽樹種の選択上，最も問題なのは外来樹種である（図7.10）．木材生産の効率化のために，世界中で成長の良い特定の樹種が植えられている．その結果，多くの地域で外来樹種が植栽されており，特に南半球にはマツ属とユーカリ属の外来樹種人工林が多い．外来樹種の人工林は，在来樹種の人工林よりも，在来生物の生息場所として不適だと考えられている．この理由として，在来樹種の人工林の方が林分構造や林床の状態がその地域の天然林に近いことや，少数の樹種に適応した植食性の動物にとって，外来樹種は良い餌資源ではないことがある．そのため大規模な外来樹種人工林の影響が問題とされており，これまでに多くの研究がなされている．しかし，その結果は予想に反して，外来樹種の人工林には多くの在来生物が生息しており，生物の生息場所として天然林よりは劣るものの生物的砂漠ではないというものが多い．前述したブラジル，アマゾンで二次林と外来樹種人工林を比較した研究でも，調査した15の生物群のうち10の生物群で種数に明らかな違いはなかった（図7.2）．鳥類では，外来樹種人工林には多くの在来種が生息するものの，その種数は天然林よりも少なく，人工林には樹洞営巣性種や果実，花蜜食種が少ない一方で，昆虫食と種子食の種が多い（Lindenmayer *et al*., 2002）．また，哺乳類では，外来樹種人工林には地表性の種が多い一方で，樹上性の種は少ないといわれている．

ニュージーランドは外来樹種人工林の多い国の一つで，国土の7% を占める人工林の90% に，在来種とは系統的にかけ離れたモントレーマツが植栽されてい

図 7.10 北海道におけるカラマツの大面積人工林
カラマツは北海道では（国内）外来種である．

る．そこでは，効率的な木材生産のために集約的な作業が行われており，通常林齢が 26〜32 年で伐採が行われる（Pawson *et al*., 2010）．このような典型的な産業植林にもかかわらず，外来樹種人工林の林床には多くの在来植物が生育しており（図 7.3），その優占種は林齢とともに外来雑草から在来種の木本やシダ類に移行し，種構成が在来樹種の天然林に近づく（Brockerhoff *et al*., 2003）．また，これらの人工林には多くの稀少種も生息する（Pawson *et al*., 2010）．

外来樹種人工林の影響を調べた研究の多くは，外来樹種の人工林と在来樹種の天然林を比較している．しかし，植栽樹種を選択する際に外来樹種を選ぶことの是非を明らかにするためには，本来，外来樹種の人工林を在来樹種の人工林と比較するべきである．しかし，このような比較を行った研究は少ない．オーストラリアで外来樹種（カリビアマツ *Pinus caribaea*）と在来樹種（ナンヨウスギ *Araucaria cunninghamii*）の人工林の林床植物を比較した研究では，在来樹種人工林の方が木本植物の種数が多かったが（Keenan *et al*., 1997），同じくオーストラリアで外来樹種（モントレーマツ）と在来樹種（*Eucalyptus nitens*）の人工林の無脊椎動物を比較した研究では，外来樹種人工林の種構成の方が隣接する天然林に近かった（Bonham *et al*., 2002）．また，コスタリカで 11 樹種（7 種が在来樹種，4 種が外来樹種）の人工林に定着した植物を調べた研究では，木本植物の種数と密度は植栽樹種により違うものの，植栽樹種が在来種か外来種かによる違いはなかった（Powers *et al.*, 1997）．これらの少数の研究からは，今のところ，外来樹種人工林の種多様性が在来樹種人工林よりも低いとは言えない．この原因として，植物にとっては，植栽樹種が外来樹種かどうかよりも，林内の光環境を左右する植栽樹種の物理特性の方が重要であること，動物にとっては植栽樹種以外の植物が重要であることが考えられる．

以上の研究では，外来樹種人工林にどのような生物が生息しているのかを調べている．しかし，多くの生物が生息する場所が，常にそれらの生物にとって好適な生息場所であるわけではない．外来樹種人工林のような人為的な環境が，一見，好適な生息場所に見える（動物が誤ってそう判断する）ために多くの動物がそこに定着し繁殖を始めるが，実際には生存率や繁殖成功が低い場合，そのような生息場所をエコロジカルトラップ（ecological trap）と呼ぶ．Remes（2003）はチェコ共和国で，外来樹種（ハリエンジュ *Robinia pseudoacacia*）人工林が鳥類の1種であるスグロムシクイ（*Sylvia atricapilla*）にとってエコロジカルトラップであるかどうかを調べるために，外来樹種人工林と，隣接する在来樹種天然林における本種の定着パターン，なわばり密度，営巣成功率を調べた．その結果，スグロムシクイは繁殖地に定着する際に外来樹種人工林から先に定着し，人工林での営巣密度は，隣接する天然林の2倍であった．しかし，営巣成功率は人工林（15%）の方が天然林（59%）より有意に低かった．より多くのスグロムシクイが外来樹種人工林で繁殖するのは，春先，繁殖場所に定着する時に外来樹種の方が展葉が早いため，誤って良い生息場所だと判断するためだと考えられる．このように，外来樹種人工林がエコロジカルトラップとなる場合，どのような生物が生息しているのかを調べただけでは，外来樹種人工林が生物に及ぼす影響を明らかにできない．

外来樹種の植栽には，人工林の造成以外に，植栽樹種が人工林から逸脱して周辺に定着し，侵略的外来生物（第10章参照）になるという問題がある．特に，外来樹種が自然草原や灌木（株立ち状の形をした低木）林に侵入した場合には，在来植生の種構成や構造，栄養循環を大きく変化させるため重大な影響が生じる．侵略的外来生物になる樹種はマツ属の針葉樹が最も多く，中でも種子が小さく，幼齢期間が短く，豊作年の間隔が短い種が侵略的外来生物になりやすいといわれている．日本でも，植栽されたハリエンジュが逸脱して侵略的外来生物となる例がある．

7.8 おわりに

本章では，人工林の造成がそこに生息する生物の種多様性に与える影響について述べてきた．ここで紹介した研究からも分かるように，人工林には予想よりも多くの生物が生息しており，生物の生息場所として役立つことが分かってきている．そのため，人工林において木材生産と生物多様性保全を両立させるにはどうすればよいかについて，多くの研究や議論がなされている（藤森，2006）．しかし，その基礎となるべき，人工林の種多様性を決めるメカニズム（要因とそれが働く仕組み）を明らかにした研究は意外に少ない．特に，人工林において重要だと考えられる要因（例えば，林床の光環境，森林の階層構造，枯死木量等）について，各要因の効果を明らかにできるような実験計画（個々の要因の有無や強さを操作する実験）を立てた研究はほとんどない．その理由として，このような実験を人工林の造成から始めると長期間かかることがある．そのため，既存の人工林や天然林を利用して研究を行うことが多い．しかし，人工林は効率的な木材生産が可能な場所に造成されることが多いため，その周辺の天然林とは，そもそも立地条件が違う可能性がある．そのため，このような人工林と天然林を単純に比較しても，人工林造成の影響を特定できない場合がある．

また，植栽樹種や作業方法は地域ごとにある程度決まっているため，応用的な観点からは，それ以外の樹種や方法は検討されないことが多い．例えば，日本のように広葉樹天然林を針葉樹人工林に転換した場合，樹種（広葉樹→針葉樹）と構造（天然林→人工林）が同時に変化する．この２つの要因のそれぞれの効果を明らかにするためには，広葉樹人工林でも調査を行い，構造が変化した場合（広葉樹天然林→広葉樹人工林）と，樹種が変化した場合（広葉樹人工林→針葉樹人工林）を比較することが有効であるが，広葉樹人工林はほとんど造成されていないため，このような比較を行った研究はない．しかし，本来，人工林は樹種構成や森林の構造を人為的に制御できるため，他の森林よりも，メカニズムを明らかにする生態学的な研究を行うのに適した場所である．今後，人工林を対象に応用的な研究だけでなく，森林の種多様性に関する多くの基礎的な研究が行われることが期待される．

本章では，個々の人工林（林分レベル）を対象にした研究を主に紹介した．しかし，ある林に生息する生物は，その林の周辺環境の影響を受けるため，隣接する土地利用を含めた地域全体（ランドスケープレベル）での森林の消失や，残された森林の配置に関する研究も重要である．このようなランドスケープレベルでの人工林の研究については山浦（2007）が参考になる．また，農業（第6章）や漁業（第8章）では，生産活動によって生じたと考えられる進化現象が明らかになっているが，それに対応するような研究は林業では行われていない．今後，林業を対象とした生物の進化や適応現象の研究が望まれる．

引用文献

Amezaga, I. & Onaindia, M.（1997）The effect of evergreen and deciduous coniferous plantations on the field layer and seed bank of native woodlands. *Ecography*, **20**, 308–318.

Barlow, J., Gardner, T. A., Araujo, I. S. *et al.*（2007）Quantifying the biodiversity value of tropical primary, secondary, and plantation forests. *Proceedings of the National Academy of Sciences of the United States of America*, **104**, 18555–18560.

Bonham, K. J., Mesibov, R. & Bashford, R.（2002）Diversity and abundance of some ground-dwelling invertebrates in plantation vs. native forests in Tasmania, Australia. *Forest Ecology and Management*, **158**, 237–247.

Brockerhoff, E. G., Ecroyd, C. E., Leckie, A. C. & Kimberley, M. O.（2003）Diversity and succession of adventive and indigenous vascular understorey plants in *Pinus radiata* plantation forests in New Zealand. *Forest Ecology and Management*, **185**, 307–326.

Donald, P. F., Fuller, R. J., Evans A. D. & Gough S. J.（1998）Effects of forest management and grazing on breeding bird communities in plantations of broadleaved and coniferous trees in western England. *Biological Conservation*, **85**, 183–197.

Ecroyd, C. E. & Brockerhoff, E. G.（2005）Floristic changes over 30 years in a Canterbury Plains kanuka forest remnant, and comparison with adjacent vegetation types. *New Zealand Journal of Ecology*, **29**, 279–290.

藤森隆郎（1997）新たな森林管理　エコシステムマネージメント．森林科学，**21**，45–49.

藤森隆郎（2006）『森林生態学　持続可能な管理の基礎』全国林業改良普及協会．

Harrington, R. A. & Ewel, J. J.（1997）Invasibility of tree plantations by native and non-indigenous plant species in Hawaii. *Forest Ecology and Management*, **99**, 153–162.

Hill, M. O. & Jones, E. W.（1978）Vegetation changes resulting from afforestation of rough grazings in

Caeo forest, South-Wales. *Journal of Ecology*, **66**, 433–456.

Humphrey, J. W.（2005）Benefits to biodiversity from developing old-growth conditions in British upland spruce plantations: a review and recommendations. *Forestry*, **78**, 33–53.

Igarashi, T. & Kiyono, Y.（2008）The potential of hinoki（*Chamaecyparis obtusa* [Sieb. et Zucc.] Endlicher）plantation forests for the restoration of the original plant community in Japan. *Forest Ecology and Management*, **255**, 183–192.

井上大成（2005）森林の成長に伴うチョウ類群集の変化.『生態学から見た里山やまの自然と保護』（日本自然保護協会編）36–39, 講談社.

Ishii, H. T., Maleque, M. A. & Taniguchi, S.（2008）Line thinning promotes stand growth and understory diversity in Japanese cedar（*Cryptomeria japonica* D. Don）plantations. *Journal of Forest Research*, **13**, 73–78.

Ito, S., Ishigami, S., Mitsuda, Y. & Buckley, P. G.（2006）Factors affecting the occurrence of woody plants in understory of sugi（*Cryptomeria japonica* D. Don）plantations in a warm-temperate region in Japan. *Journal of Forest Research*, **11**, 243–251.

Kanowski, J., Catterall, C. P. & Wardell-Johnson, G. W.（2005）Consequences of broadscale timber plantations for biodiversity in cleared rainforest landscapes of tropical and subtropical Australia. *Forest Ecology and Management*, **208**, 359–372.

Keenan, R., Lamb, D., Woldring, O. *et al.*（1997）Restoration of plant biodiversity beneath tropical tree plantations in northern Australia. *Forest Ecology and Management*, **99**, 117–131.

Lindenmayer, D. B., Cunningham, R. B., Donnelly, C. F. *et al.*（2002）Effects of forest fragmentation on bird assemblages in a novel landscape context. *Ecological Monographs*, **72**, 1–18.

Lindenmayer, D. B. & Hobbs, R. J.（2004）Fauna conservation in Australian plantation forests - a review. *Biological Conservation*, **119**, 151–168.

Maeto, K., Sato, S. & Miyata, H.（2002）Species diversity of longicorn beetles in humid warm-temperate forests: the impact of forest management practices on old-growth forest species in southwestern Japan. *Biodiversity and Conservation*, **11**, 1919–1937.

前藤 薫・槇原 寛（1999）温帯落葉樹林の皆伐後の二次遷移にともなう昆虫相の変化. 昆蟲（ニューシリーズ）, **2**, 11–26.

Magura, T., Tothmeresz, B. & Bordan, Z.（2000）Effects of nature management practice on carabid assemblages（Coleoptera: Carabidae）in a non-native plantaion. *Biological Conservation*, **93**, 95–102.

牧野俊一（2008）森林タイプ・林齢と生物多様性の関係.『わかりやすい林業研究解説シリーズ　No. 111 林業地域における生物多様性保全技術』（大河内勇編）17–34, 林業科学技術振興所.

Maleque, M. A., Ishii, H. T., Maeto, K. & Taniguchi, S.（2007）Line thinning enhances diversity of Coleoptera in overstocked *Cryptomeria japonica* plantations in central Japan. *Arthropod-Plant Interactions*, **1**, 175–185.

Nagaike, T., Hayashi, A., Kubo, M. *et al.*（2006）Plant species diversity in a managed forest landscape composed of *Larix kaempferi* plantations and abandoned coppice forests in central Japan. *Forest Science*, **52**, 324–332.

長池卓男（2000）人工林生態系における植物種多様性. 日本林学会誌, 82, 407–416.

Najera, A. & Simonetti, J. A.（2010）Enhancing Avifauna in Commercial Plantations. *Conservation Biology*, **24**, 319–324.

日本統計協会編（2006）『新版　日本長期統計総覧第 2 巻』日本統計協会.

Nitterus, K. & Gunnarsson, B.（2006）Effect of microhabitat complexity on the local distribution of arthropods in clear-cuts. *Environmental Entomology*, **35**, 1324–1333.

Ohsawa, M. (2005) Species richness and composition of Curculionidae (Coleoptera) in a conifer plantation, secondary forest, and old-growth forest in the central mountainous region of Japan. *Ecological Research*, **20**, 632–645.

Ohsawa, M. (2007) The role of isolated old oak trees in maintaining beetle diversity within larch plantations in the central mountainous region of Japan. *Forest Ecology and Management*, **250**, 215–226.

Ohsawa, M. & Nagaike, T. (2006) Influence of forest types and effects of forestry activities on species richness and composition of Chrysomelidae in the central mountainous region of Japan. *Biodiversity and Conservation*, **15**, 1179–1191.

Oxbrough, A. G., Gittings, T., O'Halloran, J. *et al.* (2005) Structural indicators of spider communities across the forest plantation cycle. *Forest Ecology and Management*, **212**, 171–183.

Parrotta, J. A. (1995) Influence of overstory composition on understory colonization by native species in plantations on a degraded tropical site. *Journal of Vegetation Science*, **6**, 627–636.

Pawson, S. M., Ecroyd, C. E., Seaton, R. *et al.* (2010) New Zealand's exotic plantation forests as habitats for threatened indigenous species. *New Zealand Journal of Ecology*, **34**, 342–355.

Powers, J. S., Haggar, J. P. & Fisher, R. F. (1997) The effect of overstory composition on understory woody regeneration and species richness in 7-year-old plantations in Costa Rica. *Forest Ecology and Management*, **99**, 43–54.

Remes, V. (2003) Effects of exotic habitat on nesting success, territory density, and settlement patterns in the Blackcap (*Sylvia atricapilla*). *Conservation Biology*, **17**, 1127–1133.

Roberts, M. R. & Zhu, L. (2002) Early response of the herbaceous layer to harvesting in a mixed coniferous-deciduous forest in New Brunswick, Canada. *Forest Ecology and Management*, **155**, 17–31.

Stephens, S. S. & Wagner, M. R. (2007) Forest plantations and biodiversity: A fresh perspective. *Journal of Forestry*, **105**, 307–313.

Takafumi, H. & Hiura, T. (2009) Effects of disturbance history and environmental factors on the diversity and productivity of understory vegetation in a cool-temperate forest in Japan. *Forest Ecology and Management*, **257**, 843–857.

Taki, H., Inoue, T., Tanaka, H. *et al.* (2010a) Responses of community structure, diversity, and abundance of understory plants and insect assemblages to thinning in plantations. *Forest Ecology and Management*, **259**, 607–613.

Taki, H., Yamaura, Y., Okochi I. *et al.* (2010b) Effects of reforestation age on moth assemblages in plantations and naturally regenerated forests. *Insect Conservation and Diversity*, **3**, 257–265.

Tanaka, H., Igarashi, T., Niiyama, K. *et al.* (2008) Changes in plant diversity after conversion from secondary broadleaf forest to *Cryptomeria* plantation forest: chronosequencial changes in forest floor plant diversity. In: *Sustainability and biodiversity assessment on forest uilization options* (Ichikawa M. *et al.* eds.) pp. 166–176, Research Institute for Humanity and Nature.

山浦悠一 (2007) 広葉樹林の分断化が鳥類に及ぼす影響の緩和—人工林マトリックス管理の提案—. 日本森林学会誌, **89**, 416–430.

Yoshimura, M. (2007) Comparison of stream benthic invertebrate assemblages among forest types in the temperate region of Japan. *Biodiversity and Conservation*, **16**, 2137–2148.

第8章 漁業の特性と生物の適応

森田健太郎

8.1 はじめに

海に囲まれた日本では，昔から漁業が営まれ，魚介類は重要なタンパク源として利用されてきた（図 8.1）．20 世紀後半からは，全国的な漁獲量の低迷から，「獲る漁業」から「育てる漁業」への転換がうたわれ，養殖や種苗放流も盛んに行われている．また，漁業は食料を供給するだけでなく，多くの雇用も創出してきた，日本の伝統産業である．

しかし近年，漁業の技術が著しく進歩したのとあいまって，自然保護に対する機運がたかまり，漁業が生態系に与える負の影響について，幾つかの問題点が明らかとなってきた．漁業は自然の恵を利用する産業である以上，生態系に何らかの影響を与えることは必然であるが，漁業は豊かな自然環境なしでは成立しえない産業であることもまた事実なのである．持続可能な漁業を行うためには，自然の生産量に見合った量の魚を獲り，生態系に与える影響をなるべく小さくすることが大切であろう．

図 8.1　江戸期の網漁（歌川国芳）

漁業が生態系に与える負の影響は，漁具による海底の撹乱，混獲生物（狙った獲物以外の魚や希少種など）の投機，養殖による海洋汚染など，多岐にわたる（11章参照）．本章では，生物の適応と進化に焦点をあて，漁獲や放流によって，生物がどのような影響を受けているのか解説する．

8.2 獲る漁業がもたらす影響

8.2.1 漁獲による人為選択

漁獲される生物は，さまざまな点で自然環境下とは異なる状況におかれる．まず，漁獲される生物は死亡率が高まる．また，多くの場合，漁獲はランダム（無作為）ではない．網を用いて漁獲が行われる場合，網目をすり抜ける小さな魚は漁獲されないので，大きい魚が選択的に漁獲される（図 8.2）．このような体サイズに依存した漁獲死亡は，ごく普通にみられる現象である．

体サイズ以外にも，いろいろな特徴を持つ個体が選択的に漁獲されている（Allendorf & Hard, 2009）．たとえば，大胆な性格や成長率が高いなどの特徴を持つ個体が漁獲されやすいという報告がある（Biro & Post, 2008）．その他にも，

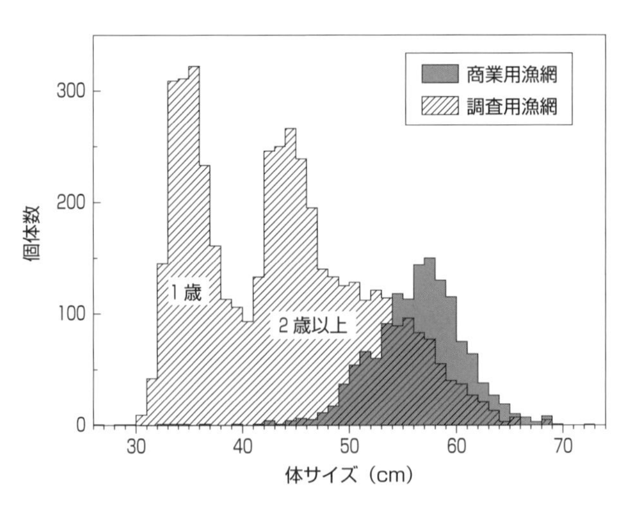

図 8.2　商業用流し網（目合 115 mm）と調査用トロール網（コッドエンド目合 17.5 mm）で漁獲されたサケの体サイズ組成（漁獲時期と場所は同じ）．

図 8.3　成熟したカラフトマスの雄雌（天塩川水系頓別坊川）

単価の高い魚卵（たらこ等）を狙った漁業では，産卵場において成熟魚が選択的に漁獲されるだろう．サケ・マスの仲間では，成熟が進行すると雄の体型に変化がみられるが（図 8.3），このような二次性徴が発達した個体ほど，網に絡まりやすくなるかもしれない．一方，多くのカニ漁業では，産卵に貢献する雌を残すため，大型雄のみを漁獲するという漁業規制が一般に行われており，保護という観点から選択的な漁獲が行われることもある（佐藤，2008）．

このように，漁獲の対象になると，個体群全体の死亡率が高まることに加えて，特定の個体の死亡率が高まる．体サイズや体型などの形質の多くは，多かれ少なかれ遺伝的に決定されている．そのため，漁獲による人為選択によって，漁獲されやすい形質をもつ個体の頻度は，だんだんと少なくなっていくと考えられる．つまり，人間にとって有用な形質を持つ魚（大きい，美味しい，獲られ易い）が集団から選択的に除去されていくので，人間にとって有用な形質を持つ魚は子孫を残せない．これは，狩猟においても同様であり，例えば，アフリカでは象牙を狙った密漁によって，生まれつき牙の無いゾウの割合が増えたと指摘されている（Jachmann *et al.*, 1995）．

8.2.2 漁獲に対する進化的応答

体の大きさや成熟年齢などの幾つかの形質は，次世代に残すことができる子孫の数に影響する．次世代に残す子孫の数の期待値を適応度（fitness）といい，適応度が高い形質を持つ個体の頻度は集団中で高まりやすい．このような形質の変

表8.1　漁獲によって生じた進化的変化　Jørgensen *et al.*, 2007 を改変して引用.

進化的変化	種数	変化率
成熟魚の若齢化	6	23-24%
成熟魚の小型化	7	20-33%
成熟開始サイズの低下	5	3-49%
成長率の低下	6	15-33%
産卵数の増加	3	5-100%
遺伝的多様性の低下	3	21-22%

化を進化（evolution）という．漁業によって生じたと考えられる進化現象（fisheries-induced evolution）は古くから指摘されてきたが（檜山 1996），21 世紀に入って多くの魚類で詳細な報告がなされるようになった（表8.1）．このようなパターンは種間・個体群間でも見られ，高い漁獲圧を受けているほど，成熟年齢が若く，産卵数が多い（≒卵が小さい）という（Rochet *et al.*, 2000）．

漁獲による進化として，もっとも一般的に見られる現象は，成熟年齢および成熟体長の低下である．例えば，カナダ東部の大西洋マダラでは，1980 年から 2000 年の間に年間生存率が半減し，成熟を開始する年齢が 6 歳から 5 歳に低下した

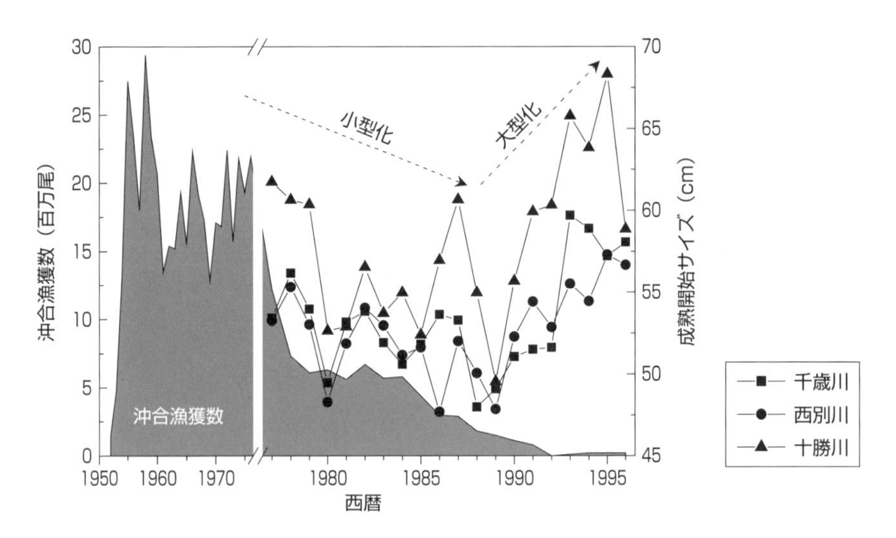

図8.4　サケ4年魚の成熟開始サイズ（北海道3河川）と沖合漁獲数の年変化
Fukuwaka & Morita, 2008 を改変して引用.

(Olsen *et al.*, 2004). 北欧に生息するカレイの一種では, 1955年から1995年の間に漁獲死亡率が2倍になり, 成熟を開始する年齢が4歳から3歳に低下した (Grift *et al.*, 2003). 北海道に回帰するサケでは, 沖合漁業が行われている時代に成熟開始サイズが小さくなり, 反対に沖合漁業の終焉後は成熟開始サイズが大きくなった (図8.4). これらの変化は, 漁獲死亡の変化に対する進化的応答と考えることができる (BOX 8.1).

漁獲がなくなれば, 自然選択によって元の状態に戻ると予想されるが, それには時間がかかると考えられている. ある選択的な漁獲を模倣した水槽実験では, 体サイズが元に戻るためには, 選択的な漁獲が行われた期間の2倍以上の年月が必要であるという (Conover *et al.*, 2009).

Box 8.1

最適成熟年齢の数理モデル

漁業によって生残率が低くなると, 現状よりも早く成熟した方が, 多くの子孫を残せると考えられる. その結果, 成熟開始年齢が早まる方向に進化するだろう. これは直感的に予想できることかも知れないが, 理論的に示すことができるのだろうか. ここでは, Roff (2002) の Fish model を用いて解説する.

生活史の進化をモデル化するときは, 適応度を明示しなければならない. ここでは, メスが生涯に残す子どもの数, つまり産卵数の期待値を適応度としよう. 一回繁殖の魚を考えた場合, t 歳で繁殖したときの産卵数の期待値, つまり適応度 R_0 は, 次の式で示される.

$$R_0 = S(t) \times L(t)^3 \qquad (1)$$

ここで, $S(t)$ は t 歳までの生残率, $L(t)$ は t 歳のときの体長を示す. 魚類の産卵数は体重に応じて増えるため, 体長の3乗で産卵数の大小を表すことができる. 大きく成長するまで待って成熟すると, たくさんの卵を産むことができるが, 逆に繁殖まで生き残る確率は低くなる. このようなトレードオフの関係の中で, 適応度を最大にする成熟年齢を最適成熟年齢と呼ぶ (図).

次に, 具体的な数式を想定して分析してみよう.

魚類の成長過程は, 下記の成長式で近似される.

$$L(t) = L_\infty\{1 - \exp(-kt)\} \qquad (2)$$

ここで, L_∞ は極限体長と呼ばれ, 年齢が無限大のときの体長を示す. k は成長係数と呼ばれ, 極限体長に近づく速さを示す. これはベルタランフィーの成長曲線と呼ばれ, 魚介類で広く用いられている.

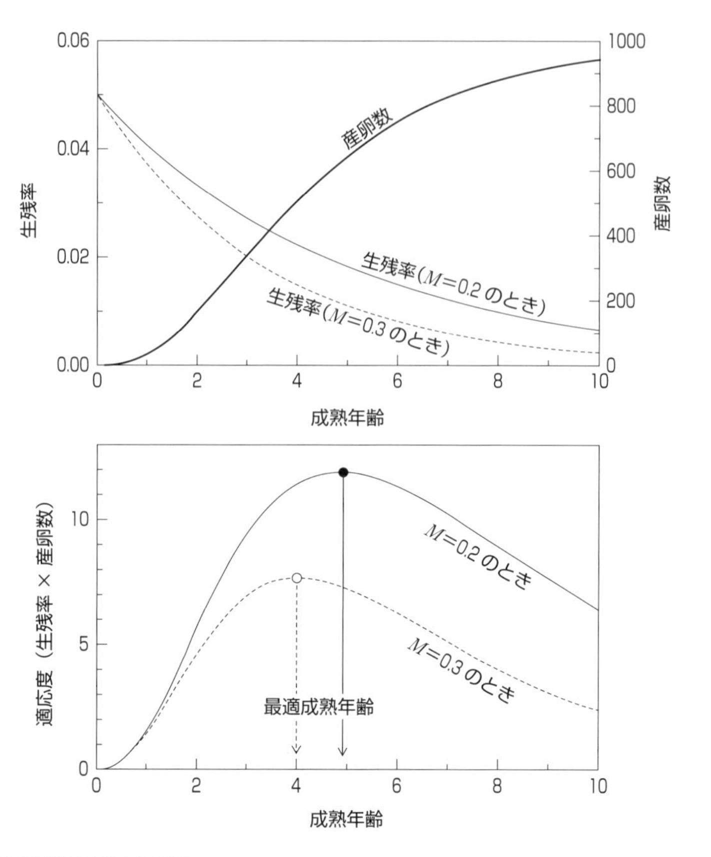

図　最適成熟年齢の数理モデル

高齢で成熟すると，産卵数は増加するが，生残率は低下する（上図）．死亡係数 M が高くなると，適応度を最大化する最適成熟年齢が低下する（下図）．

次に，生残過程を考えよう．魚類は，小さい卵を大量に産むという特徴があり，初期生活史における死亡率が非常に高く，その後の死亡率は一定と考えることができる．

$$S(t)=A\ \exp(-Mt) \tag{3}$$

ここで，$S(t)$ は年齢 t 歳までの生残率，A は初期生存率，M は死亡係数である．

式（2）と式（3）を式（1）に代入すると，適応度 R_0 は次の式で示される．

$$R_0=A\ \exp(-Mt)\times[L_\infty\{1-\exp(-kt)\}]^3 \tag{4}$$

これを最大にする年齢 t が適応度を最大にする最適成熟年齢である．適応度 R_0 が極大値をとる年齢 t を求めるには，式 (4) を t で微分し，$dR_0/dt=0$ になる t を求め

ればよい．そうすると，

$$t^* = \frac{1}{k}\ln\left(\frac{3k+M}{M}\right) \tag{5}$$

が得られる（導出は省略）．ここで，t^* は適応度を最大にする最適成熟年齢である．それでは，漁獲によって死亡率が高まると，最適成熟年齢がどのように変化するかを考えてみよう．式（5）を M で微分すると，

$$\frac{dt^*}{dM} = -\frac{3}{M(3k+M)} < 0 \tag{6}$$

となる．M と k は正の値をとるので，dt^*/dM は必ず負の値をとる．つまり，死亡係数 M が高まれば，最適成熟年齢 t^* が低下することを意味する．この結果は，漁獲死亡率が増すと成熟年齢が低下する，という一般的な現象と一致する．以上のことを模式的に示すと図のようになる．

なお，ここで用いた適応度 R_0 は純増殖率（net reproductive rate）と呼ばれる．純増殖率は，世代の長さが考慮されておらず，個体群が安定しているときに限り（つまり個体群の $R_0 \fallingdotseq 1$），適応度の尺度として用いることができる（Roff, 2002）．R_0 を最大化しているのに，$R_0 \fallingdotseq 1$ という制約があるのはおかしいと思うかもしれない．しかし，多くの生物では，密度効果によって個体数増加を制限するような働きがあるだろう．魚類の場合，初期の死亡率が密度依存的に高まるため，密度効果がパラメータ A に作用して，個体数が安定化すると考えることができる．幸いにも，最適成熟年齢の解（式 5）は A が含まれないので，これは進化的に安定な戦略とみなすことができる．もし，式（5）に含まれるパラメータ（M と k）が密度効果によって変化するのであれば，さらなる分析が必要になる．一方，密度依存的な個体数調節が作用しない状況では，内的自然増加率（r）という尺度を適応度とするべきである．

8.2.3 漁獲に対する可塑的応答

ここまでは，遺伝的な変化に基づく形質の変化を考えてきた．しかし，生物は遺伝的に変化しなくても，環境が変われば体サイズや成熟年齢が変化するだろう．環境の違いによって表現型が変わることを表現型可塑性（phenotypic plasticity）と呼ぶ．そして，表現型と環境条件の関係をリアクションノーム（reaction norm）と呼ぶ．たとえば，餌量の多寡によって成長率が変化すると，成熟を開始する年齢と体サイズは，リアクションノームに応じて変化する（図 8.5）．

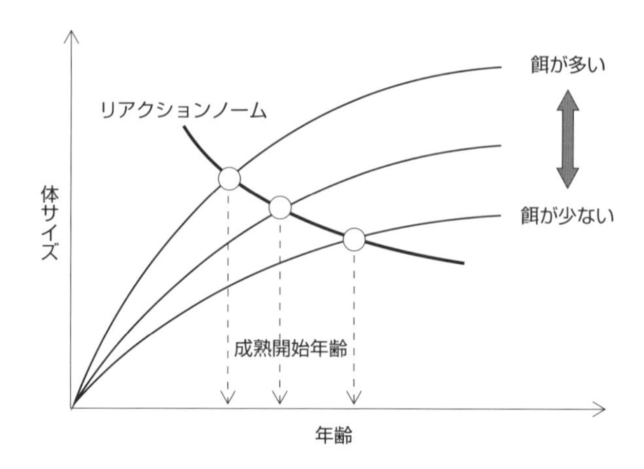

図 8.5　異なる環境条件で育ったときの成熟年齢と成熟サイズの関係
嶋田ら，2002 を改変して引用．

漁獲によって資源量が減少すると，どのようなことが起こるだろうか？　個体数の減少によって，一個体当たりの餌が増え，成長が良くなるだろう．その結果，成熟年齢が早まるという表現型可塑性が生じる．また，気候変動によっても表現型可塑性が生じるかもしれない．野外で観察された長期的な変化が，表現型可塑性なのか，それとも遺伝的変化なのか，それを判別することは困難であり，それが漁業による進化現象の研究を停滞させてきた要因の一つである．近年，表現型可塑性の影響を考慮して分析する手法が考案され，この分野の研究が飛躍的に進展したが，その手法にも限界があり，表現型可塑性と遺伝的変化を完全に分離することは容易ではない（Kuparinen & Merilä, 2007）．漁獲による進化現象を評価する際には，表現型が一定方向に変化しているという証拠を得るだけではなく，観測された表現型の変化が，環境の変化と漁獲による選択圧の変化のどちらに一致しているのかを，見きわめることが大切である．

8.3 種苗放流がもたらす影響

8.3.1 家魚化選択

人工的に資源を増大させることを目的として，19 世紀後半から種苗放流（孵化

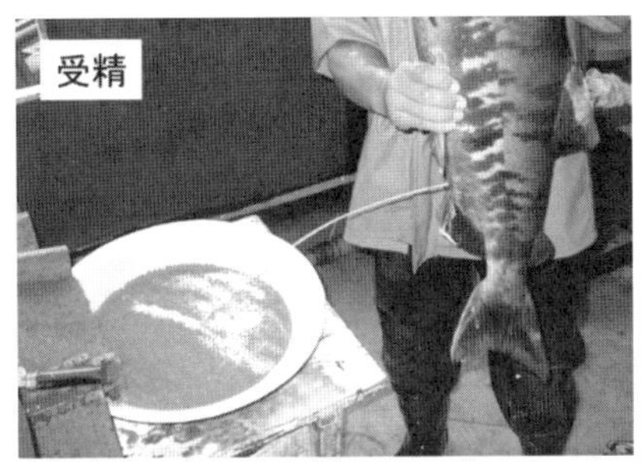

図 8.6　サケの人工繁殖　(独)水産総合研究センター大本謙一氏提供.

放流）という試みが行われるようになった．これは，野外で捕まえた親魚から卵をとり，人工的に受精させ，しばらく飼育した稚魚を野外に放流する，という手法である（図 8.6）．自然界において死亡率が高い稚魚期を人工環境に置くことで，資源増大を図ろうというアイディアから生まれたものである．20 世紀後半になると，病気や寄生虫の蔓延を予防する技術が向上し，親魚まで養成して採卵する技術（継代飼育）や大型に育てた稚魚を放流する技術が確立されるようになった．

人工環境で飼育されている間は，自然界よりも生存率が高いだろう．だが，その一方で，自然界では死ぬはずの個体が人工環境では生き残るので，放流魚と野生魚では行動や形態に違いが生じる．例えば，継代飼育されたサクラマスの幼魚は，捕食者に対する警戒心が薄く（Yamamoto & Reinhardt, 2003），表層に浮いている餌を盛んに食べ（Reinhardt, 2001），成長速度が速いことが知られている（Reinhardt *et al.*, 2001）．また，孵化場で飼育されたニジマスは，野生魚よりも脳が小さいことが報告されている（Brown *et al.*, 2013）．人工環境は餌が十分に与えられるので，継代飼育された魚は，小さい卵を多く産む戦略に進化するという報告もある（Heath *et al.*, 2003）．このような，人工的な飼育環境に適応することを家魚化と呼び，それに伴う選択を家魚化選択（domestication selection）と呼ぶ．

通常，家魚化選択は，野外での生き残りには劣る遺伝的性質をもつ方向に働くため，自然界における適応度は，放流魚の方が野生魚よりも低くなると考えられる（Christie *et al.*, 2012）．実際，放流魚の方が野生魚よりも適応度が低いことが一般的に知られており，特に，放流魚が別の地域から移植された場合において，野生魚との適応度の差が広がる（Araki *et al.*, 2008）．ニジマスの研究例では，1世代飼育するごとに40％の適応度の低下が認められ（Araki *et al.*, 2007），その原因は家魚化選択であると考えられている（Christie *et al.*, 2012）．

人工繁殖のときに多くの親魚をランダムに使用することを心がけ，孵化場内での稚魚の死亡がほとんどないようにすれば，家魚化選択を心配する必要がないという考えがある．しかし，それは間違いである．まず，自然界では決してランダムに繁殖が行われるわけではない．繁殖に成功しやすい個体とそうではない個体がいるだろうし，それは地域特有の環境条件（例えば，産卵場の物理環境）によっても異なるだろう．このような地域特有の環境に対する自然選択の存在が，集団間の遺伝的多様性を創出した大きな要因である．さらに，たとえ孵化場内で死亡がなかったとしても，人工環境で大きく成長した個体ほど，放流された直後に生き残りやすいと考えられ，結果的には，人工環境で成長が良い，という性質に選択が働くことになる（原田，2004）．人工環境で成長が良いという性質は，先に述べたように，警戒心が薄いなどの特徴をもち，自然界においては不適である．

8.3.2 放流魚が野生魚へ及ぼす影響

放流魚と野生魚は，放流後は同じ生息空間を共有することになる．そのため，

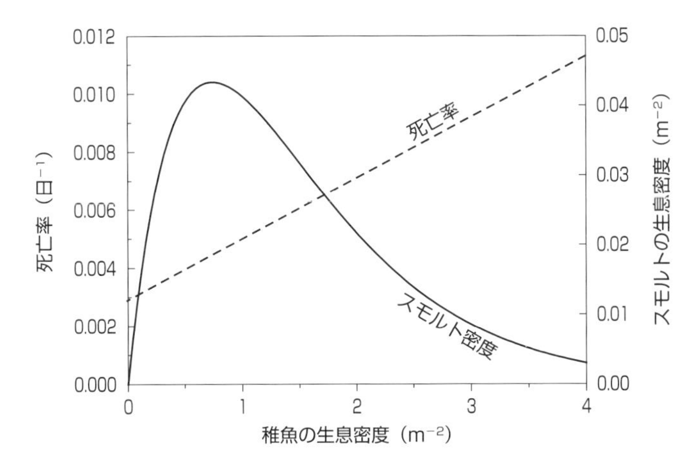

図 8.7　大西洋サケの稚魚の生息密度と死亡率およびスモルトの生息密度の関係
スモルトとは，海に下る準備ができたサケ科魚類の幼魚のこと．Gee *et al.*, 1978 を改変して引用．

放流魚と野生魚の間に餌をめぐる競合関係が生じる．ある環境が養うことができる生物量は無限ではなく，ある環境に生息可能な最大の生物量のことを環境収容力（carrying capacity）と呼ぶ．大西洋サケの研究例では，稚魚の生息密度が増加するに従い死亡率も増加するため，海に下る生活史段階まで成長したスモルトの生息密度は，稚魚の生息密度に対して凸型の関数になることが推定されている（図 8.7）．この例では，稚魚の生息密度が 0.75 尾/m^2 のときに最大のスモルト量をもたらし，それ以上の生息密度では逆にスモルト量が減少する．この論文の著者は，当時一般に行われていた種苗放流の密度は高すぎることを指摘した．

また，放流魚は十分な餌が与えられ大きく育てられてから放たれるため，同所的に生息する野生魚よりも大きく，種内競争において有意になり，野生魚の死亡率を高めるだろう．しかし，放流魚は自然界に適応せずに，野生魚よりも自然死亡率が高い場合は，結果的に共倒れに陥る危険性がある（Nakamura & Doi, 2014）．さらに，遺伝的に異なる放流魚が放たれる場合も，野生魚と放流魚を同等には扱えない．遺伝子導入の技術により作出された成長速度が速い（≒採餌活性が高い）魚を用いた飼育実験では，遺伝子導入魚が存在すると，激しい競争や共食いが生じるため，個体群崩壊（クラッシュ）することがあるという（Devlin *et al.*, 2004）．このような例は極端な場合かもしれないが，人工的に大きく育てた稚魚を放流したり，成長速度が遺伝的に高められた放流魚を用いたりすると，野生

表 8.2　北海道の 2 河川で行われたサクラマスの交換放流試験の結果
数値は 1987～1988 年の再捕率（%）で生残率の指標．真山ら，1989 を改変して引用．

種苗の由来	放流した川	
	尻別川	斜里川
尻別川	0.222～0.592%	0.070～0.106%
斜里川	0.024～0.046%	0.910～0.969%

魚の個体数を減少させる可能性がある．

上述した例は生態的影響であるが，遺伝的影響も生じると考えられる．放流魚も自然界で繁殖するだろうし，野生魚と交雑することもあるだろう．そのため，放流魚が遺伝的に異なる場合，野生魚の遺伝的特徴に影響をもたらすことが考えられる．まず，放流魚と野生魚が交雑することで，野生個体群の適応度が下がることが考えられる（原田，2004）．先に述べたように，放流魚は人工環境に適応しているので，自然界での適応度は低くなるからである．さらに，地域ごとに異なる遺伝的性質が，種苗放流によって均一化すると考えられる（原田，2004）．種苗放流が盛んなサケでは，昔は産地ごとにサケの顔つきが異なり，サケを見れば産地が分かるとも言われていたが，現在では地域特有の個性が急速に失われつつあるという（吉崎，1982）．地域によって異なる遺伝的性質は，その地域の環境に適応した結果と考えられ，サクラマスで行われた交換放流試験では，在来個体群の方が適応度は高いというホームサイト有利仮説（home-site advantage hypothesis）を支持している（表 8.2）．

8.3.3 種苗放流の効果

従来は，放流魚の生き残りを追跡したり，漁獲物に占める放流魚の割合を調べることで，種苗放流の効果が評価されてきた．しかし，これだけでは，正しく効果を評価することはできない．上述したとおり，種苗放流にはプラスの効果だけではなく，マイナスの部分もあるので，正味の効果を評価する必要がある．

もし，環境収容力に余裕があり，遺伝的影響がないような状況では，種苗放流は上積みの効果をもたらし，資源を増やすことが期待されるだろう（図 8.8A）．一方，環境収容力に限りがあるような状況では，資源は増えず，放流魚が野生魚と置き換わる，ということが考えられる（図 8.8B）．さらに，遺伝的影響などがある場合は，種苗放流が負の効果をもたらす可能性もある（図 8.8D）．

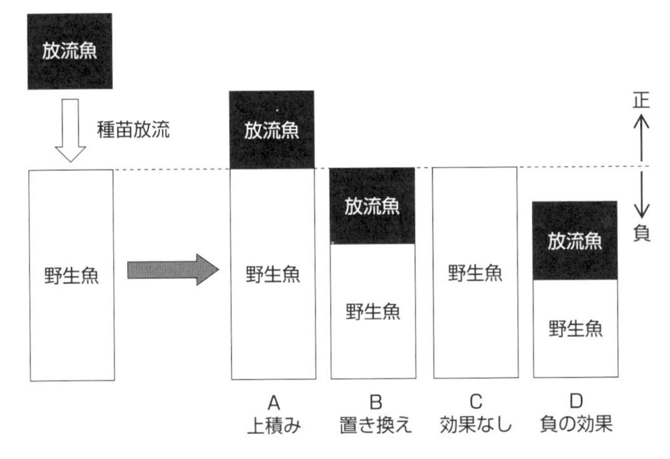

図 8.8 種苗放流が個体群に及ぼす効果の概念図 小畑ら，2008 を改変して引用．

また，人工繁殖の方が自然繁殖よりも効率が低ければ，種苗放流は結果として負の効果をもたらす（図 8.8D）．たとえば，サケの種苗放流の現場では，河川に遡上した親魚をウライ（上りやな）という河川横断工作物で捕獲し，種苗放流に必要な卵を採っている．サケが自然繁殖した場合，卵から稚魚までの生存率は約10〜20% と推定されているが（森田ら，2013；有賀ら，2014），人工繁殖における卵から稚魚までの生存率は 80% 以上に達しており，自然繁殖の効率は人工繁殖の約 1/8〜1/4 に過ぎない．つまり，人工繁殖の方が圧倒的な効率で子孫を残せることを意味する．ただし，人工繁殖のために捕獲された親魚であっても，全てが人工繁殖に用いられることはない．北海道のふ化場で捕獲されたサケのうち，実際に使用される割合は，メスで 35%，オスで 10% である（1997〜2012 年の平均値，北海道さけ・ます増殖事業協会資料）．

種苗放流の正味の効果がプラスであったとしても，それが漁業に対して十分に貢献できるような量であるかどうかは，経済的な側面も考慮して評価されなければならない．ノルウェーでは 19 世紀後半から大西洋マダラの種苗放流が行われ，20 世紀初頭からモニタリング調査が行われてきた．これらの長期的データを用いて種苗放流の効果を評価した研究では，種苗放流によって幼魚までは増加することが証明されたものの，成魚の増加までは検出されず，漁業に対する効果は限定的であることが示された（Chan *et al*., 2003）．ノルウェーの大西洋マダラ孵化

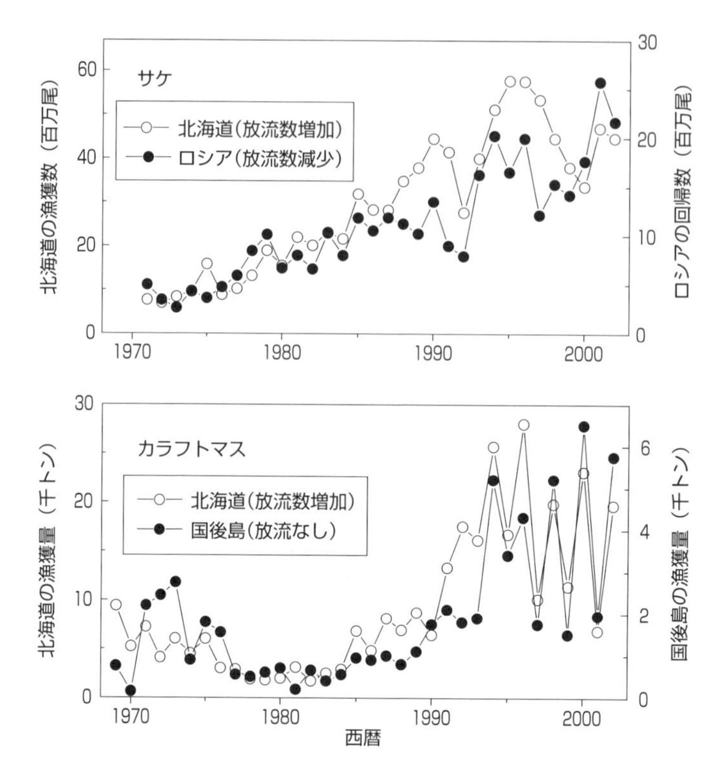

図8.9　サケとカラフトマスの資源変動の地域間比較
1970年から2000年にかけて，北海道のサケとカラフトマスは放流数が増加したが，ロシアのサケは放流数が減少し，国後島ではカラフトマスは放流されていない．Morita *et al.*, 2006を改変して引用．

場は多くが閉鎖された．Blaxter（2000）はこれまでの種苗放流の事例を総括し，ほとんどの種苗放流の成功例は，沿岸で漁獲される地域資源であることが多く，沖合いの広範囲で漁獲される資源に対しては，あまり効果が期待できないだろうと述べている．

種苗放流の効果を調べるのが難しい理由に，資源変動は放流以外のさまざまな要因に影響をうけることがあげられる．日本ではサケが種苗放流の成功例として取り上げられることが多いが，そのサケでさえも，種苗放流の正味の効果を評価することは容易ではない．なぜなら，放流が盛んではない地域でもサケは増えており，その他の要因（気候変動，沖合漁業の禁止，水質の向上）などの影響も大きいと考えられるからである（図8.9）．

8.4 進化する漁業資源の管理

意図せざる人為選択により，漁業は生物の特性を変化させることがわかった．では，我々は，進化する漁業資源をどのように管理していけばよいのだろうか．しばしば，漁業を守るべきか，それとも環境を守るべきか，という二項対立の図式で捉えられることもあるが，それは誤りである．冒頭で述べたように，健全な自然環境と野生個体群がなければ，漁業は成立しえないのである．重要なことは，持続的な漁業を行うためには，どのようにすれば良いかを考えることであろう．

獲る漁業においては，成熟年齢が低下するなどの進化的変化が生じることを述べた．成熟年齢などの生活史形質は，個体の適応度，ひいては個体群の増加率に影響する．たとえば，若齢魚から産みだされる稚魚は生残率が低いことが知られている．このように，漁獲による進化的変化は，本来は適応度の高い個体を減らす方向に働くことがあり（適応不良 maladaptation と呼ばれる），将来の漁獲可能量を減少させる方向に作用する可能性がある．実際，資源が低迷して禁漁措置をとったとしても，すぐに個体数が回復しない理由の一つに，漁業による個体群の進化的変化が指摘されている．

そのため，漁獲による人為選択の方向を意図的にコントロールすることにより，漁業資源を増やそうという考え方がある．数理モデルを用いた分析では，産卵場で成熟魚のみを漁獲すると，成熟年齢が遅くなる方向に選択が働くので，結果的に魚体が大型化し，漁獲量も増えるという（Heino, 1998）．また，漁獲を模倣した水槽実験では，成長の遅い小型魚だけを選択的に漁獲すれば，成長が速い遺伝子を持つ大型魚が選択的に残され，結果的には，漁獲される個体が大きくなり，漁獲量も増えるようになるという（Conover & Munch, 2002）．その一方で，別の数理モデルでは，小型魚だけ選択的に漁獲した場合でも，漁獲圧が高い場合には，さらに小型化が進むこともあるという（Gårdmark & Dieckmann, 2006）．このように，意図した人為選択によって資源管理する方法も提案されてはいるが，実際に意図した方向に人為選択が働くかどうか不明な点も多く，少なくとも現時点では天然の魚類個体群に適用するのは難しい．

種苗放流においては，人工環境に適応するように家魚化選択が働くことを述べた．野生個体群の持続性を保障するためには，遺伝的多様性に配慮して種苗放流を行うことが大切である．原田（2004）は，野生魚に与える影響の軽減をはかる具体的な放流方策を整理している．例えば，継代飼育された魚は用いない，地元の魚を用いて種苗を作ることなどによって，野生魚に及ぼす遺伝的な影響を軽減することができるだろう．さらに，自然界で繁殖率が高いような親魚を用いて種苗を作り，なるべく野生魚が受けるのと同じような自然選択圧を与えるようにし，野生魚と同じような放流魚を作ることが理想的である．とは言え，それは現実的には困難である．近年，積極的に野生魚の親魚を用いて放流魚を作ることによって（＝放流由来の親魚はなるべく子孫を残させないことよって），遺伝的には野生魚に近い状態の放流魚を用いる種苗放流方策が提案されている（Hatchery Scientific Review Group, 2009）．そのためには，野生個体群の保全が前提となることは言うまでもない．

遺伝的に多様な野生個体群を守ることは，それ自身に価値があるだけではなく，水産業の安定を図る上でも大切である．たとえば，アラスカのベニザケ資源は，複数の野生個体群により支えられており，それぞれの個体群は遺伝的性質や生活史が異なる．そのため，環境変動に対する資源変動の応答は個々の個体群によって異なり，それが漁獲量全体の安定性に貢献しているという（Shindler *et al*., 2010）．これは，金融資産の安定性には，資産を分散させることが大切であることと類似しており，ポートフォリオ効果と呼ばれている．また，遺伝的に多様な野生個体群が存在することは，養殖魚の品種改良に繋がり，遺伝資源としての価値もある．たとえば，握り寿司のサーモンとして普及している大西洋サケ（アトランティックサーモン）は，1980〜1990 年代に急速に養殖生産量が増大し，さけます類の養殖生産量で第一位を誇るようになったが，遺伝的に多様な地域個体群が多く存在したおかげで，養殖魚の品種改良を急速に進めることができたとも指摘されている．

結局のところ，漁業による意図せざる人為選択の影響を予防するためには，鍵となる生活史形質（成熟年齢，成熟サイズ，成長率，産卵数など）のモニタリング調査に基づく管理が欠かせないだろう．カナダ東部の大西洋マダラは，20 世紀後半に資源が崩壊し禁漁の措置がとられたが，その資源の崩壊の前兆として，成熟魚の若齢化と小型化が認められていた（Olsen *et al*., 2004）．ただし，最後に，持続的な漁業を実現するためには，人為選択ばかりに注目することも危険であることを付しておく．ある研究によると，漁業に伴う進化はとてもゆっくりとした速度で生じるものであり，持続的な漁業のためには，過剰漁獲の防止や海洋生態系の保全を優先すべきであるという意見もある（Andersen & Brander, 2009）．

引用文献

Araki, H. *et al.*（2007）Genetic effects of captive breeding cause a rapid, cumulative fitness decline in the wild. *Science*, **318**, 100–103.

Araki, H. *et al.*（2008）Fitness of hatchery-reared salmonids in the wild. *Evol. Appl.*, **1**, 342–355.

有賀 望・森田健太郎・鈴木俊哉ほか（2014）大都市を流れる豊平川におけるサケ *Oncorhynchus keta* 野生個体群の存続可能性の評価．日本水産学会誌，**80**，946–955.

Allendorf, F. W., & Hard, J. J.（2009）Human-induced evolution caused by unnatural selection through harvest of wild animals. *Proc. Natl. Acad. Sci. USA*, **106**, 9987–9994.

Andersen, K., & Brander, K.（2009）Expected rate of fisheries-induced evolution is slow. *Proc. Natl. Acad. Sci. USA*, **106**, 11657–11660.

Blaxter, J. H. S.（2000）The enhancement of marine fish stocks. *Adv. Mar. Biol.*, **38**, 1–54.

Biro, P. A., & Post, J. R.（2008）Rapid depletion of genotypes with fast growth and bold personality traits from harvested fish populations. *Proc. Natl. Acad. Sci. USA*, **105**, 2919–2922.

Brown, A. D. *et al.*（2013）Differences in lateral line morphology between hatchery- and wild-origin steelhead. *PLoS ONE*, **8**, e59162.

Chan, K-S. *et al.*（2003）Assessing the effectiveness of releasing cod larvae for stock improvement with monitoring data. *Ecol. Appl.*, **13**, 3–22.

Christie, M. R. *et al.*（2012）Genetic adaptation to captivity can occur in a single generation. *Proc. Natl. Acad. Sci. USA*, **109**, 238–242.

Conover, D. O., & Munch, S. B.（2002）Sustaining fisheries yields over evolutionary time scales. *Science*, **297**, 94–96.

Conover, D. O. *et al.*（2009）Reversal of evolutionary downsizing caused by selective harvest of large fish. *Proc. R. Soc. B*, **276**, 2015–2020.

Devlin, R. H. *et al.*（2004）Population effects of growth hormone transgenic coho salmon depend on food availability and genotype by environment interactions. *Proc. Natl. Acad. Sci. USA*, **101**, 9303–9308.

Fukuwaka, M., & Morita, K.（2008）Increase in maturation size after the closure of a high seas gillnet fishery on hatchery-reared chum salmon *Oncorhynchus keta*. *Evol. Appl.*, **1**, 376–387.

Gårdmark, A., & Dieckmann, U.（2006）Disparate maturation adaptations to size-dependent mortality. *Proc. R. Soc. B*, **273**, 2185–2192.

Gee, A. S. *et al.*（1978）The effect of density on mortality in juvenile Atlantic salmon（*Salmo salar*）. *J. Anim. Ecol.*, **47**, 497–505.

Grift, R. E. *et al.*（2003）Fisheries-induced trends in reaction norms for maturation in North Sea place. *Mar. Eco. Prog. Ser.*, **257**, 247–257.

Hatchery Scientific Review Group（2009）Predicted fitness effects of interbreeding between hatchery and natural populations of Pacificsalmon and steelhead. *Columbia River Hatchery Reform Project, Final Systemwide Report-Appendix A*, White Paper No. 1: 1–38.

原田泰志（2004）種苗放流の野生集団への影響．『ワシントン条約付属書掲載基準と水産資源の持続可能な利用』（松田裕之・矢原徹一・石井信夫・金子与止男 編），67–87，（社）自然資源保全協会．

Heath, D. D. *et al.*（2003）Rapid evolution of egg size in captive salmon. *Science*, **299**, 1738–1740.

Heino, M.（1998）Management of evolving fish stocks. *Can. J. Fish. Aquat. Sci.*, **55**, 1971–1982.

檜山義明（1996）生活史特性における漁獲と資源の進化的対応．個体群生態学会会報，**53**，51–55.

Jachmann, H. *et al.*（1995）Tusklessness in African elephants: a future trend. *Afr. J. Ecol.*, **33**, 230–235.

Jørgensen C. *et al.*（2007）Managing evolving fish stocks. *Science*, **318**, 1247–1248.

Kuparinen, A., & Merilä, J.（2007）Detecting and managing fisheries-induced evolution. *Trends Ecol. Evol.*, **22**, 652–659.

真山 紘・野村哲一・大熊一正（1989）サクラマス（*Oncorhynchus masou*）の交換移植試験　2.地場産魚と移植魚の降海行動と親魚回帰の比較．さけ・ますふ研報，**43**，99–113.

Morita, K. *et al.*（2006）A review of Pacific salmon hatchery programmes on Hokkaido Island, Japan. *ICES J. Mar. Sci.*, **63**, 1353–1363.

森田健太郎・平間美信・宮内康行ほか（2013）北海道千歳川におけるサケの自然再生産効率．日本水産学会誌，**79**, 718–720.

Nakamura, T., & Doi, T.（2014）Do stocked hatchery-reared juveniles ecologically suppress wild juveniles in *Salvelinus leucomaenis*? *J. Fish. Biol.*, **84**, 1289–1299.

小畑泰弘・山崎英樹・岩本明雄ほか（2008）環境収容力と種苗法流—瀬戸内海東部海域におけるサワラの例—．『水産資源の増殖と保全』（北田修一・帰山雅秀・浜崎活幸・谷口順彦編），48–65，成山堂書店．

Olsen, E. M. *et al.*（2004）Maturation trends indicative of rapid evolution preceded the collapse of northern cod. *Nature*, **428**, 932–935.

Reinhardt, U. G.（2001）Selection for surface feeding in farmed and sea-ranched masu salmon juveniles. *Trans. Am. Fish. Soc.*, **130**, 155–158.

Reinhardt, U. G. *et al.*（2001）Effects of body size and predators on intracohort competition in wild and domesticated juvenile salmon in a stream. *Ecol. Res.*, **16**, 327–334.

Rochet, M-J. *et al.*（2000）Comparative analysis of phylogenetic and fishing effects in life history patterns of teleost fishes. *Oikos*, **91**, 255–270.

Roff, D. A.（2002）*Life history evolution*, Sinauer Associates, Inc.

Shindler, D. E. *et al.*（2010）Population diversity and the portfolio effect in an exploited species. *Nature*, **465**, 609–612.

嶋田正和・粕谷英一・山村則男・伊藤嘉昭（2002）『動物生態学新版』海游舎．

佐藤 琢（2008）雄選択的漁獲が大型甲殻類資源に与える影響．日本水産学会誌，**74**，584–587.

Yamamoto, T. & Reinhardt, U. G.（2003）Dominance and predator avoidance in domesticated and wild masu salmon *Oncorhynchus masou*. *Fish. Sci.*, **69**, 88–94.

吉崎昌一（1982）『サケよ，豊平川をのぼれ』草思社．

第9章 環境汚染と生態影響評価

加茂将史・内藤　航

9.1 はじめに

本章を読むにあたり，日常生活にどれほどの化学物質が用いられているのかを考えていただきたい．この紙には漂白剤が用いられている．印字にはインクが用いられている．おそらく灯の下で本書を読まれていることと思うが，それには蛍光塗料が練り込まれている．現在，世界で流通している化学物質は約5万種といわれ，その有用性により人類は多くの恩恵を受けてきた．一方で，化学物質の中には，環境に放出されヒト健康や生態系に有害な影響を及ぼす可能性のあるものもある．化学物質は使いたいが有害影響は避けたいという思いは，程度の差こそあれ，現代社会において我々全てが抱えているジレンマである．そして，このジレンマが完全に解消されることはおそらく，ない．解消が無理ならば，環境汚染を最小にしつつ化学物質の恩恵を最大にする枠組みを作らなくてはならない．

化学物質の安全性評価は，水俣病やイタイイタイ病などの公害によるヒト健康への影響に社会的注目が集まり，ヒト健康の保護という観点に重点が置かれた．日本では，近年ようやく生態系の保全という観点から評価が実施されはじめ，水生生物の保全を目的とした水質環境基準値が亜鉛，ノニルフェノール，直鎖アルキルベンゼンスルホン酸及びその塩（LAS）について設定されている（2014年11月時点）．化学物質の生態影響評価の考え方は“毒性学（toxicology）”から派生したため，ヒト健康と同様，「個体への影響」に着目した評価がベースとなっている．この評価は「個体レベルの評価」と呼ばれ，諸外国でも化学物質の安全性評価や環境基準の設定等には，主にこの評価手法が採用されている．一方で，集団の持続可能性や生物多様性など「個体群」の観点に基づく化学物質の評価や管理のあり方についての議論も，近年活発化している（林ら，2010）．

本章では，まず代表的な環境汚染物質と顕在化した生態影響についてまとめる．次に化学物質の生態系に対する影響を評価する方法である生態リスク評価手法を紹介し，最後に本分野における課題と方向性について述べる．

9.2 環境汚染と生態影響

野生動物は重金属やジクロロジフェニルトリクロロエタン（dichloro-diphenyl-trichloroethane：DDT），ポリ塩化ビフェニル（polychlorinated biphenyl：PCB）などの残留性有機汚染物質（persistent organic pollutants：POPs），多環芳香族炭化水素（polycyclic aromatic hydrocarbons：PAHs）など様々な環境汚染物質に曝露されている．本節では，重金属やPOPs等による環境汚染によって生態影響が顕在化した事例を紹介する．

9.2.1 重金属

銅や鉛など重金属類は，資源性と有害性を合わせ持つ物質群である．日本は水俣病やイタイイタイ病など未曾有の公害を経験した．これら公害においては，ヒト健康影響に大きな関心が集まった．生態影響もあったことは想像に難くないが，ほとんど調べられていない．水俣湾では，漁獲量から一定の影響があったことを窺い知ることができる（西村・岡本，2001）．しかし，水俣湾の生態系がどういう状態であったかを理解できる調査データはほとんどない．

鉛製の銃弾や釣り用錘が主たる原因で発生する水鳥や猛禽類の鉛中毒も近年問題となっている．カモやハクチョウなどの水鳥は，砂嚢による餌の消化を助けるために，餌の他に小石などを摂取する習性がある．このとき，狩猟用の鉛製の散弾や釣り用の錘等を誤って摂取することがある．その鉛が砂嚢で磨り合わされて粒子になり，磨り潰された餌とともに腺胃に送られ，胃酸により溶解される．溶解した鉛が体内に吸収され，中毒に陥る．猛禽類は，鉛中毒の水鳥や狩猟により体内に鉛散弾が残留した鹿などの野生生物の死体を食べて，鉛中毒に陥ることが知られている．狩猟の盛んな欧米では1970年前後から野生鳥類の鉛中毒が広く認識されるようになり，多くの被害事例が報告されてきた．日本国内では1980年代後半以降に数多くの被害事例が報告されている（例えば，神，1995）．

1998年4月スペイン南部のロス・フライレス鉱山の廃さいダムが決壊した事故では，流れ出た高濃度の重金属を含む汚泥や酸性水（pH～3）が周辺の河川を汚染した．汚染された河川では，事故直後，水質（pH や溶存酸素）の急激な変化により，すべての魚介類が死滅した（Grimalt *et al.*, 1999）．事故後，ドニャーナ自然公園における水鳥から高濃度の銅，鉛，亜鉛，カドミウムなどの重金属が検出された．このことは水鳥の食物網に重金属が入り込んだことを示している（Taggart *et al.*, 2006）．

鉱山付近の河川では，重金属が高濃度であることが多い．既に閉鎖された鉱山においても，比較的高濃度で重金属が検出されることがある．そのような場所では，底生生物群集の個体数や多様性が減少することが報告されている（例えば，御勢，1960；岩崎ら，2009）．

9.2.2 残留性有機汚染物質

残留性有機汚染物質（POPs）は，環境中で分解されにくく，生物体内に蓄積しやすく，長距離移動性を有する物質群である．代表的な物質として，ダイオキシン類，PCB, DDT などがある．POPs の中には，DDT のように衛生害虫の駆除剤などに使用する目的で製造されたもの（意図的生成物）とダイオキシン類のように焼却などの過程で副生成物として意図せず生成されるもの（非意図的生成物）がある．DDT などの農薬や PCB は，日本では既に製造・使用が禁止されているが，それら物質の製造・使用をしたことのない地域や日本のように既に禁止した地域でも，現在，野生動物の体内から検出されている．

野生動物は様々な環境汚染物質に曝露されており，また化学物質以外のストレス要因の影響もあるため，野生動物で見られた異常が化学物質に起因するかどうかを判断することは難しい．しかし，これまでの調査研究から POPs が原因と疑われた野生動物への被害例は数多く報告されている．20 世紀中頃に殺虫剤として世界中で広く使用された DDT は，野生動物に悪影響をもたらすシンボルのような物質であった．食物連鎖により上位捕食者の体内に高濃度で蓄積される DDT とその分解代謝物である DDE は，鳥類の産卵数の減少や卵殻薄化などにより鳥類の個体数の減少をもたらした原因物質であると言われている．環境汚染物質の影響を顕著に受けた地域の一つである五大湖では，汚染が激化した 1960 年代から 1970 年代かけて猛禽類（例えばハクトウワシ）や魚食性鳥類（例えばミミヒメウ）の個体数の減少がみられ，その原因物質として DDT などの有機塩素系農薬が疑われている（Peakall & Fox, 1987; Environment Canada, 1995, 2001）．

9.2.3 有機金属化合物（トリブチルスズ）

1996年に出版された『奪われし未来』（コルボーンら，1996）によって，外因性内分泌攪乱物質，いわゆる環境ホルモンの問題は，社会の関心の的となった．内分泌攪乱物質は，内分泌系に影響を及ぼすことにより，生体に障害や有害な影響を引き起こす外因性の化学物質と定義される．実験室内での内分泌攪乱現象は多く確認されているが，実環境中で因果関係が確認されている例は少ない．実環境中での内分泌攪乱現象として報告された例は，海産巻貝におけるインポセックスである．インポセックスとは，雌の巻貝類に雄の生殖器官（ペニスおよび輸精管）が不可逆的に形成されて発達する現象およびその個体を指す．次世代の個体数は雌の個体数に大きく依存するため，巻貝の雄化は集団の存続に多大な影響をもたらす．防汚剤として船舶や漁網に使われた有機スズ化合物（トリブチルスズ：TBTやトリフェニルスズ：TPTなど）は，イボニシなどの雌が雄化するインポセックスの原因物質と言われている．日本近海のイボニシでは，9割以上が雄化している例の報告がある（堀口，1998）．TBTはその有害性から，国際的な規制が進んでおり，日本では製造・輸入が禁止されている．国際的な取り組みの効果は着実に現れ，多くの沿岸域で雄化は減少していると言われている（Evans *et al.*, 1995; Morton, 2009）．

9.2.4 油による汚染

大規模な原油の流出事故は周辺環境に多大な被害をもたらす．2010年4月に石油掘削施設が爆発し，掘削パイプが折れ，海底油田から大量の原油がメキシコ湾に流出した．原油流出量は史上最大規模であり，1989年に4万キロリットルが流出したアラスカ州のタンカー座礁事故（エクソンバルディーズ号原油流出事故）を遥かに超える．メキシコ湾原油流出事故による生態影響の全貌はこれから明らかになってくると思われる．ここではエクソンバルディーズ号原油流出事故による生態影響について簡単に触れる．この事故の直後に死亡した野生生物の個体数は，ラッコで1000〜2800，海鳥で約250,000，アザラシで約300などと言われている．その原因は，毛皮や羽毛にオイルが付着することにより体温の保持機能が失われる低体温症，窒息や溺死，さらに有害な炭化水素の吸入などである．原油が流れ着いた沿岸では水生植物や無脊椎動物の大量致死が起こった．このような事故の生態影響は急性的な影響が着目されてきたが，アラスカの沿岸部では，残留性の成分による慢性的な生態影響により，個体数の減少や間接影響の伝播による回復の遅れなどの現象が起こっているとの報告がある（Peterson *et al.*, 2003）．事故後，残留した油の海鳥への曝露は持続的に続いており，集団によっては，その個体数は事故前までには戻っていない．原油の分解により生成された多環芳香族炭化水素への長期的な曝露は，魚類の成長速度の低下，発生異常や奇形形成，海鳥における交配の低下やより小さな卵の出現などを引き起こしているとの報告もある．油汚染およびそのあとの浄化作業に伴う生息域の減少や改変は重要な捕食動物の損失に繋がり，特定の藻類や貝類の急激な増加に繋がっている．

9.2.5 放射線の環境影響

放射線による生態影響の研究は放射線生態学（radioecology, radiation ecology）と呼ばれる．その歴史は化学物質の生態影響よりも古く，人類が競って核実験を繰り返した50年代にさかのぼり，60年代初頭には既に幾つかの資料がまとめられている（Odum, 1971）．しかしながら，放射線生態学の初期の目的は食物連鎖を通してどの程度ヒトへと伝わりどの程度健康被害を生じさせるのかという，ヒト防護の観点に主眼があった．ヒト以外の生物についても放射線防護の枠組みが整備されてきたのは比較的近年である（ICRP 2003，2008，2010）．放射線の影響は，急性照射実験と，連続照射実験に分けることができる．低線量での影響を調べるには大規模標本を長期的に調べる必要があり，さらに放射線レベルがバックグラウンドレベルに近くなるほど影響を抽出することが困難になる．多くの種への連続照射実験から導かれた影響が無いとみなされる線量率は，生息域により感受性に違いがあり，水域・海域の植物と水域の動物では10 mGy/d，陸域の動物では1 mGy/dとされている（IAEA 2006）．また，全データをもとに一般的な生態系における同線量率は82 μGy/hとされている（Garnier-Laplace *et al.*, 2008）．

1986年4月に旧ソビエト連邦チェルノブイリで発生した原子力発電所の事故では放射性物質が広範囲に排出され，事故当日の発電所直近では線量率が最大でおおよそ20 Gy/dに上ったと推定されている．また，居住禁止区域（CEZ）に指定された30 km圏内では動植物に急性照射による影響が生じたと報告されている．

発電所から1.5～2 km離れた場所での線量率は20 Gy/dと推定され，松の枯死が事故後2～3週間で始まった．松の枯死は夏までに5 km遠方まで広がり，7 km先でも深刻な被害が認められ，これら松林は“Red Forest”と呼ばれた．放射線量が0.1-2.6 GBq/m^{2}の場所では，植物の新芽に発生障害が認められ，1986-1987年にかけて冬小麦の40%以上に異常がみられた（IAEA, 2006）．

土壌の無脊椎動物の被害も深刻で，2-7 km離れた落葉層に生息する動物の数は数ヶ月で30分の1に減少したと報告されている．移入などにより，生物量としては2.5年ほどで回復したが，多様性の回復は見られていない．生物への影響は土壌の性質により異なり，例えば耕作地では大きな影響を受けにくいとの報告がある（IAEA, 2006）．

家畜類には放射性ヨウ素による影響が大きく，ヨウ素による甲状腺線量が50 Gyに達した個体では甲状腺機能が69%，280 Gyに達した個体では82%低下した．放射性ヨウ素による甲状腺線量が180 Gyに達した個体の甲状腺機能は数年間回復しなかった．また，被ばく量が高い個体から生まれた子には小型化の兆候が見られたと報告されている（IAEA, 2006）．

高汚染地域に設けられた調査区内の齧歯類の数は，1986年の秋までに1/2～1/10に減少した．それら齧歯類の5ヶ月での被ばく量は，γ線で12-110 Gy，β線で580-4500 Gyであると推定されている．翌年には齧歯類の数は回復したが，それは主に外部からの移入であると考えられている（IAEA, 2006）．

1991年から2004年にかけて行われたツバメの調査では，繁殖個体数，卵数，産子数，繁殖成功度は空間線量率[1)]（地表面計測）と負に相関していると報告されている（Møller *et al*., 2005）．2010年にCEZ内外（0.02～94.61 μSv/h）で行われた調査では，鳥類の脳の容積が放射線レベルとともに減少することが報告されている（Møller *et al*., 2011）．2006年から2009年にかけてCEZおよびCEZ南西部（0.01～135.89 μSv/h）で行われた調査から，クモの巣，バッタ，トンボ，マルハナバチ，チョウ，両生類，は虫類，鳥類，ほ乳類の個体数は，線量率の増加に伴い，いずれも有意に減少したとしている（Møller & Mousseau, 2011）．これらMøllerらによる一連の成果に対しては放射線以外の交絡因子の影響も指摘されている（Smith, 2008; Beresford & Copplestone, 2011）．

2011年3月に発生した福島第一原子力発電事故による放射線影響の調査も始

---

1)　単位時間あたりの空間線量（例：μSv/h）．

まっている．川口（2013）はこれら調査の概要を報告し，さらなる調査が必要と指摘している．

これらの報告から，原子力発電所事故による放射線汚染は周辺生物，特に感受性の高い生物種に非常に大きな影響を与え，そのことにより生態系のバランスが崩れたことは明らかである．しかしながら，そこに新たにニッチを獲得した生物も存在する．CEZからは人が隔離されたため，人為負荷は大きく低下した．加えて耕作放棄地から得られる根菜類や穀類等の栄養源が放射線の有害影響を補償し，個体数が増えた生物種も存在している．このように，原子力事故は生態系に間接的ではあるが正の影響ももたらしている（IAEA, 2006）．人災がもたらした皮肉な結果であり，我々はこの結果をどのように解釈すべきであろうか．

生態系影響評価システムとしての放射線生態学の歴史は未だ浅く，幾つかの課題が残されている．ヒト健康においても懸念されているように，実際の影響は空間線量に加え食品等から吸収される放射線量にも依存している．そのため，放射線生態学では空間線量率ではなく吸収線量もしくはその単位時間あたりの量である吸収線量率で有害影響を評価している．空間線量率は地面から高くなるほど下がるので吸収線量との相関が弱くなるし，また吸収線量は生物の体サイズや体重にも依存し，体サイズが大きいほど外部からの寄与は小さくなる（ICRP, 2010）．吸収線量を詳細に把握することは非常に困難であるが，放射線の生態影響を適切に把握し，管理・対策へと応用するには必要な作業である．

9.2.6 汚染事例のまとめ

このように環境汚染物質が原因と思われる生態影響の報告例は数多く存在している．大規模な事故による環境汚染は滅多に起こることではないが，いったん起こるとその環境被害は甚大であり，長期にわたり生態系に悪影響を及ぼす可能性がある．生態影響を把握するには，水質や生態系の長期的なモニタリングが必要となる．突発的な事故でなくともDDTやTBTのように定常的な人為活動が原因で環境が汚染され，生態系に悪影響を及ぼすケースもある．これらは，化学物質や生態系への無理解により起きたとも言える．『沈黙の春』（Carson, 1962）以前は，地球の自然浄化機能はほぼ無限でありヒトの活動が環境に影響を与えることはないと信じられていた．現在では，地球の機能には限界があり，ヒトが環境を，時には不可逆的に破壊しうることは広く認識されている．少なくとも先進国では化学物質の利用と安全性評価はセットになっているため，事故を除けば，環境に激甚な影響を与えることは少なくなっている．次節では，生態影響の程度を把握する際に実施される「生態リスク評価」について解説する．

9.3 化学物質の生態リスク評価の枠組みと生態影響試験

9.3.1 化学物質の生態リスク評価の枠組み

リスクとは，避けたい事象が起こる確率である．リスク評価（risk assessment）とは避けたい事象が起こる確率を明らかにすることである．避けたい事象はエンドポイント（endpoint）と呼ばれる．エンドポイントを何にするかが，リスク評価では最も重要なことである．エンドポイントの設定は影響を抽出するための技術にも依存するし，社会的な要望にも依存する．ヒト健康では「一人以上に影響が出る」ことが一般的に要求されるエンドポイントである．生態影響評価においても同様に「一個体以上に影響が出る」を避けたい事象とすることが多い．近年では，分子生物学の技術が発達しており，分子や遺伝子レベルでの影響をエンドポイントとすることも可能となってきた．そのため，「一つ以上の細胞が破壊される」や「化学物質に誘導されるタンパクが発現する」などを避けたい事象とすることもある．生態影響の場合，生物個体や細胞レベルに現れる影響よりは，むしろ個体群，群集，あるいは生態系全体に現れる影響をエンドポイントとすることが適切かもしれない（図9.1）．生態系における「どうしても避けたい事象」は，究極的には不可逆的な過程である種の絶滅およびその帰結である生物多様性の減少であるが，個体群サイズの減少や生態系サービスの低下などもエンドポイントとして挙げられる．

化学物質の生態リスク評価は，問題の定式化，曝露評価，影響評価，リスク判定の4つの要素から成る（US EPA, 1998）．図9.2は，化学物質の生態リスク評価分野で最も引用されている概念図である．「問題の定式化」では，対象となる化学物質の潜在的な有害性が確認され，評価対象生物や評価範囲が明確化される．「曝露評価」では，評価対象生物に対する対象物質の曝露経路が特定され，曝露レベルが決定される．「影響評価」では，評価対象生物に対する対象物質の許容レベルや曝露-反応関係が推定される（図9.3も参照）．この「影響評価」は生態リス

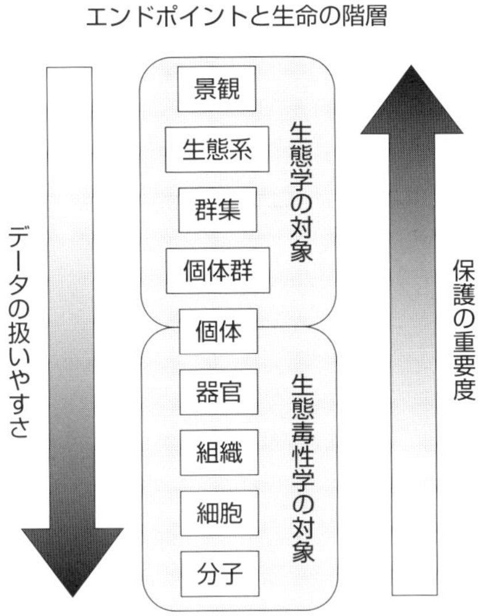

エンドポイントと生命の階層

景観
生態系
群集
個体群
個体
器官
組織
細胞
分子

生態学の対象
生態毒性学の対象
データの扱いやすさ
保護の重要度

図 9.1　生命の階層と生態リスク評価でのエンドポイント
エンドポイントが異なれば，影響評価手法も異なる．各階層間のリスクを比較するには，その間を埋める技術が必要となる．Pastorok *et al.*, 2002 を一部改変．

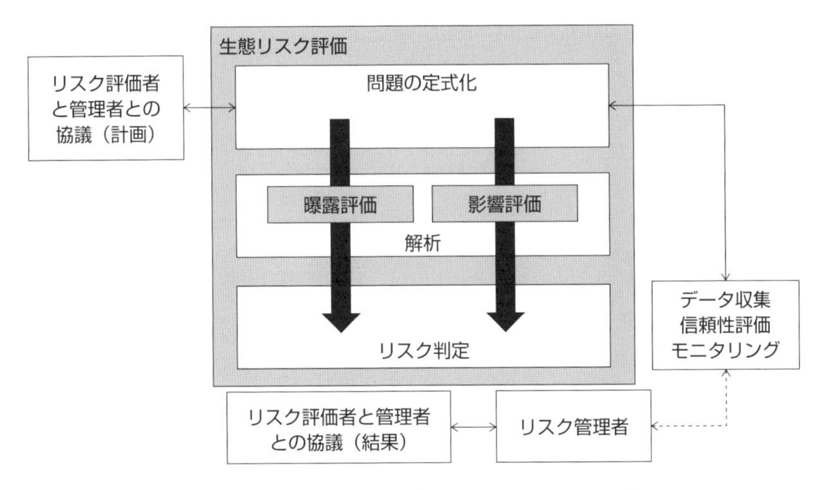

図 9.2　生態リスク評価の概念図　　US EPA, 1998 より．

ク評価の肝であり，生態毒性学という分野が重要な役割を果たしている．そして「リスク判定」では，「曝露評価」と「影響評価」の結果を統合し，評価対象物質の評価対象生物に対するリスクを推定する．その際，リスク推定結果の信頼度や不確実性も提示される．一般的な生態リスク評価の枠組みは図 9.2 の様に概念化されるが，具体的な方法はリスク評価の目的によって異なる．生態リスク評価の実務については後述する．

9.3.2 生態影響試験

生態リスク評価（ecological risk assessment）の基幹をなす生態毒性学（ecotoxicology）は，生物個体への影響から個体群や群集レベルへの影響までを含む化学物質の生態系に対する有害影響を研究する分野である（Landis & Yu, 2004）．生態毒性学は名目的にはこのように定義されるが，現実は，飼育系統が確立された少数の生物種の個体や細胞，分子レベルでの影響を調べることがほとんどである．生態リスク評価では「生物種間」の影響の違いが知りたい情報であり，可能ならば最も化学物質に弱い生物を見つけたい．その種さえ保護できれば良いので，管理が容易となるからである．一方，毒性学では「化学物質間」の毒性の強さを比較すること，及び比較可能な試験制度を設計することが目的の一つである．物質間の毒性比較を行うには生物種が異なっては都合が悪い．再現性の確認では取り扱いが容易な個体以下のミクロなレベルであるほど良い．そのため生物種は固定，レベルはよりミクロへという方向に研究は発展してきた．ある制度が極度に精緻化すると，柔軟性が失われてしまうことが多い．そのような事態を避けるには分野間の連携が大切であり，両者を上手につなげる研究が必要となる．リスク評価者は分野間の調整役としての機能を担う必要があり，学際的な知識が要求される．

生態影響試験は，急性毒性試験と慢性毒性試験に大きく分けられる．ミジンコの急性毒性試験では，ミジンコを被験物質に 48 時間暴露させ，遊泳阻害率をエンドポイントとして，半数影響濃度（EC50）等の毒性値が求められる．魚類では 96 時間で半数が死亡する濃度（LC50）がよく報告される．慢性毒性試験では，対照区と有意な差が無い処理濃度のうち最も高い無影響濃度（no observed effect concentration：NOEC）と，有意差が見られる処理濃度のうち最も低い最低影響濃度（lowest observed effect concentration：LOEC）が報告され，リスク評価には

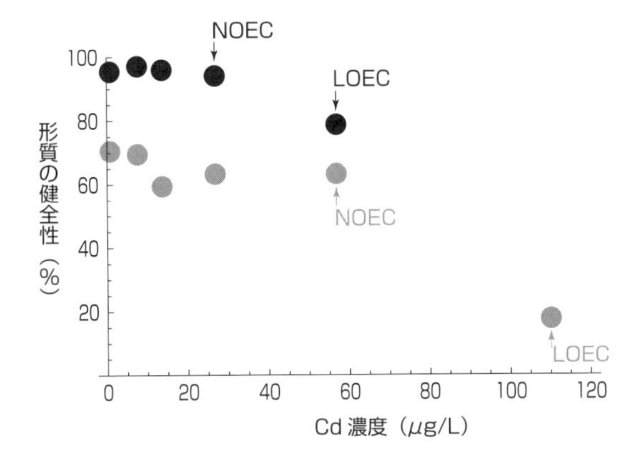

図 9.3　濃度反応関係の例
ファットヘッドミノーを用いたカドミウムの毒性試験結果（Pickering & Gast, 1972 による）．慢性毒性試験では，幾つかのエンドポイントで影響が調べられる．この図では，黒が生存率，灰色が卵のふ化率への影響を表している．エンドポイントが異なれば NOEC も異なることもあるが，その試験内で得られた最も低い NOEC が評価に採用されることが多い．NOEC は統計的な有意差が見られない最大濃度であり，用いられた生物の頭数等，試験デザインによって変わる可能性があることには注意を要する．

通常 NOEC が使われる．慢性毒性試験は，対象生物の生涯にわたって曝露を続ける全生活環テストが要求されるが，魚などの生活史が長い生物では試験にかかる時間や経費を節約するため，より短期間で影響を知るための試験法が開発されている（例えば，McKim, 1977）．試験結果は図 9.3 のようにプロットされ，濃度反応関係や NOEC, LC50 等が推定されリスク評価に用いられる．

化学物質の毒性は水質や生物の飼育条件，毒性試験の長さや試験に用いる生物の齢により変化する．試験条件による毒性のバラツキを避けるため，1 ビーカー当たりの個体数や試験生物の齢など，試験条件は非常に細かく定められている．経済協力開発機構（OECD）の化学品テストガイドラインでは，生態影響試験として藻類生長阻害試験，ミジンコの急性遊泳阻害試験，魚類急性毒性試験などが整備されている（European Commission, 2003）．このガイドラインは，各国における試験方法の違いをなくし国際的な調和を促進することを目的としており，その成果は化学物質管理において国際的に利用される．

9.4 生態リスク評価の実務

生態リスク評価を行うには，対象とする化学物質の生態影響試験より得られる毒性値（NOEC や EC50，LC50 等）と生物の生息環境中における化学物質の濃度（曝露濃度）を知る必要がある．リスクの大きさは影響濃度と曝露濃度の比によって判定される．毒性の強い物質は注意深く管理しなければならないが，曝露がなければリスクはない．曝露量は現在でもとかく忘れられがちだが，考え方は 16 世紀の前半には既にある．「全ては毒であり毒でないものはない．量だけが毒をなくすことができる」[2] のである．

化学物質の種類および生物の種数はきわめて多く，全ての化学物質の影響を全ての生物で調べるのはむろん無理である．毒性試験に用いられる試験生物には様々なものがあるが，通常，化学物質の評価では藻類（生産者；植物），甲殻類（植食者）および魚類（捕食者）の 3 栄養段階（trophic level）に属する生物種での毒性試験が要求される．藻類なら緑藻（*Pseudokirchneriella subcapitata*），甲殻類ならオオミジンコ（*Daphnia magna*），魚類ならファットヘッドミノー（*Pimephales promelas*）かメダカ（*Oryzias latipes*）であることが多い．

生態リスク評価の方法は，利用可能なデータや目的によって決まり，段階的に実施されることが多い．詳細な評価の必要性を判断するためのスクリーニング的なリスク評価（しばしば，「初期リスク評価」と称される）では，公的機関ごとに多少異なるガイドラインが定められているが，基本的には，毒性値（例えば NOEC）に不確実性を考慮して求められる予測無影響濃度（predicted no effect concentration：PNEC）と予測環境中濃度（predicted environmental concentration：PEC）の比の大きさで評価を行う．

9.4.1 予測無影響濃度（PNEC）の決定

A．限られた種の毒性データのみが存在する場合

毒性試験は環境が十分に制御された室内で行われる．そのため，実験室で無影響濃度（NOEC）が求まっても，野外ではその値で影響が出るかもしれない．ま

2)　15 世紀末スイスに生まれた錬金術師パラケルススの言．

た，標準試験生物から得られたNOECだけで，その他全ての生物を保護しようというのも無理な話だろう．そこで，NOECを不確実係数で除してPNECとする．環境省（2002）は不確実係数（アセスメント係数）として，2栄養段階での急性毒性試験しか無い場合は1000，3栄養段階全てで急性毒性試験がある場合は100，2栄養段階での慢性毒性試験がある場合は100，3栄養段階全てで慢性毒性試験がある場合は10を取るように定めている．

環境中の化学物質の濃度はモニタリングにより測定される．評価対象地点の全てでモニタリングを行うことは困難であるし，モニタリングだけでは管理・対策後の濃度を事前に知ることはできない．そこで，モデルを用いて予測環境中濃度（PEC）を推定し評価に用いることが多い．モデルの精度や信頼性が問題になることもあるが，環境は基本的には実験が難しい系であるため，ある程度は推定に頼らざるを得ない．最終的に得られたPECとPNECの比をとり，比が1より小さければ（PEC/PNEC＜1）リスクは無視できると判断されるが，PEC/PNEC＞1ならばリスクが懸念されると判断され，詳細なリスク評価へと進む．

この詳細リスク評価には，スクリーニング評価のように標準的なガイドラインは存在しない．なるべく多くの種での影響を考慮する，急性ではなく慢性毒性試験データを使う，PECもできるだけ実態に近い値を用いる等の配慮が行われる．

B．多種の毒性データが存在する場合

限られた試験生物種への影響だけから生態系全体を保護する管理の枠組みを作るのは無理，と感じられるかも知れない．けれども，全ての生物種でNOEC等の毒性値を調べることは現実的ではない．比較的多くの種での毒性値があれば，統計的なアプローチを取ることができる．例えば，日本人の平均身長を調べる場合，全ての日本人の身長を調べるわけではなく，幾つかの限られたサンプルから日本人全体（母集団）の推定を行う．毒性値の種差についても同様のアプローチをとることができる．幾つかの生物を抽出して毒性値を調べれば，その化学物質の全生物種に対する平均的な毒性や母集団が従う分布の推定が行える．推定された分布は「種の感受性分布（species sensitivity distribution：SSD）」と呼ばれる（Aldenberg & Jaworska, 2000; Posthuma *et al.*, 2002）．分布型は対数正規分布が仮定されることが多いが，三角分布やロジスティック分布も用いられる．詳細リスク評価では，毒性値に慢性毒性試験から得られるNOECを用いることが多い．

ただし，母集団の推定はランダム抽出が前提だが，毒性試験に用いられる生物種は標準試験生物に偏るため，ランダム抽出にはなっていない．また，分布を推定するのにどの分類群から何種の毒性値が必要か等，ある程度の取り決めはあるが（European Commission, 2003）明確なルールは存在せず，得られるデータに応じて評価ごとに異なるのが現状である．

PEC/PNEC 比による評価は「影響があるか，ないか」という yes or no タイプの評価（ハザード評価）である．一方，SSD を用いた評価では，SSD に対数正規分布を仮定すると，環境中濃度が 0 でない（つまり化学物質を全く使わない）限り影響は 0 とはならない．そのため，リスクを 0 にするという「ゼロリスク」に基づいた管理が困難となり，どの程度の影響までなら許容できるのかを議論する必要がでてくる．実際の評価では 5% の種に影響が出ると期待される濃度（95% 保護濃度または HC5 と呼ばれる）を許容レベルとし，PEC が HC5 を下回ればリスクは無視できると判断することが多い．ただし，95% の種が保護できればリスクが無視できるというのは「評価の手続き上の判断」であり，HC5 以下では生態系に影響が出ない，HC5 以上では影響が出るという意味ではない．何% の種の保護が適切かは，データの質や合意形成を経て決められる管理目標に応じて変わる性質のものである．

9.5 既存のリスク評価手法の問題点

既存の評価手法は個体レベルの評価と言われる．多くの物質のリスクを迅速に評価するには，かなりの単純化が必要なことは確かである．けれども，簡便さを追求するあまり個体レベルの評価だけが発展したことは問題である．保全生態学では個体群の存続可能性等，個体群レベルでの影響をエンドポイントとすることが多い．化学物質の生態リスク評価と保全生態学ではエンドポイントが異なっており，そのため整合性に齟齬が生じることがある．化学物質の生態影響とその他の人為による影響を同列に議論するには，エンドポイントを共通にする必要があるだろう．

NOEC を影響評価に用いることにも多くの批判がある（例えば Landis & Chapman, 2011；岩崎ら，2013）．NOEC は「影響がない最大濃度」として評価に用いられることが多いが，NOECは影響がないことを保証しない．化学物質の影響を検出する統計的な手続きにおける帰無仮説は「有害影響はない」であり，帰無仮説が「棄却される」ならば統計学的に「影響がある」と判断できる．では，帰無仮説が棄却されないとはどういう意味か．「棄却されない」ならば「影響がない」が論理的な裏になるが，裏は必ずしも真ではない．つまり，影響がないとは必ずしも言えないのである．図9.3にあるように．NOECは幾つかの形質で調べたうちの最低のものなのだから．それより下の濃度では有害影響は観測されないはずである．けれども．個体群レベルを考えると話は変わる．9.6節で述べるように．個体群サイズの増減は産卵量や生存率等の生活史形質のバランスで決まる．個々の形質における化学物質の影響が．統計的に見えないぐらい小さいとしても，つもりつもって個体群の維持が困難になることがあるかも知れない．そして，個体群モデルを用いた研究からは．NOECよりも低い濃度で個体群の維持が困難になりうることが示されている（Iwasaki *et al.*, 2010）.

限られた生物種での毒性情報からリスク判定を行うことも大きな批判の一つとしてある．調べられた生物からはリスクは懸念されないと判断しても，世の中にはもっと感受性の高い生物がいるかもしれないし，そのような生物はおそらくいる．それを想定して不確実係数が用いられる．しかし，不確実係数の値に根拠がある訳ではなく，その値は経験的に決められているにしかすぎない．より安全にするには不確実係数を大きく取れば良いが，そうすると，リスクの有無は不確実係数の大きさだけで決まってしまう．そのような批判に対し，既存の毒性情報から全体を外挿する手法の一つとして，SSDを用いた評価手法が開発された．

SSDも万能ではない．SSDはNOECの分布である．化学物質の影響は，通常，繁殖や生存等いくつかの生活史形質で調べられ，最も低いものがその種のNOECとして報告される．それらNOECを用いてSSDの平均と分散を推定するが，これは，NOECでありさえすれば，繁殖量における影響であろうと生存率における影響であろうと，それらは互いに比較可能という暗黙の仮定をおいていることになる．この仮定はかなり疑わしい．では，エンドポイントを例えば「死亡」に統一したら良いと思うかもしれない．実は，これも適切でない．生物は種ごとに生活史戦略が異なり，内的自然増加率が高い種もいれば，低い種もいる．内的自然増加率が高い種は，化学物質により死亡率が上昇してもその高い増加率により補償されるため，個体群レベルでの影響はほとんど現れない．一方，増加率が低い種では補償が十分に行われず影響を大きく受けてしまう（Sample *et al.*, 2000）．このように，「死亡」における影響が同等でも，生活史の違いにより個体群に現れる影響は異なるのである．生態学的には一見当たり前の知見であるが，化学物質のリスク評価においては Stark *et al.*（2004）に指摘されるまで考慮されることはなかった．

個体群レベルの評価手法の開発は，断続的ではあるがその歴史は長い（林ら，2010）．しかしながら，個体群レベルの評価を行うには化学物質の影響に加え，生物の生活史を知る必要があり，事例を増やすことは困難である．情報の不足から，結果の再現性や信頼性に対する疑問が根強く，化学物質の管理へと応用されることはなかった．近年，化学物質の管理においても生物多様性や個体群の存続可能性などを目標にしようという動きが，特に欧州で活発化し（CREAM プロジェクト，Grimm *et al.*, 2009），個体群レベルの評価手法の再開発が急速に進み始めている．

9.6 個体群レベルの評価手法

個体群レベルの評価でもエンドポイントの設定が重要となる．エンドポイントには例えば，絶滅までの平均待ち時間（もしくは今この瞬間の絶滅確率）や，農薬散布により一時的に減少した個体数が元に戻るまでの回復時間等が設定される．さらに，経済的価値の高い種では野外の個体数そのものもエンドポイントとなるだろう．どのエンドポイントがより適切かは議論の余地があるが，実務的な問題として，評価に適したデータが入手可能であるかどうかに依存することが多い．

9.6.1 いくつかの事例研究

生態系は複雑な系であり，全てを実験で確かめることは極めて困難である．そのため，内挿や外挿の手法として数理モデルが用いられることが多い．絶滅を扱う数理モデルは多数存在する（MacArthur & Wilson, 1967; Lande & Orzack, 1998; Hakoyama & Iwasa, 2000; Tanaka & Nakanishi, 2001；松田，2008）．化学物質の事例研究は Akcakaya *et al.*（2008）が詳しい．ここでは化学物質の生態影響に用いられた例を紹介する.

A. 個体群が維持できなくなる閾値濃度

化学物質の影響評価では齢ごとの毒性を調べることが多く，そのため齢ごとの影響を組み込むことが容易な齢構成モデル（巌佐，1998; Caswell, 2001）を用いることが多い．化学物質の毒性試験では基本的に個体レベルでの影響を調べるため，個体レベルの影響と絶滅という個体群レベルの影響とを結びつけるための手法（Gurney & Nisbet, 1998 が詳しい）も必要となる．

ファットヘッドミノーは毒性試験によく用いられる指標生物であり，生活史の推移行列も推定されている（Miller & Ankley, 2004）.

$$\begin{pmatrix} 0.75 & 1.5 & 3 \\ 0.39 & 0 & 0 \\ 0 & 0.39 & 0 \end{pmatrix} \tag{9.1}$$

推移行列の一行目の数字が出生数を表しており，残りの数字は生存率を表している．この例は 1，2，3 齢魚一個体から生じる新たな 1 齢の個体数がそれぞれ 0.75，1.5，3 であり，1 齢から 2 齢，2 齢から 3 齢への生存率が 0.39 で，3 齢で全て死亡することを表している．式 9.1 で与えられる魚集団の個体数が増えるか減るかを知るには，この行列の固有値を求めなくてはならない（詳しくは巌佐，1998; Caswell, 2001）．これは 3×3 の行列なので，固有値は 3 つある．個体数の増減は最も大きな固有値で決まり（固有値は複素数になることもあるがここでは虚部は考慮しなくて良い），1 以上であると増加，1 以下であると減少する．式 9.1 の最大固有値は 1.4 なので，この魚集団の個体数は毎年 1.4 乗で指数的に増える．

次に，この行列の死亡率と生存率，または孵化率などが化学物質の曝露によりどのように変わるのかを推定する．仔魚の生存率（生存率は仔魚で調べることが多い），卵のふ化率，産卵数を濃度 (x) の関数として，それぞれ $\alpha(x)$，$\beta(x)$，$\gamma(x)$ として，これらの濃度反応関係を毒性データから推定する．これらは全て新規参入に関する影響なので第一行に組み込むと，毒性影響を考慮した新たな推移行列が得られる．

$$\begin{pmatrix} 0.75f(x) & 1.5f(x) & 3f(x) \\ 0.39 & 0 & 0 \\ 0 & 0.39 & 0 \end{pmatrix} \tag{9.2}$$

ただし $f(x)=\alpha(x)\beta(x)\gamma(x)$ である．そして，最大固有値が1となる化学物質の濃度を求めれば，それが個体群の存続を可能とする最大濃度（個体群閾値濃度）である．データの不確実性などいくつか注意を要するが，こうして求められる濃度以下に環境中濃度を制御すればファットヘッドミノー集団は維持されると推定できる．Iwasaki *et al.*（2010）は図9.3で与えられるカドミウムの毒性試験結果から，ファットヘッドミノーの集団は33（Cd）μg/L 以上では存続できないと推定している．

B．絶滅までの平均待ち時間

全ての生物集団はいつかは必ず絶滅する．絶滅までの待ち時間が長いほどよい，と考えるなら「絶滅までの待ち時間の減少」はリスク評価のエンドポイントとなる．集団の絶滅には幾つかの要因が絡む．内的自然増加率が小さければ絶滅は起こりやすいし，大きくても生息場所が限られ個体の絶対数が少なければやはり絶滅は起きやすい．さらに，絶滅は「たまたま出生数が少なかった」に加えて「その年はたまたま悪天候で餌不足だった」というように幾つかの不運の積み重ねで起こる．このような運，不運などによる個体数の揺らぎも絶滅に関与する．例えば，良い年には個体数は非常に増えるが悪い年には限りになくゼロに近づくといった，個体数の揺らぎが非常に大きな生物集団では絶滅が起きやすい．Hakoyama らは個体数の揺らぎと環境の変動を考慮して絶滅までの平均待ち時間を導出している（Hakoyama & Iwasa, 2000；巌佐ら，2002）．

Hakoyama & Iwasa（2000）のモデルを用いた事例研究として，DDT を例としたセグロカモメの生態リスク評価がある．Nakamaru *et al.*（2002）は，絶滅までの平均待ち時間を通して DDT の環境中濃度とカモメの生息地サイズの減少を関連づけている．これは個体群存続分析手法（population viability analysis：PVA）を化学物質の影響評価に応用したものである．彼らの手法を用いると，次の問に答えることができる．

Q：事故により化学物質が環境中に流出し，カモメの死亡率が α だけ上昇した．

補償が要求されたが，どのような補償が適切か？

まず，事故前にその化学物質は環境中には無かったとし，そのカモメ集団の内的自然増加率はr，環境収容力（生息地サイズ）はK，環境変動の大きさはσだったとする．絶滅までの平均待ち時間はこれらの関数であり，待ち時間を$T(r, K, \sigma)$と書くことにする．死亡率がα上昇したので，内的自然増加率は$r-\alpha$，環境収容力は$(1-\alpha/r)K$に変わる（詳細は巌佐ら，2002）．このときの待ち時間は$T(r-\alpha, (1-\alpha/r)K, \sigma)$である．次に，「カモメの死亡率の上昇」という量を金銭価値に置き換えやすい量，例えば「生息地面積の減少量」への変換を考える．今，化学物質の流出はないが生息地面積がΔKだけ減ったとする．このときの待ち時間は$T(r, K-\Delta K, \sigma)$である．待ち時間の減少がちょうど同じになるαとΔKの組みがあるはずで，それは$T(r-\alpha, (1-\alpha/r)K, \sigma)=T(r, K-\Delta K, \sigma)$を解けば得られる．こうすることで「絶滅までの待ち時間の減少」を通して，「化学物質の曝露により増えた絶滅リスク」を「生息地面積の減少による絶滅リスク」に変換することができる．そこで，問いに対する答えは，

A：絶滅までの平均待ち時間を同じにする生息地面積の減少分，ΔKに相当する土地を弁済（オフセット）する

とできる．Nakamaru *et al.* (2002) による手法の優れた点は，化学物質によるリスクと生息地の減少によるリスクという質の異なるリスクを互いに比較可能にしたところにある．この手法が秘めた実学への応用可能性は，特に米国において高く評価されている．

C．個体群レベルの感受性分布

上記二つの手法は，特定の種に対する影響を調べる手法である．この手法ではその種を守る管理法を考えることはできても，生態系全体の保護ということに関しては何も情報を与えない．生態系全体への影響を調べるには，まず幾つかの生物種で個体群閾値濃度を計算しておいて，それらから生態系全体への影響を外挿すればよい．外挿手法としては9.4.1項A．で述べたSSDを用いる．ただし，個体群閾値濃度の推定には繁殖，死亡，孵化など生活史全般にわたる影響を知る必要があり，分布が推定できるほどの生物種数で個体群閾値濃度が推定できることは希である．そのためSSDを用いた個体群レベル評価の事例はほとんどない

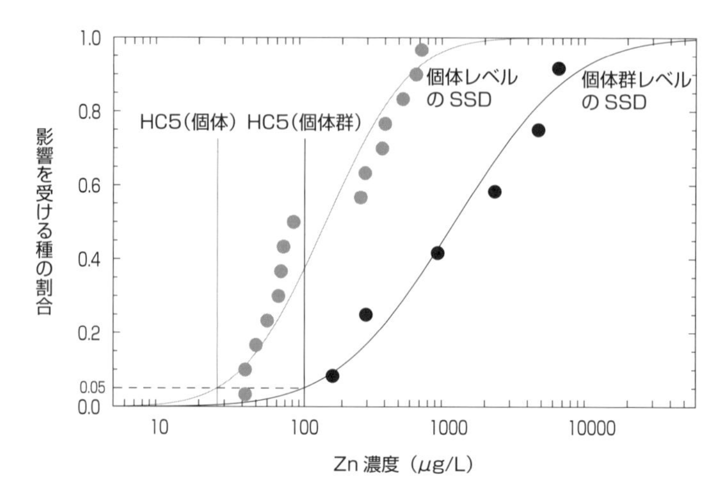

図 9.4　個体レベル，個体群レベルの種の感受性分布（SSD）

個体レベルの SSD は通常のリスク評価の手続きで生物種ごとの NOEC（灰色の丸）から対数正規分布を仮定して推定した．個体群レベルの SSD は存続閾値濃度を生物 6 種（黒丸）で求めそれらからやはり対数正規分布を仮定して推定した．通常，SSD は図のように累積分布で示す．破線が 5% 影響ラインで，HC5（個体），HC5（個体群）がそれぞれ個体レベル，個体群レベルの 95% 保護濃度を表す．環境中濃度が，HC5（個体）以下であれば個体レベルのリスクはない，HC5（個体群）以下であれば個体群レベルのリスクはないと考える．

（銅の例として，Iwasaki *et al.*, 2013）．図 9.4 に亜鉛の個体群レベルの種の感受性分布を示した（内藤ら，2008）．個体群レベルの SSD は個体群の絶滅をもたらす濃度の分布であり，生物多様性曲線であるとも解釈できる．ただし，種間相互作用等，生態学的に重要と考えられる要素を無視していることには注意が必要だろう．SSD を用いた評価では，生物の価値は全て同等という仮定をおいている．保護の優先度は生物ごとに変わる（例えば絶滅危惧種，地域固有種，キーストーン種，2.2.4 項参照）ことも十分考えられる．そのような生物の保護が目的なら，それにふさわしい評価手法を開発する必要がある．また，SSD を用いた評価は多分に理論的な面もあり，管理・対策へと援用するには汚染地域などの「現場」からの知見（例えば，御勢，1960; Iwasaki *et al.*, 2009）と照らし合わせる必要もある．

9.7 まとめと今後の展望

本章では，化学物質の環境汚染によって引き起こされた生態影響を概観し，化学物質の生態系への影響を評価するための方法論の現状と課題について紹介した．化学物質の有効利用と生態系保全との両立を実現するための適切な政策を講じるためには，「化学物質によって野生生物や生態系がどの程度影響を受けるか」を評価することが不可欠である．本章では，その“評価”のためのさまざまな定量化手法を紹介したが，利用者や意思決定者は手法ごとに限界があることを理解し，リスク評価の目的に応じて，手法の特徴を生かした使い方をしなければならない．

前節を読んでわかるように，個体群レベルの評価を行うには，推移行列の扱いなど生態学の一般的な素養があれば十分である．ただし毒性学から得られるデータを読み解く能力が必要であり，その能力を持つ生態学者はほとんどいない．逆に，生態学の知識を十分に持った毒性学者もほとんどおらず，結局のところ生態学や保全生態学と同列に議論可能な生態リスク評価を行うことができる研究者はほとんどいない．この問題が近年強く認識され，欧州では生態リスク研究者養成コースが始まっている（CREAM プロジェクト，Grimm *et al.*（2009））．生態系保全に関したリスク評価・管理は，ほとんどが個体群レベルでなされているのに対し，化学物質の管理は個体レベルで行われている．生態系の保全・管理には，種々あるリスクを比較しながら最も良い方法を選択していく必要があるが，現在のところ化学物質とその他のリスクを比べることが難しく，総合的な枠組みの構築は困難である．化学物質の生態影響評価を生態学や保全生態学の枠組みに組み込むにはやはり個体群レベルの評価が必要で，それには人材育成が欠かせない．今のところ，化学物質の生態リスク評価において．個体レベルと個体群レベルの影響とをつなげる研究が不足している．これは，研究上の広大なニッチであり，適応放散の余地は十分にある．

リスク評価では必要な情報が全て集まることは希である．けれども，リスク評価では情報不足という理由で判断を保留することは許されない．根拠の薄い主張には意味を見いだささないことが科学的な態度である．しかし，リスク評価では今ある情報を用いて，一見無理矢理に見えようとも，リスクを評価し対策を講じなくてはならない．なぜなら評価を保留し対策を遅らせることは，潜在しているリスクを許容することと同義だからである．このような性質上，リスク評価では情報と情報の隙間を埋める推論ツールの開発が重要であるし，推論過程の透明性を高める努力も必要である．また，リスク評価の特徴を捉えた管理・対策の方法も開発しなくてはならない．特に生態リスク評価では，生態系は極めて複雑であり不確実性は高いため，一度限りの対策では限界があるかも知れず，逐次的に効果を確認しながら順次行うことがより適切であるかも知れない．これは順応的管理と呼ばれる手法であり，不確実性が大きいものに対し対策を行う場合によく用いられる（梶ら，1998; Linkov *et al.*, 2006；海の自然再生ワーキンググループ，2007）．化学物質の管理にもこの手法が応用できるはずである．

化学物質の利用をいっさいやめるという選択をしない限り，生態系に対し一定の負荷を与えることになる．負荷を完全になくすという選択肢は無い以上，どの程度の負荷なら許容できるかを決めなくてはならない．それはエンドポイントを適切に設定するということである．地球温暖化問題では炭素の削減量をまず決め，それを達成するためにどのようなライフスタイルにしなければならないかを考える．保全生態学でも避けたいもの（エンドポイント）を明確にし，エンドポイントを避けるための方法論が後ろ向きに展開（バックキャスト）される．化学物質の生態系管理においても，どのような生態系を維持したいか，その生態系を維持するためにはどのようなライフスタイルを取るかを議論していく必要があるだろう．どのようなエンドポイントが生態系を守るに適切か，どのようなエンドポイントならば社会に許容されるか，これを皆さんに考えて欲しい．エンドポイントを決めないと，生態リスク評価は行えない．既存のエンドポイントの批判はむろん大切であるが，より大切なことは，より適切なエンドポイントを示すことである．そのエンドポイントは，あなたが守りたいと思う生態系そのものである．

なお，放射線影響に関しては放射線医学総合研究所の川口勇生博士が多くを教えてくださいました．感謝申し上げます．

引用文献

Akcakaya, H. R., Stark, J. D. & Bridges, T. S.（2008）*Demographic Toxicity Methods in Ecological Risk Assessment.* Oxford University Press.

Aldenberg, T. & Jaworska, J. S.（2000）Uncertainty of the Hazardous Concentration and Fraction Affected for Normal Species Sensitivity Distributions. *Ecotoxicol. Environ. saf.*, **46**, 1-18.

Beresford, N. A. & Copplestone, D.（2011）Effects of ionizing radiation on wildlife: What knowledge have we gained between the Chernobyl and Fukushima accidents? *Integrated Environ. Assess. Manag.*, **7**, 371-373.

Carson, R.（1962）*Silent Spring*（*Twenty-fifth Anniversary Edition*）. Houghton Mifflin Company.

Caswell, H.（2001）*Matrix Population Models.* Sinauer.

シーア・コルボーン，ダイアン・ダマノスキ，ジョン・ピーターソン・マイヤーズ（1996）『奪われし未来』（長尾力訳），翔泳社.

Environment Canada（1995）*The rise of the double-crested cormorant on the Great Lakes: Winning the war against contaminants.* Published by authority of the Minister of the Environment Public Works and Government Services Canada.

Environment Canada（2001）*Bald Eagle Populations in the Great Lakes Region: Back from the brink.* Published by authority of the Minister of the Environment Public Works and Government Services Canada. http://www.on.ec.gc.ca/wildlife/factsheets/pdf/fs_bald-eagle_e.pdf（2011/05/12 アクセス）

European Commission（2003）*Technical guidance document in support of Commission Directive 93/67/EEC on risk assessment for new notified substances. Commission Regulation*（*EC*）*1488/94 on risk assessment for existing substances and Directive 98/8/EC of the European Parliament and of the Council concerning the placing of biocidal products on the market.* p. 328, Ispra.

Evans, S. M., Leksono, T. & McKinnell, P. D.（1995）Tributyltin pollution: A diminishing problem following legislation limiting the use of TBT-based anti-fouling paints. *Mar. Dollut. Bull.*, **30**, 14-21.

御勢久右衛門（1960）奈良県立里，川俣両鉱山及び和歌山県飯盛鉱山の廃水の河川生物に及ぼす影響，日本生態学会誌，**10**，38-45.

Garnier-Laplace, J., Copplestone, D., Gilbin, R. *et al.*（2008）Issues and practices in the use of effects data from FREDERICA in the ERICA Integrated Approach. *J. Environ. Radioact.*, **99**, 1474-1483.

Grimm, V., Ashauer, R., Forbes, V. *et al.*（2009）CREAM: a European project on mechanistic effect models for ecological risk assessment of chemicals. *Environ. Sci. Pollut. Res.*, **16**, 614-617.

Gurney, W. S. C. & Nisbet, R. M.（1998）*Ecological Dynamics.* Oxford University Press.

Grimalt, J. O., Ferrer, M. & Macpherson, E.（1999）The mine tailing accident in Aznalcollar. *Sci. Total Environ.*, **242**, 3-11.

Hakoyama, H. & Iwasa, Y.（2000）Extinction risk of a density-dependent population estimated from a time series of population size. *J. Theor. Biol.*, **204**, 337-359.

林 岳彦・岩崎雄一・藤井芳一（2010）化学物質の生態リスク評価：その来歴と現在の課題．日本生態学会誌，**60**，327-336.

堀口敏宏（1998）インポセックス—有機スズが巻貝の種の存続を脅かす—．水情報，**18**，3-10.

IAEA（2006）Environmental Consequences of the Chernobyl Accident and their Remediation: Twenty Years of Experience. *Report of the Chernobyl Forum Expert Group 'Environment'*, Vienna.

ICRP（2003）*Annals of the ICRP, A framework for assessing the impact of ionising radiation on non-human species*, ICRP publication 91.

ICRP（2008）*Annals of the ICRP, The 2007 Recommendations of the International Commission on Radiological Protection*, ICRP publication 103.

ICRP（2010）*Annals of ICRP, Environmental Protection : the Concept and Use of Reference Animals and Plants*, ICRP publication 108.

巌佐 庸（1998）『数理生物学入門―生物社会のダイナミックスを探る』共立出版.

巌佐 庸・箱山洋・中丸麻由子（2002）生物集団の絶滅リスク.『生態系とシミュレーション』（楠田哲也・巌佐 庸編）p. 31-45, 朝倉書店.

岩崎雄一・加賀谷隆・宮本健一・松田裕之（2009）鉱山廃水処理水流入後の河川底生動物群集の変化：生野銀山における事例. 水環境学会誌（調査報告）, **32**, 325-329.

岩崎雄一・林 岳彦・永井孝志（2013）NOEC と LOEC にお別れを言うときが来た？　環境毒性学会誌, **16**, 13-19.

Iwasaki, Y., Kagaya, T., Miyamoto, K. & Matsuda, H.（2009）Effects of heavy metals on riverine benthic macroinvertebrate assemblages with reference to potential food availability for drift-feeding fishes. *Environ. Toxicol. Chem.*, **28**, 354-363.

Iwasaki, Y., Hayashi, T. I. & Kamo, M.（2010）Comparison of population-level effects of heavy metals on fathead minnow（*Pimephales promelas*）. *Ecotoxical. Environ. saf.*, **73**, 465-471.

Iwasaki, Y., Hayashi, T. I. & Kamo, M.（2013）Estiwating population-level HC5 for copper using a species seusitivity distribution approach. *Environ. Toxical. chem.*, **32**, 1396-1402.

神 和夫（1995）日本における水鳥の鉛汚染レベル.『ワイルドアニマルレスキュー4　水鳥の鉛中毒, 現状とその対策について考える』（野生動物救護獣医師協会編）p. 18-25.

梶 光一・松田裕之・宇野裕之ほか（1998）エゾジカ個体群の管理方法とその課題. 哺乳類科学, 38, 301-313.

環境省（2002）『化学物質の環境リスク評価　第一巻』環境省環境保健部環境リスク評価室.

川口勇生（2013）放射線がヒト及びヒト以外の生物に与える影響環境管理, **49**, 9-14.

Lande, R. & Orzack, S. H.（1988）Extinction dynamics of age-structured populations in a fluctuating environment. *Proc. Natl. Acad. Sci. USA*, **85**, 7418-7421.

Landis, W. G. & Yu, M-H.（2004）*Introduction to Environmental Toxicology Impacts of chemicals upon ecological systems*. Lewis Publishers.

Landis, W. G. & P. M. Chapman（2011）Well past time to stop using NOELs and LOELs. *Integr. Environ. Assess. Manag.*, **7**, vi-viii.

Linkov, I., Satterstrom, F. K., Kiker, G. A. *et al.*（2006）From optimization to adaptation Shifting paradigms in environmental management and their application to remedial decisions. *Integrated Environmental Assessment and Management*, **2**, 92-98.

松田裕之（2008）生物個体群の絶滅リスク.『「数」の数理生物学』（日本数理生物学会編集, 瀬野裕美責任編集）第9章, 共立出版.

MacArthur, R. H. & Wilson, E. O.（1967）*The Theory of Island Biogeography*, Princeton University Press.

McKim, J. M.（1977）Evaluation of tests with early life stages of fish for predicting long-term toxicity. *J. Fish. Res. Board Can.*, **34**, 1148-1154.

Miller, D. H., Ankley, G. T.（2004）Modeling impacts on populations: fathead minnow（*Pimephales promelas*）exposure to the endocrine disruptor 17 beta-trenbolone as a case study. *Ecotoxicol. Environ. Saf.*, **59**, 1-9.

Møller, A. P., Mousseau, T. A., Milinevsky, G. *et al.* (2005) Condition, reproduction and survival of barn swallows from Chernobyl. *J. Anim. Ecol.*, **74**, 1102-1111.

Møller, A. P. & Mousseau, T. A. (2011) Efficiency of bio-indicators for low-level radiation under field conditions. *Ecol. Indicat.*, **11**, 424-430.

Møller, A. P., Bonisoli-Alquati, A., Rudolfsen, G., Mousseau, T. A. (2011) Chernobyl Birds Have Smaller Brains. *Plos One*, **6**, e16862.

Morton, B. (2009) Recovery from imposex by a population of the dogwhelk, *Nucella lapillus* (Gastropoda: Caenogastropoda), on the southeastern coast of Englandsince May 2004: A 52-month study. *Mar. Pollut. Bull.*, **58**, 1530-1538.

内藤 航・加茂将史・中西準子 (2008)『詳細リスク評価書 20 亜鉛』丸善.

Nakamru, M., Iwasa, Y. & Nakanishi, J. (2002) Extinction risk to herring gull populations from DDT exposure. *Environ, Toxicol. Chem.*, **21**, 195-202.

西村 肇・岡本達明 (2001)『水俣病の科学』日本評論社.

Odum, E. P. (1971) 放射線生態学.『生態学の基礎』(三島次郎訳) p. 595-617, 培風館.

Pastorok, R. A (2002) Chapter 1 Introduction. In: *Ecological modeling in risk assessment.* (Pastorok, R. A., Bartel, S. M., Ferson, S. & Ginzburg, L. R. eds.) Lewis Publishers.

Peakall, D. B. & Fox, G. A. (1987) Toxicological Investigations of Pollutant-related Effects in Great Lakes Gulls. *Environ. Health Persp.*, **71**, 187-193

Peterson *et al.* (2003) Long-term ecosystem response to the Exon Valdez Oil Spill. *Science*, **302**, 2082-2086.

Pickering, Q. H. & Gast, M. H. (1972) Acute and chronic toxicity of cadmium to the fathead minnow (*Pimephales promelas*). *J. Fish. Res. Bd. Can.*, **29**, 1099-1106.

Posthuma, L., Suter II, G. W. & Traas, T. P. eds. (2002) *Species Sensitivity Distributions in Ecotoxicology*, Lewis Publishers.

Sample, B. E., Rose, K. A. & Suter II, G. W. (2000) *Estimation of population-level effects on wildlife based on individual-level exposures: Influence of life-history strategies. In Environ- mental Contaminants and terrestrial vertebrates: Effects on Populations, Communities, and ecosystems.* (Albers, P. H., Heinz, G. H., & Ohlendorf, H. M. eds.) pp. 225-243, SETAC Press.

Smith, J. T. (2008) Is Chernobyl radiation really causing negative individual andpopulation-level effects on barn swallows? *Biol. Lett.*, **4**, 63-64.

Stark, J. D., Banks, J. E. & Vargas, R. (2004) How risky is risk assessment: The role that life history strategies play in susceptibility of species to stress. *PNAS*, **101**, 732-736.

Taggart, M. A., Figuerola, J., Green, A. J. *et al.* (2006) After the Aznalcóllar mine spill: arsenic, zinc, selenium, lead and copper levels in the livers and bones of five waterfowl species. *Environ. Res.*, **100**, 349-361.

Tanaka, Y. & Nakanishi, J. (2001) Mean extinction time of populations under toxicant stress and ecological risk assessment. *Environ. Toxicol. Chem.*, **19**, 2856-2862.

海の自然再生ワーキンググループ (2007) 順応的管理による海辺の自然再生.『環境配慮の標準化のための実践ハンドブック』(国土交通省港湾局編), 港湾局国際・環境課. http://www.mlit.go.jp/kowan/handbook/

US EPA (1998) *Guidelines for ecological risk assessment.* U.S. Environmental Protection Agency, Washington, D.C., Federal Register, **63**, 26846-26924.

第10章 外来生物の生態学

五箇公一・村中孝司

10.1 はじめに

地球上に生息・生育する生物は，本来，気象などの物理的環境要因，生物自体の限られた移動・分散能力，地理的障壁などによってその分布拡大が制限されている．それによって遺伝子，種，および生態系の地域固有性が維持されてきた．一方，人類による文明の高度な発達は生物本来の移動能力をはるかに超えた移動を可能にしてきた．15世紀の大航海時代，そして17〜18世紀の産業革命は，人類そのものだけでなく，それに付随して数多くの生物種の移動をもたらした転換期であったといえる．

特に産業革命以降，人間による多様な外来生物の大量導入と，人間と物資の頻繁かつ莫大な移動に伴う非意図的導入が日常化し，地理的な障壁が生物移動の障壁としての役割を失いつつある．そのため，多くの野生生物が本来の生息・生育地の外に持ち込まれ，そのうちの一部の種が野生化・定着した．このような生物を外来生物（外来種；alien species）という．外来生物とは，過去あるいは現在の自然分布域外に導入された種，亜種，変種の分類群，あるいは遺伝子，地域個体群などを指し，生存して繁殖することのできるあらゆる器官，配偶子，種子，卵，無性的繁殖子を含む（IUCN. SSC., 2000）．また，外来生物の侵入によってしばしば引き起こされる生態系，産業活動，人の健康等に及ぼす影響に関する問題を外来生物問題（外来種問題）と呼んでいる．

イギリスの生態学者 Elton（1958）は，時代に先駆けて“*The Ecology of Invasions by Animals and Plants*”（『侵略の生態学』川那部ほか訳，1971）で外来生物問題を取り上げた．現在，外来生物問題は，生息・生育環境の開発や分断・孤立化，乱獲・過剰採集，農地や二次林などの二次的自然の管理放棄などとともに，生物多様性を脅かす重要な要素の1つと認識されている．外来生物が生物多様性に与える影響は不可逆的であり，長期的に見れば生息地の破壊よりも深刻で修復が困難であると指摘されている．すなわち，外来生物の侵入の防止と侵入リスク評価，およびその対策の必要性は，世界的な共通の認識である．

10.2 外来生物とは

「外来生物」と同時に「外来種」の語もほぼ同義で使用されているが，厳密には異なる概念である．「外来種」の用語は，原則として「種」が対象である．国外から新たに持ち込まれた生物は外来生物である．これを国外外来生物と呼ぶ（日本生態学会，2002）．一般に外来生物と言えば，国外外来生物を指すことが多い．一方，国内の他の地域から持ち込まれた生物を国内外来生物と呼ぶ．なお，日本列島におけるイネ *Oryza sativa* L.，コムギ *Triticum aestivum* L. などの農作物や，それらに付随して渡来したとされるスズメ *Passer montanus* やモンシロチョウ *Pieris rapae* などの里山動物やエノコログサ *Setaria viridis* (L.) Beauv.，イヌビエ *Echinochloa crusgalli* (L.) Beauv. などの農地雑草の多くも，もともとは国外からもたらされた外来生物である．しかし，生態学や環境問題の中ではこれらの生物が問題となることはない．現在，生態学研究者が問題としているのは，人の管理下から逃れ，自然の領域で侵略的な振る舞いをする外来生物である．つまり，ある生物に対してそれを外来生物として扱うか否かは，それらの生物がもたらされた年代や侵入場所での生態的地位に留意しなければならない．イネやエノコログサのように，人間による生物の移動は有史以前より存在していたが，地球規模での生物の移動が著しく増大したのは概ね 15 世紀の大航海時代以降のことである．そのため，国外の研究者は概ね 15 世紀以降に渡来したことが明らかな生物を取り扱っている（e.g. Pyšek, 1995; Pyšek *et al.*, 2004）．日本では鎖国から開国への転換期である江戸時代末期以降，もしくは明治維新以降に限定することが多い．

多くの外来生物は，移送先の環境になじめず，定着できないが，一部に新天地の環境に適応し，本来の生息地よりも繁栄して，在来の生物相や生態系に悪影響を及ぼすものが存在する．こうした外来生物を侵略的外来生物（invasive alien species：IAS）と呼ぶ．近年，生物多様性を脅かす要因として問題とされるのは，この侵略的外来生物ということになる．本章では，以下，外来生物のうち侵略的外来生物に限定して解説する．

10.3 外来生物の侵入プロセス

外来生物が，本来の生息地から異なる生息地に侵入を果たすプロセスは，大きく二つに大別できる．ひとつは人間が，自分たちの目的のために意図的に外来生物を導入する場合（意図的導入）であり，もうひとつは，人間の意図とは関わらず，人間の移動や物資の移送に伴って，外来生物が導入される場合（非意図的導入）である．

10.3.1 意図的導入

A．意図的に導入された動物たち

大航海時代以降，ヨーロッパ人がアメリカ，オーストラリア，アフリカなどへの入植する際，ヨーロッパの数百種の哺乳類，鳥類，魚類を持ち込んだ．その多くは人間が食用として，あるいは資材として利用するためであった．古くより家畜として飼育されていたノヤギ *Capra aegagrus hircus* は，野生化して生態系等に被害をもたらしている（Wilson & Reeder, 2005）．海洋島であるハワイ諸島やガラパゴス諸島は，地質学的な島の成立以来一度も大陸と陸続きになったことがない島であり，固有の生物相が進化を遂げてきた．しかし，これらの海洋島にノヤギが持ち込まれて野生化し，固有種との競争排除を介して，ゾウガメをはじめとする在来動物の個体群存続に悪影響を及ぼしている．ノヤギは日本でも，小笠原諸島に持ち込まれて野生化し，貴重な島嶼の植物相を食べ尽くそうとしている．

日本の湖沼で問題となっているオオクチバス *Micropterus salmoides* は1925年に食用目的で北米から芦ノ湖に導入されたものが，戦後，スポーツフィッシングの流行で，日本各地に放流されて，分布が広がった（川那部ら，2002）．本種のような強力な捕食者が存在しない環境で進化してきた日本の在来魚種は，この外来魚にとって格好の餌となり，その数を減らしているとされる．巨大なネズミのようなヌートリア *Myocastor coypus* は毛皮を採取するために南米から1930年代に導入され，農作物を食害し，イネや根菜類に甚大な被害が生じている．

また，有害な生物の天敵として導入された生物が結果的に外来生物と化して，

図 10.1 フイリマングース

東南アジア原産のマングース科哺乳類．毒蛇のハブ退治の目的で沖縄島および奄美大島に導入された．ヤンバルクイナやアマミノクロウサギなど希少な固有種を食害していることが判明し，現在，環境省による駆除が進められている．五箇描画．

在来の生態系に悪影響を及ぼす場合がある．南アジア原産のフイリマングース *Herpestes auropunctatus*（図 10.1）は 1910 年沖縄島に，その後，1979 年奄美大島に，島に生息する毒蛇のハブ退治目的で導入されたが，昼行性のマングースは夜行性のハブと野外で出会うことはほとんどなく，代わりにヤンバルクイナ *Gallirallus okinawae* やアマミノクロウサギ *Pentalagus furnessi* 等の希少種を捕食していることが問題となっている（山田，2004）．カダヤシ *Gambusia affinis* は，蚊の幼虫ボウフラの駆除を目的としてアメリカ大陸から輸入されてきたが定着分布地域の拡大とともに，メダカ *Oryzias latipes* を含む在来の淡水魚類に対して，悪影響を及ぼしていることが心配されている．

B．増え続けるペット動物の輸入

最近では，ペットとして輸入された生物が侵略的外来生物と化すケースが増加している．ミドリガメの愛称で親しまれる北米原産のミシシッピアカミミガメ *Trachemys scripta elegans* は，ペットとして飼いきれなくなった飼い主たちが日本各地で野外に放逐したことにより，国内で大量に繁殖して，今では日本固有のカメよりもその個体数は多いとされている．

アライグマ *Procyon lotor* は，1970年代に放映されたアニメーションの影響で，ペットとして大量に輸入されたが，野性が強く元来ペットとしては極めて不適な動物だったため，飼いきれなくなった飼い主たちが，野外に逃がしてしまった．現在では全国レベルで野生化が拡大し，各地で深刻な農業被害をもたらしている．近年の調査で，さらに重大なリスクとして，アライグマ回虫や狂犬病などの人獣共通感染症の媒介者となることが明らかとなっている（池田，2000）．

極端な事例として，外国産クワガタムシの飼育ブームがある．1999年の輸入解禁以降，外国産個体の輸入数はうなぎ上りで，世界で記載されているクワガタムシ約1,500種のうち700種以上が輸入可能であり，1年間の輸入個体数も100万匹レベルで推移している．これら輸入個体の一部が野外に逃げ出して，雑種が誕生するケースも報告されている．一方国外では，日本におけるクワガタブームのために原産地の貴重な種類が乱獲され，その個体数が著しく減少していることが問題になっている．世界中を見渡しても，これほどまでにクワガタムシを好む国民はいない（Goka *et al.*, 2004）．

貿易の自由化が進む中，こうした輸入動物の数は，猛烈な勢いで増加しており，2008年には，財務省の統計上の数字として，「生きている動物」の輸入個体数は1,064億匹にも上っている．

C．外来生物頼みの日本の農業

日本の農業現場では，外来生物を排除するどころか，逆に外来生物を積極的に導入して利用しなくてはならない状況も生み出されている．セイヨウオオマルハナバチ *Bombus terrestris* はヨーロッパ原産のハナバチで，世界中で農業作物の花粉媒介昆虫として商業利用されている．日本でも1992年から，オランダやベルギーで大量生産された飼育コロニーの輸入が開始され，主にハウス栽培トマトの受粉に利用されている．本種の導入により，農家はそれまでの人工授粉の作業から解放され，高品質のトマトを大量に生産出来るようになった．しかし，ハウスから逃亡した本種の野生化と生態影響が問題となっている（五箇・マルハナバチ普及会，2003）．

もともとセイヨウオオマルハナバチは，1990年代から活発になった世界的な農産物の貿易自由化の動きの中で，急激に輸入量が増大しつつあった外国産トマトに対抗すべく，国内生産増強の強力な「助人」として日本に導入された．セイヨウオオマルハナバチだけでなく，近年では農作物の安全性向上を目指し，化学農薬にかわり天敵農薬の利用も盛んに推進されている．しかし，利用される天敵生物は，大部分が外来生物である．

2009年には，農作物の受粉用セイヨウミツバチ *Apis mellifera* が全国的に供給不足に陥っていることがマスコミでも取り上げられるほど大きな話題となった．セイヨウミツバチはセイヨウオオマルハナバチよりも古くから日本に導入され，利用されてきたヨーロッパ産の外来生物である．農林水産省では，この供給不足を補うために，新たにアルゼンチンからの輸入まで検討した．

D．意図的に導入された植物とその生態系影響

意図的に導入された外来植物も多数存在する．現在，ほぼ至る所で見ることができるヒメジョオン *Stenactis annuus* (L.) Cass. は，輸入当初は「柳葉姫菊」と呼ばれて重宝される園芸植物であった．2005年6月に施行された外来生物法（後述）における，特定外来生物に指定された外来植物のうち，ボタンウキクサ *Pistia stratiotes* L., オオキンケイギク *Coreopsis lanceolata* L., なども，観賞用として国内に持ち込まれたものである．2008年の時点で，日本国内に野生状態で見出される外来植物2,253種のうち，観賞用として利用実績のある種は876種（38.9%）にもおよぶ（村中，2008, 2010a；表10.1）．なお，オーストラリアでは，外来植物の導入が厳しく制限されるまでの25年間に，野生化した植物の65%が観賞用として意図的に導入された種である（小池，2010）．また，初夏の花粉症の主要な要因となっているカモガヤ *Dactylis glomerata* L., ネズミムギ *Lolium multiflorum* Lam. などは，飼料・牧草として，ハリエンジュ（ニセアカシア）*Robinia pseudoacacia* L., イタチハギ *Amorpha fruticosa* L., シナダレスズメガヤ *Eragrostis curvula* (Schrad.) Nees（図10.2）などは，緑化・砂防用として輸入された．ハリエンジュは，緑化用としてだけではなく，肥料木，観賞，蜜源など複数の用途を持つ．このうち，生態系等に被害をもたらしている侵略的外来植物は飼料・牧草，緑化・砂防の用途を持つ種に多いことが確かめられている．特に，緑化・砂防用の外来植物では，5種に1種が侵略的外来植物として認識される（表10.1）．これらには，多量の種子が導入・播種されるなどの散布体の導入圧（propagule pressure or introduction effort）の大きさが関係しているようである（村中，2008）．

表10.1　用途ごとに表した外来植物の種数と侵略的外来生物の種数および割合

各々の用途における（　）内の数値はその用途の外来植物種数に対する侵略的外来生物の種数の割合（%）．なお，1つの種が複数の用途を持つ場合や，用途が知られていない種を総計に含める場合があるので，種数の合計は総数に一致しない．村中，2008を一部改変して作成．

用途	種数	侵略的外来生物	
観賞	876	57	(6.5)
薬	373	29	(7.8)
食	306	25	(8.2)
飼料・牧草	224	40	(17.9)
木材・繊維	144	16	(20.8)
緑化・砂防	125	26	(20.8)
総計	2253	127	(5.6)

図10.2　河原に蔓延するシナダレスズメガヤ

外来水草の中には，観賞用として導入されたものが多い．世界的な強害雑草として認識されているホテイアオイ *Eichhornia crassipes* Solmsは，現在でもなおホームセンターなどで購入することができる．水生植物は成長が早く，様々な散布体（器官）から繁殖する特性を有しているため，水域のような比較的均一な環境では異常繁茂という事態が起こりやすい．ホテイアオイ，ボタンウキクサ，オオフサモ *Myriophyllum brasiliense* Cambess.（図10.3）などの水生植物が水面付近を繁茂すると，水中に光が到達しなくなる．その結果，沈水植物が生育できなるだけでなく，植物プランクトンの生育不良によって水域の酸素供給源が失われる（e.g. Kadono, 2004；角野，2010）．

図 10.3 流水辺に繁茂しつつあるオオフサモ

また，土壌の富栄養化は外来植物を含む農地雑草の侵入を促進することが多く，本来，貧栄養な生育環境に適応した在来植物は深刻な影響を受ける．河川ではしばしば農業廃水の流入によって土壌が富栄養化するなどの問題が起きているが，それが外来植物の侵入を誘起する場合がある．外来植物が窒素固定細菌と共生関係にある場合，土壌の窒素成分が増加する．例えば，海浜などの貧栄養立地にハリエンジュが侵入すると，土壌中の窒素栄養塩濃度が高まり，クロマツ *Pinus thunbergii* Parlatore と菌根菌との共生関係が喪失する可能性がある（Taniguchi *et al.*, 2007）．これは，ハリエンジュの侵入が間接的にクロマツの個体群存続を阻害する可能性を示唆するものである（真坂・山田，2009）．また，主にアメリカ合衆国で品種改良され，緑化植物として流通しているシナダレスズメガヤは，日本では終戦後から特に中山間地域の砂防用として利用されてきた外来植物であるが，現在では，上流域で生産された種子が中流域の河川敷などに運ばれ，砂礫質河原を優占して，カワラノギク *Aster kantoensis* Kitam. などの河原に固有な動植物の生息・生育を著しく脅かしている．それには，シナダレスズメガヤが持つ生態的特性が原因となって，砂礫質河原に特有な裸地的環境を喪失させるだけでなく，河原への砂の堆積などの微地形の改変などといった影響が指摘されている（Muranaka, 2009；村中，2010b；図 10.4，図 10.5）．

セイヨウタンポポ *Taraxacum officinale* Weber は，現在ではほとんどあらゆる場所で見ることができる外来植物であるが，元来，明治時代にヨーロッパから食用として導入された経緯を持つ．かつて，セイヨウタンポポは都市域を中心に侵

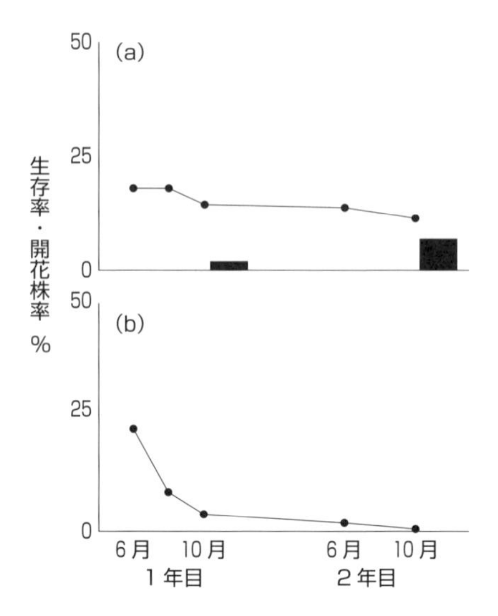

図 10.4　シナダレスズメガヤが侵入していない河原と侵入した河原におけるカワラノギクの実生の生存率・開花株率（Muranaka, unpublished）

(a) 未侵入，(b) 侵入済．生存率（折れ線）・開花株率（棒）は，導入した種子数に対する生存している（または開花に至った）実生数の割合で表し，各々200調査区における平均を示している．種子は1調査区につき50種子導入した．シナダレスズメガヤが侵入した河原では，ほとんど全ての実生が繁殖に至らず，枯死していることが分かる．Muranaka, 2012を改変して作成．

入し，在来のタンポポ（*T. japonicum* Koidz, *T. platycarpum* Dahlst. など）は人里を中心に分布していた．日本国内で出版されている数多くの植物図鑑には，総苞片の反り返りの有無による両者の識別点が図や写真によって明記されている．しかし，近年，これらのタンポポ種間で交雑が進んでいる．両者を祖とする雑種性タンポポの総苞片の反り返りパターンは変異に富むため外見から識別することが困難であるが，セイヨウタンポポよりも侵略性が増しており，進化した「外来生物」であるということができる（芝池，2007；保谷，2010）．

10.3.2 非意図的導入

A．非意図的に持ち込まれる動物たち

近代に入り，人と物資の移送が活発となる中で，それらの移送に随伴して外来生物が持ち込まれるケースが増加している．例えば，アルゼンチンアリ *Linepithema humile*（図10.6）は，世界中に分布を広げ，既に日本に侵入してい

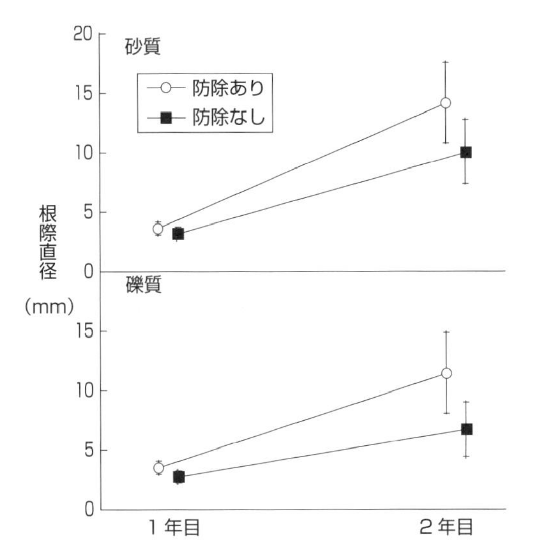

図 10.5　基質タイプと外来植物防除の有無を組み合わせた河原におけるカワラノギク実生の播種後 1，2 年目の成長の比較.

根際直径（mm）はカワラノギク個体のバイオマスの指標として使用される．エラーバーは 1/2SD を示す．Muranaka, 2009 を改変して作成.

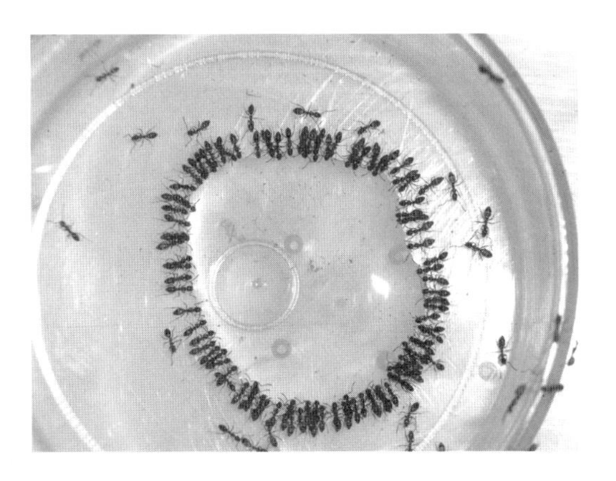

図 10.6　砂糖水に群がるアルゼンチンアリ

集団採餌能力が高く，餌を見つけると，このように瞬時に集合して，他種の介在を許さない.

るが，侵入初期の地域がほとんど港湾都市近辺であることから，船舶によって移送される物資に付着して侵入していると考えられている（Inoue & Goka, 2009）．本種は南米原産で，極めて競争力が強い種であり，本種が侵入した地域では，在来アリ類がことごとく駆逐されることが報告されている．

同じく，非意図的に運ばれる外来アリとして世界的に問題になっているのがヒアリ *Solenopsis invicta* である．2010年の時点では，本種は日本には未侵入であるが，極めて刺傷毒性の高い南米原産種で，今世紀に入ってから急速に環太平洋諸国に分布を拡大している（Na & Lee, 2001; Zhang *et al*., 2007）．その背景には経済発展が著しいこの地域の国間での人と物資の動きが活発化していること，特に，中国や東南アジアなどが資源産出国から資源消費国へと転じ，一方で中南米諸国が資源輸出拠点へと転じることにより，天然資源の移送ルートが大きく変化していること，そして，撹乱環境の拡大により，侵入定着の機会が高まっていることが挙げられる（Inoue & Goka, 2009）．アジアではすでに中国南部にまで本種は分布を拡大しており，日本に侵入してくるのは時間の問題とされる．

日本は資源輸入大国ゆえ，外来アリ類のような，非意図的な外来種の侵入機会は非常に高いと考えるべきである．南米原産のアルゼンチンアリやオーストラリア原産のセアカゴケグモ *Latrodectus hasseltii* など，ここ数年で急速に侵入地域が増加している．

海産二枚貝のムラサキイガイ *Mytilus galloprovincialis* は，国内外で広く海水域の潮間帯の岩や人工物に足糸で付着して繁殖している外来生物であるが，船舶が空になった船倉に重しとして積む海水（バラスト水と呼ぶ）に混入して世界中に移送されていると考えられている（Suchanek *et al*., 1997）．カワヒバリガイ *Limnoperna fortunei* は中国大陸原産の淡水二枚貝で，養殖用の稚魚の移送や，土砂の運搬に紛れて日本国内に分布を拡大している．本種はダム湖や用水路の壁面に付着して急速に増殖し，利水効率を低下させる等の被害を及ぼす（伊藤，2010）．

B．非意図的に導入される植物たち

非意図的に導入された外来生物は，植物の中にも数多く含まれている．シロツメクサ *Trifolium repens* L. は牧草としても有用な植物であるが，江戸時代末期にオランダからの献上の器物の間の緩衝材として種子が利用されて持ち込まれた

経緯を持つ．このような外来雑草の中には，タチイヌノフグリ *Veronica arvensis* L. などのように自殖によって種子を生産する植物も数多く含まれている．

北米大陸に侵入したヨーロッパ原産のイネ科一年生草本ウマノチャヒキ *Bromus tectorum* L. の侵入と伝播の歴史についてはよく研究されている（e.g. Young & Clements, 2009）．1899 年，カナダのブリティッシュ・コロンビア州において発見された後，鉄道に沿って伝播し，1930 年代には，農地だけでなく低木林やその周囲に至るまで拡大した．ウマノチャヒキの種子が穀物や飼料作物の種子に混入し，それが貨物列車に乗せられて運搬されたことが分布拡大を加速させたと考えられている（Cox, 1999）．このように，農作物や飼料作物を収穫する際に，その場所に生えていた雑草の種子が偶然混入する場合がある．国外から日本に輸入された飼料作物の種子中に，アブラナ属 *Brassica* spp.，カラスムギ *Avena fatua* L.，ソバカズラ *Fallopia convolvulus*（L.）A. Loeve など，数多くの飼料作物以外の植物の種子が混入していることが確認されている（Shimono & Konuma, 2008）．実際に，飼料畑には，カラスムギ，ワルナスビ *Solanum carolinense* L.，イチビ *Abutilon theophrasti* Medik.，アレチウリ *Sicyos angulatus* L.，シロバナチョウセンアサガオ *Datura stramonium* L. f. *stramonium*，ホソアオゲイトウ *Amaranthus hybridus* L.，ハリビユ *Amaranthus spinosus* L. などの外来雑草がしばしば蔓延している．これらの外来雑草の影響については，作物との競合による収量の減少のほか，牛乳などへの臭いの移行の可能性などが指摘されている．また，鋭い棘を持つハリビユがトウモロコシ飼料畑に蔓延すると，物理的に収穫等の作業能率を低下させるばかりでなく，飼料作物に混入して家畜による採食の障害となることも指摘されている（浅井，2007；黒川，2007）．

C．目に見えない外来生物

侵入生物の生態リスクの中でも種や個体群の絶滅に結びつく重大な要因として，寄生生物や病原体の持ち込みがある．これまでにも，1800 年代にハワイ島に持ち込まれた鳥マラリア *Plasmodium relictum* によって，多くの固有鳥類が絶滅の危機に瀕したり（Warner, 1968; van Riper, 1986），アメリカから材木とともに持ち込まれたマツノザイセンチュウ *Bursaphelenchus xylophilus* によって，日本を含むアジア地域のマツが大量に枯死したりする（Mamiya, 1983）など，重大な被害がもたらされてきた．最近では，両生類固有の病原体カエルツボカビが日本国内に侵入したというニュースや，野鳥が運び込む鳥インフルエンザの動向が大きな話題となっている．

これらの目に見えない侵入生物は，人知れず，生態系や我々人間生活に浸潤してきて重大な影響を及ぼす．そして，その分布拡大の背景には，他の侵入生物と同様，人間と自然の関わり方の変化や社会構造・経済構造の変化が大きく関与する．

例えば，2007年10月にアフリカ原産のアフリカマイマイ *Achatina fulica* が鹿児島県に上陸していることが発見され話題になったが，本種の体内には極めて危険な寄生生物が生息する．アフリカマイマイ自体は人為移送により東南アジアやインド洋，および太平洋の島々に広く分布し，日本では食用として全国に導入されたが，九州以北では寒さに適応できず，すべて死滅して，これまで南西諸島や小笠原諸島にのみ定着して繁殖していた（Tomiyama, 1993）．今回鹿児島で発見されたアフリカマイマイは多数の稚貝が含まれており，越冬繁殖していることが示唆されている．ハウスなどの施設栽培の普及に加えて，温暖化が本種の定着を促した可能性がある．深刻な問題は，本種が広東住血線虫 *Angiostrongylus cantonensis* Larven という人間にも寄生する寄生虫を高率で保有していることである．このセンチュウはカタツムリなどの軟体動物を中宿主とし，ネズミを終宿主とする寄生虫で，人間が感染した場合，脳神経麻痺を起こして最悪死に至る（Kliks & Palumbo, 1992）．アフリカマイマイが長らく定着している南西諸島や小笠原では，住民たちもその危険性を十分に認知しているが，本土ではアフリカマイマイが感染症を引き起こすという教育を受けていないため，多くの人がその病原性について十分な知識を持っていないことが問題となる．

真菌の1種であるカエルツボカビ *Batrachochytrium dendrobatidis*（図10.7）は，両生類特有の病原体で，近年，世界中に急速に蔓延して，両生類の激減を招いているとされる．2006年に本菌が日本国内で飼育されている南米原産の両生類から発見されて，日本の両生類の危機が声高に唱われたが，Goka *et al.* (2009) の調査により，本種の起源が，実は日本にある可能性が高いことが示された．かつて食用に輸入された北米原産のウシガエルは，戦後増殖産業が盛んとなり，1960年代から80年代にかけて，一部が国外に輸出されていたことから，これが本菌を日本国外に運び出したのではないかと推察され，調査されている（Goka, 2010）．

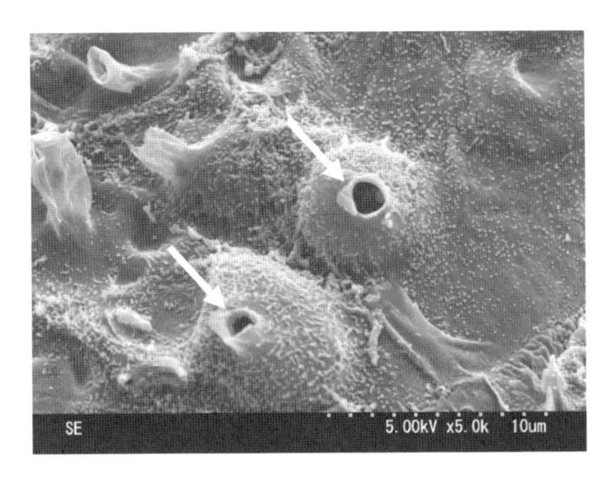

図 10.7 カエル体表におけるカエルツボカビ遊走子嚢の電子顕微鏡写真
写真の矢印部分が遊走子の放出管．麻布大学・宇根有美博士提供．

このカエルツボカビ問題は，宿主―寄生生物間の重要な関係について示唆を与えてくれている．いかなる寄生生物にも，長きにわたる共進化を経て，共生関係に至った自然宿主が存在し，宿主―寄生生物間の共進化が両者の多様性を育んできたのである．カエルツボカビにも付き合いの長い自然宿主となる両生類が存在し，カエルツボカビはその両生類の生息域でのみ生息していた．しかし，人間がその宿主両生類とともにこの菌を全く異なる環境に移送したことから，世界的なパンデミックがもたらされた．このことは人間の社会で問題となっている新興感染症にもあてはまる（Goka, 2010）．

10.4 外来生物はなぜはびこるのか？

持ち込まれた外来生物が野外に逸出したとしても，すべての種が定着できるとは限らない．実際には，栽培，飼育下では維持することが可能であるが，人間の庇護が失われたとたんに消失する生物の方が数多いだろう．しかし，ごく稀に侵入先で定着・野生化に成功する生物が現れる．

外来生物の定着を可能にする要因には，気象などの環境条件と生物自体の生息・生育に適した条件との一致のほか，資源をめぐる種間競争と在来天敵の影響などがある（e.g. Shea & Chesson, 2002）．例えば，熱帯原産の生物が温帯地域に持ち込まれても，越冬することができず定着に至らない可能性は高い．また，競争はどのような生物にもごく普遍的に見られる生態学的な関係であるが，外来生物の定着成功と蔓延においても，競争の優劣としばしば関連づけられる．例えば，アフリカ南部の海岸フィンボスにはマメ科の外来植物 *Acacia saligna* (Labill.) Wendl. が侵入し，ヤマモガシ科の在来固有植物 *Protea repens* (L.) L. の生育を脅かしている．*A. saligna* の実生は *P. repens* よりも栄養塩利用効率が高く，成長も早く，同所的に栽培した場合は競争による排除が生じることが示されている（Witkowski, 1991）．小笠原諸島に侵入したアカギ *Bischofia javanica* Blume においても，光をめぐる競争に強く，他の植物を圧倒して純林化が進行している（田中ら，2009）．

外来生物の定着には天敵の存在も考慮しなければならない．沖縄や小笠原に緑化植物として導入されたギンネム *Leucaena leucocephala* (Lam.) de Wit とその食害者であるギンネムキジラミ *Heteropsylla cubana* の例がある．ギンネムはもともと緑化植物として多用され，沖縄や小笠原では分布が拡大していたが，1980年代にギンネムキジラミが非意図的に侵入してギンネムを食害したため，ギンネム個体群が衰退した．このような事例は，外来生物が原産地の天敵を随伴せずに侵入することが，外来生物の定着と分布拡大の一因となっていることを示唆している（大河内・牧野，2009）．なお，天敵の導入による害虫・害獣や外来生物の防除は世界各地で試みられている．しかし，このような導入天敵が必ず定着を果たし，防除に成功するとは限らない．時として生物学的制御の目的で導入した生物が目的とした生物ではなく，他の在来生物を攻撃することもある．沖縄に導入されたフイリマングース *Herpestes auropunctatus* は，ハブや野ネズミ類を制御するために導入されたが，結果として沖縄の固有生物等に著しい被害をもたらしている．

10.5 環境省・外来生物法

環境省は，侵略的外来生物から日本の生態系を守る目的で，「特定外来生物による生態系等に係る被害の防止に関する法律（外来生物法）」を2005年に施行した．この法律では，重大な生態影響をもたらす外来生物を「特定外来生物」に指定して，国内への持ち込みや飼育，放逐に対して規制を設けている．上記のオオクチバス，アライグマ，マングースを含めて，2014 年 8 月までに 112 種類の外来生物が特定外来生物に指定されている．

特定外来生物への指定は，環境省に設置された専門家会合において，科学的知見をもとに行われている．具体的には，以下の生物学的要件のいずれかに該当する外来生物が指定を受ける．1）在来種を捕食する，2）在来種と餌や生息場所等を巡り，競合する，3）在来種と交雑して，その繁殖や遺伝的構造を撹乱する，4）外来の寄生生物を持ち込んで在来種に病害をもたらす，5）空間を占有し，生態系基盤を改変する．

これらの要件にひとつも引っかからない，つまり，影響がゼロという外来生物のほうが，むしろ稀と考えられ，生態学的見地から，この法律の基ではほとんどの外来生物が規制対象になってしかるべきだと言えよう．しかし，すでに侵入が確認されている外来生物のうち，特定外来生物に指定されているのは，2014 年までにわずか 112 種類のみで，2,000 を超える種のほとんどは法律の蚊帳の外にあるということになる．そうした未指定の侵入生物の中には，明らかに侵入してからの年数も分布面積も影響も大きく，火急に対策をとるべき，と考えられる種も多数含まれている．

例えば，アメリカザリガニ *Procambarus clarkii* は，1927 年に導入されて以降，全国に分布を拡大し，貴重な里山生態系に対して重大な影響を及ぼしていると考えられる，外来生物の代表種であるが，個体数の多さと生息範囲の広さのため，有効な対策を立てることは困難と判断され，特定外来生物には指定されていない．全国規模で分布を広げるミシシッピアカミミガメもアメリカザリガニと同様に対策の困難さを理由に指定を受けていない．外来水草のホテイアオイは，全世界で分布を拡大する強害雑草として認識されているが，同様の理由によって未指定である．これら 3 種は，外来生物であるという認識も一般には薄く，学校教育の教材にまで利用されている．工事現場の法面緑化等に多用されているシナダレスズメガヤは，日本の河川敷の生態系を破壊する深刻な侵略者であるが，土木建築事業に係る政治・経済的な理由により，やはり指定を免れた状態にある．

こうした矛盾した状況がいまだのこされてはいるが，世界に先駆けて，外来生物対策専門の法律が制定されたことにより，外来生物が生物多様性保全上，国家戦略として排除しなくてはならない要因であることが広く普及した点ではその存在は意義がある．

10.6 今後の課題――情報の共有と対策

今後，経済のグローバル化がますます速度をあげて進む中，外来生物の侵入・分布拡大速度も急激に増加するのは間違いない．ミクロな病原体から大型の哺乳類に至るまで，様々な地域の，様々な分類群の生物が外来生物と化す中，有効な対策を打ち立てるためには，国際的な情報の整備と共有化の速度を上げる必要がある．

世界自然保護連合 IUCN では，外来生物情報の国際的発信を目指して，侵略的外来生物専門家グループ Invasive Species Specialist Group（ISSG）を結成し，国際侵略的外来生物データベース Global Invasive Species Database（GISD）を構築している（http://www.issg.org/database/welcome/）．本データベースには，現在までに660種以上の外来生物がリストされており，各種の形態画像，生態学的特徴，分布拡大域などの生物学的情報に加えて，生態影響の実態や防除に関する情報も掲載されている．また，The National Biological Information Infrastructure（NBII）では GISD を含む，世界中の外来生物に関するデータベースの情報を集積して，それらの情報共有のためのプラットホームとして，国際侵略的外来生物情報ネットワーク The Global Invasive Species Information Network（GISIN）を構築している（http://www.gisinetwork.org/）．

日本国内では，筆者の1人が所属する国立環境研究所において侵入生物データベース（http://www.nies.go.jp/biodiversity/invasive/）が，農業環境技術研究所においてアジア太平洋外来生物データベース（http://apasd-niaes.dc.affrc.go.jp/）が公開されている．その他にも，北海道外来種データベース（北海道ブルーリスト，http://bluelist.hokkaido-ies.go.jp/）や琵琶湖博物館外来生物オープンデータベース（http://www.lbm.go.jp/emuseum/zukan/gairai/index.html）など，地方自治体が運営する情報データベースや，NPO 団体の生物多様性 JAPAN が GISD の翻訳版を作成して公開している外来生物データベース（http://www.bdnj.org/Database/index.html）などが閲覧できる．

このように国内外に多数のデータベースが構築されることにより，外来生物に関する情報は一般の人たちにとっても，簡単に入手できるものとなり，外来生物問題をより身近な問題としてとらえることができる環境が整いつつある．しかし，一方で，フォーマットや言語の異なるデータベースが各々独自に運営されている状態にあり，正確な意味での情報の共有化は，国際レベルはおろか，国内においてもほとんど進んでいない．今後，外来生物に関する生態情報やリスク情報に関する「共通言語」としてのグローバルスタンダードをまず検討する必要がある．

こうした外来生物情報の整備に基づき，実際に検疫や防除の実践を進めることが重要となる．検疫では輸入資材の中に問題となる外来生物が紛れていないかを徹底的に検査して侵入を未然に防ぐ必要がある．日本では既に説明したように外来生物法に基づき，特定外来生物の輸入は禁止している．ただし，貿易大国である我が国の日常的な資材の輸入量は膨大なものとなり，これらを全て検疫することは物理的にも難しく，また実際に検疫を強化することは貿易の妨げとなり経済的にも大きな影響を及ぼすこととなる．外来生物の輸入を防ぐためには，国家レベル，国際レベルでの経済事情の見直しが必要となる．

既に定着した外来生物については，駆除を進めることが必要となる．既に日本全国で，様々な外来生物の駆除事業が，市民や自治体，国によって進められている．しかし，駆除には時間と費用が必要とされ，限られた予算や人的資源のなかで，優先順位をつけて効率的に駆除を行うことが求められる．

10.7 おわりに

人と物資の高速移動の時代を迎えて，この地球は人間にとってのみならず，その他の生物にとっても，小さく，狭い世界となってしまった．その一方で，外来生物問題は世界レベルの問題として大きく肥大し，解決が極めて困難となっている．世界中の人々の一人一人が外来生物問題に対して意識を高め，対策に取り組まなければ，この問題の根本的解決は望めない．その意味で，情報の共有と高速化は重要な課題となる．

引用文献

浅井元朗（2007）麦畑に侵入するカラスムギ—出芽の不斉一性という生き残り戦略—．『農業と雑草の生態学　侵入植物から遺伝子組換え作物まで』（種生物学会編），p. 71-93，文一総合出版．

Cox, G. W.（1999）*Alien species in North America and Hawaii: Impacts on natural ecosystems.* Island Press.

Elton, C. S.（1958）*The Ecology of Invasion by Animals and Plants.* Methuen.［川那部浩哉・大沢秀行・阿部琢哉訳（1971）『侵略の生態学』思索社.］

Goka, K.（2010）Biosecurity measures to prevent the incursion of invasive alien species in Japan and to mitigate their impact. *Rev. Sci. Tech. Off. Int. Epizoot.*, **29**, 299-310.

五箇公一・マルハナバチ普及会（2003）マルハナバチ商品化をめぐる生態学的問題のこれまでとこれから．植物防疫，**57**，452-456.

Goka, K., Kojima, H. & Okabe, K.（2004）Biological invasion caused by commercialization of stag beetles in Japan. *Global Environmental Research,* **8**, 67-74.

Goka, K., Yokoyama, J., Une, Y. *et al.*（2009）Amphibian chytridiomycosis in Japan: distribution, haplotypes and possible route of entry into Japan. *Molecular Ecology,* **18**, 4757-4774.

保谷彰彦（2010）雑種性タンポポの進化.『外来生物の生態学』（種生物学会編），p. 217-246，文一総合出版.

池田 透（2000）移入アライグマをめぐる諸問題．遺伝，**54**，59-63.

Inoue, M. N. & Goka, K.（2009）The invasion of alien ants across continents with special reference to Argentine Ants and Red imported Fire Ants. *Biodiversity,* **10**, 67-71.

伊藤健二（2010）関東地域における特定外来生物カワヒバリガイの現状と侵入・拡大プロセス．*Sessile Organisms,* **27**, 17-23.

IUCN, SSC（2000）*100 of the World's Worst Invasive Alien Species.* IUCN.

Kadono, Y.（2004）Alien Aquatic Plants Naturalized in Japan: History and Present Status. *Global Environmental Research,* **10**, 163-169.

角野康郎（2010）外来植物研究への招待—種生物学の課題—.『外来生物の生態学』（種生物学会編），p. 11-23，文一総合出版.

川那部浩哉・水野信彦・細谷和海編（2002）『山渓カラー名鑑　日本の淡水魚（第3版）』山と渓谷社.

Kliks, M. M. & Palumbo, N. E.（1992）Eosinophilic. meningitis beyond the Pacific Basin: theglobal dispersal of a peridomestic zoonosis caused by Angiostrongylus cantonensis, the nematode lungworm of rats. *Soc. Sci. Med.*, **34**, 199-212.

小池文人（2010）外来植物のリスクアセスメントと新しい群集生態学.『外来生物の生態学』（種生物学会編），p. 291-314，文一総合出版.

黒川俊二（2007）外来雑草の蔓延：イチビの侵入経路.『農業と雑草の生態学　侵入植物から遺伝子組換え作物まで』（種生物学会編），p. 51-69，文一総合出版.

前川文夫（1943）史前帰化植物について．植物分類・地理，**13**，274-279.

Mamiya, Y.（1983）Pathology of the pine wilt disease caused by Bursaphelenchus xylophilus. *Annu. Rev. Phytopathol.*, **21**, 201-210.

真坂一彦・山田健四（2009）ニセアカシア人工林に出現した植物の多様性.『ニセアカシアの生態学—外来樹の歴史・利用・生態とその管理』（崎尾均編），p. 219-235，文一総合出版.

村中孝司（2008）外来植物の侵入年代・原産地とその用途との関連性．保全生態学研究，**13**，89-101.

Muranaka, T.（2009）The restoration of gravelly floodplain vegetation and endemic plants to riparian habitat in a Japanese river. *Landscape and Ecological Engineering*, **5**, 11-21.

村中孝司（2010a）外来植物の渡来年代を考える：帰化植物と外来植物．『外来生物の生態学』（種生物学会編），p. 39-57，文一総合出版.

村中孝司（2010b）河原を侵略する外来植物シナダレスズメガヤの防除に向けて．『外来生物の生態学』（種生物学会編），p. 61-75，文一総合出版.

Muranaka, T.（2012）Infuluences of vegetation status on seedling survival of a rirer-endemic plant *Aster kantoensis* in the floodplain. *Landscape and Ecological Engineering*, **8**, 197-205.

村中孝司・鷲谷いづみ（2003）侵略的外来牧草シナダレスズメガヤ分布拡大の予測と実際．保全生態学研究，**8**，51-62.

Muranaka, T. & Washitani, I.（2004）Aggressive Invasion of Eragrostis curvla in Gravelly Floodplains of Japanese Rivers: Current Status, Ecological Effects and Countermeasures. *Global Environmental Research*, **10**, 155-162.

Na, J. P. & Lee, C. Y.（2001）Identification key to common urban pests ants in Malaysia. *Tropical Biomedicine*, **18**, 1-17.

日本生態学会（2002）『外来種ハンドブック』地人書館.

大河内勇・牧野俊一（2009）外来種問題と生物群集の保全．『新たな保全と管理を考える（シリーズ群集生態学 6）』（大串隆之・近藤倫生・椿宜高編），p. 95-128，京都大学出版会.

芝池博幸（2007）タンポポ調査と雑種性タンポポ．『農業と雑草の生態学　侵入植物から遺伝子組換え作物まで』（種生物学会編），p. 115-119，文一総合出版.

Solley, G. O., Vanderwoude, C. & Knight, G. K.（2002）Anaphalaxis due to red imported fire ant sting. *Medical Journal of Australia*, **176**, 521-523.

田中信行・深澤圭太・大津佳代ほか（2009）小笠原におけるアカギの根絶と在来林の再生．地球環境，**14**，73-84.

Pyšek, P.（1995）On the terminology used in plant invasion studies. In: *Plant invasions: General Aspects and Special Problems.*（Pyšek, P., Prach, K., Rejmánek, M, & Wade, M. eds.）, p. 71-81, Backhuys Publishers.

Pyšek, P., Richardson, D. M., Rejmánek, M. *et al.*（2004）Alien plants in checklists and floras: towards better communication between taxonomists and ecologists. *Taxon*, **53**, 131-143.

Shea, K. & Chesson, P.（2002）Community ecology theory as a framework for biological invasions. *Trends in Ecology and Evolution*, **17**, 170-176.

Shimono, Y. & Konuma, A.（2008）Effects of human-mediated processes on weed species composition in internationally traded grain commodities. *Weed Research*, **48**, 10-18.

Suchanek, T. H., Geller, J. B., Kreiser, B. R. & Mitton, J. B.（1997）Zoogeographic distributions of the sibling species Mytilus galloprovincialis and M. trossulus（Bivalvia: Mytilidae）and their hybrids in the North Pacific. *Biol Bull.*, **193**, 187-194.

Taniguchi, T., Kanzaki, N., Tamai, S. *et al.*（2007）Does ectomycorrhizal fungal community structure vary along a Japanese black pine（Pinusthunbergii）to black locust（Robinia pseudoacacia）gradient? *New Phytologist*, **173**, 322-334.

Tomiyama, K.（1993）Growth and maturation pattern in the African giant snail, Achatinafulica（Ferussac）（Stylommatophora: Achatinidae）. *Venus*, **52**, 87-100.

Van Riper, C., van Riper, S. G., Goff, M. L. & Laird, M.（1986）The epizootiology and ecological significance of malaria in Hawaiian land birds. *Ecological Monographs*, **56**, 327–344.

Warner, R. E.（1968）The role of introduced diseases in the extinction of the encemic Hawaiian avifauna. *Condor*, **70**, 101–120.

Wilson, D. E. & Reeder, D. M.（eds.）（2005）*Mammal Species of the World : A Taxonomic and Geographic Reference, 3rd ed.* Johns Hopkins University Press.

Witkowski, E. T. F.（1991）Growth and competition between seedlings of Protearepens（L.）L. and the alien invasive, Acacia saligna（Labill.）Wendl. in relation to nutrient availability. *Functional Ecology*, **5**, 101–110.

山田文雄（2004）マングース．自然保護，3/4 月号，No. 478.

Young, J. A. & Clements, C. D.（2009）*Cheatgrass : Fire and Forage on the range*. University of Nevada Press.

Zhang, R. Z., Li, Y. C., Liu, N. & Porter, S. D.（2007）An overview of the red imported fire ant（Hymenoptera: Formicidae）in mainland China. *Florida Entomologist*, **90**, 723–731.

第11章 野生生物資源の管理と持続的利用

勝川俊雄

11.1 はじめに

生物資源は，自ら再生産をする能力をもっている．この能力を上手に使うと，生物資源の恵みを永続的に利用できる．しかし現実には，非持続的な乱獲などによって，生物資源自体を破壊してしまうような事例も少なくない．

本章では，水産資源を例に，野生生物個体群を持続的に有効利用するための管理についての基礎的な考え方を解説する．

貝塚などの多くの証拠が示すように，人類は有史以前から，水産生物を採取・利用してきた．産業革命前の原始的な漁具では，広い範囲を遊泳する魚類を乱獲するのは容易ではなく，漁獲規制が必要なのはアワビやウニなど，採取が容易な沿岸性の定着生物に限られていた．長い漁業の歴史の中でも，管理の必要性が生じたのは，最近ことである．

19 世紀後半に，漁船の動力化が進み，海底に生息する魚を一掃する汽船トロールという漁法が開発された．効率的な漁法の登場によって，大規模な乱獲が可能になったのである．ヨーロッパの北海など優良漁場の底魚（カレイ，タラなどの海底に生息する魚類）は，急速に減少し，これらの資源を管理する社会的なニーズが生じた．

11.2 MSY 理論

11.2.1 グラハムの余剰生産モデル

数理モデルを使って，水産資源を定量的に記述する初期の試みとしては，ラッセルの余剰生産モデルがある（Russell, 1931）．ラッセルは，水産資源の動態を重量を基準とするモデルで表現した．再生産による新規加入量を R，成長などによ

る自然増加量を G，自然死亡量を M，収穫（漁獲）量を Y とすると，ある年の初めのバイオマス B_1 と翌年の初めのバイオマス B_2 の間には，

$$B_2 - B_1 = R + G - M - Y \tag{11.1}$$

という関係が成り立つ．この式をラッセルの方程式と呼ぶ．

ラッセルが提示したコンセプトを実学のレベルに引き上げたのはグラハムである（Graham, 1935）．資源量を一定水準に保つには，式 11.1 で $B_2 = B_1$ という条件を満たせばよい．そのためには，収穫量 Y を，$(R+G-M)$ と等しくすればよい．$(R+G-M)$ は資源の自然変動分に相当し，余剰生産とよばれている．バイオマスを銀行預金とすると，余剰生産はその利子に相当する．余剰生産と漁獲を等しくすれば，元本には手をつけずに，利子だけで生活することができる．

余剰生産は，資源量と密接な関係がある．漁獲が全くない状態では，魚は環境収容力（K）ぎりぎりまで飽和しており，余剰生産はゼロになる．漁獲によって，資源量が減少すると，環境収容力に生じた空白を満たそうとして，余剰生産が発生する．

最初のうちは，資源が減れば，その分だけ余剰生産が大きくなるのだが，資源が減りすぎると，今度は産卵量が減少して余剰生産が減少するようになる．余剰生産は未開発時の資源量（$\fallingdotseq K$）と 0 の間のどこかにピークをもつ関数になる（図 11.1）．

この生物資源から，持続的に最大の収穫を得るには，資源量を余剰生産が最大

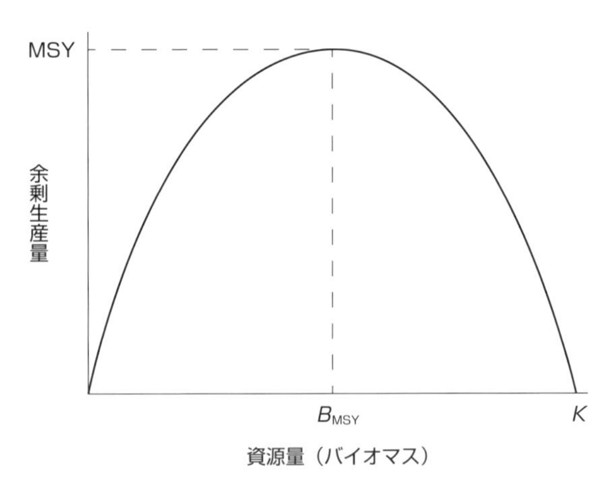

図 11.1　MSY の概念図

になる水準（B_{MSY}）に固定し，余剰生産と等しい量だけ漁獲をすればよい．グラハムは，このような漁獲戦略を MSY（Maximum Sustainable Yield, 最大持続漁獲量[1]）と名付けた．

グラハム（1935）は，北海のトロール漁業の生産性を第一次大戦の前後で比較して，戦後の方が，効率的な漁具を利用して，より多くの努力量を投下しているにもかかわらず，漁獲量が増えておらず，水揚げされる魚のサイズが小さくなっていることを発見した．戦前は捨てられていたような小さい魚が水揚げされることで，漁獲量が維持されていたのだ．グラハムは，漁獲統計を元に，1920-1933 年の北海の底魚漁業がすでに乱獲状態であることを示した上で，「漁業者は，時間と金を，自らの漁獲量を減らすために費やしている」，「魚が十分に成長できるように，漁獲率を下げることが，結果として利益を生む」と結論づけた．グラハムは，漁業政策の本質は，漁船設備の増強による生産性の向上よりも，むしろ，漁獲規制による漁獲圧の抑制にあると見抜いていたのである．

11.2.2 シェーファーの計算方法

グラハムは，MSY というコンセプトを示したが，実際の漁業に対して，どのように漁獲量を計算するかという技術的な問題は解決できなかった．当時，利用可能な統計データは，漁獲量と努力量（出漁日数など）ぐらいであった．また，コンピュータが利用できなかったため，最小 2 乗法による直線回帰のような簡便な統計手法しか利用できなかった．このように限られた条件で，MSY を計算する手法を確立したのがシェーファー（Schaefer, 1954）である．

シェーファーは，資源量がロジスティック関数に従って変動すると仮定し，資源量（B），内的自然増加率（r），環境収容力（K）および漁獲量（Y）を用いて，資源動態を式（11.2）のように表現した．

$$\frac{dB}{dt}=rB\left(1-\frac{B}{K}\right)-Y \tag{11.2}$$

漁獲量 Y は，努力量 E とバイオマス B に比例すると仮定する．比例定数を q とすると，次式で表現できる．

$$Y=qEB \tag{11.3}$$

1) 日本の水産学では MSY を「最大持続生産量」と訳すのが慣習である．生物生産と漁獲量は，釣り合っているとは限らないので，本書では「最大持続漁獲量」とした．

資源の余剰生産量と漁獲量がほぼ釣り合った状態で，資源量が緩やかに変動している状況を仮定すると，$dB/dt \fallingdotseq 0$ と近似ができるので，次式が導ける．

$$Y = rB\left(1 - \frac{B}{K}\right) \tag{11.4}$$

式（11.3）をつかって，式（11.4）から，B を消去すると次のようになる．

$$1 - \frac{Y}{qEK} = \frac{qE}{r} \tag{11.5}$$

$$\frac{Y}{E} = qK - \frac{q^2K}{r}E \tag{11.6}$$

単位努力量当たりの漁獲量（Y/E）と努力量（E）は，漁獲統計から得ることができる．これらのデータから，直線回帰を求めることで，qK（切片）と，$-\frac{q^2K}{r}$（傾き）の値を推定できる．回帰直線の切片と傾きをそれぞれ $\alpha, -\beta$ とおくと図11.2のようになる．

式（11.6）の両辺に E をかけて整理すると，次式になる．

$$Y = qKE\left(1 - \frac{q}{r}E\right) \tag{11.7}$$

式（11.7）は，努力量 E の2次式であり，E が $r/2q$ のとき，MSY は最大値の

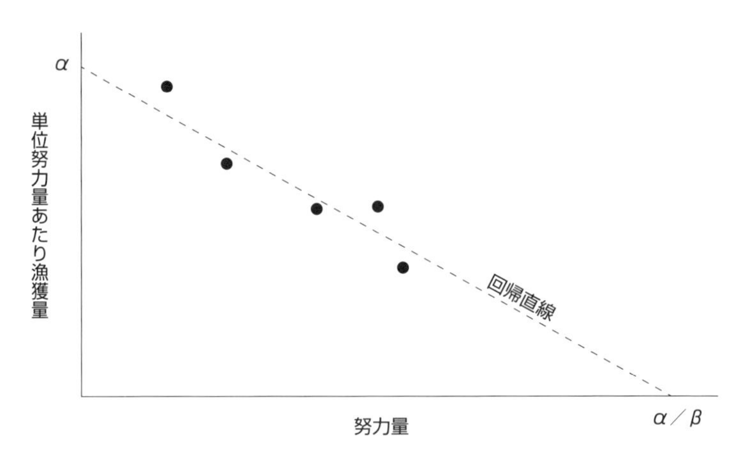

図11.2　MSY推定のための回帰直線の概念図
シェーファーの方法では，単位努力量あたり漁獲量と努力量を直線回帰することで，必要なパラメータを推定する．

$rK/4$ となることがわかる．直線回帰で求めた α, β をつかうと，努力量が $\dfrac{\alpha}{2\beta}$ のときに，平衡漁獲量は最大値 $\dfrac{\alpha^2}{4\beta}$ になり，MSY を実現できる．

ラッセル，グラハム，シェーファーが分業で完成させた MSY 理論によって，水産資源の持続的な有効利用への扉が開かれたように思われた．しかし，実際にはうまく機能しなかった．余剰生産と漁獲量がほぼ釣り合った状態で，資源が緩やかに変動するという大前提が，多くの生物資源にとって，現実的ではなかったのである．シェーファーの方法は，不確実性に脆弱であり，しばしば過剰な漁獲量を設定することが明らかになったため，あまり利用されなかった．

MSY という単語は，今日も広く利用されている．たとえば，国連海洋法条約の第六十一条（生物資源の保存）にも，「MSY を実現することのできる水準に漁獲される種の資源量を維持，又は回復する」と書かれている．ここでいう MSY とは，「持続的に最大の収穫（漁獲）が得られるような資源水準で利用する」という理念であり，グラハム・シェーファーの古典的な手法で計算された MSY 理論に基づいて漁業を管理するという意味ではないことに注意が必要である．

11.3 不確実性への対応

11.3.1 生物資源の動態は不確実

自然の生態系に関する知見は断片的であり，生物資源の管理を考える上で，不確実性は無視できない．1980 年代以前の漁業では，乱獲が明らかでない限り漁獲規制をおこなわないのが一般的であった．不確実性を理由に，漁獲規制を遅らせるのは当時としては当たり前であった．しかし，誰の目にも資源の枯渇が明らかになってからでは，対策を講じても手遅れになる場合が多かった．これまでの「情報が不十分であれば規制をしない」という考え方は無責任であるという世論が世界的に高まり，現在は，「野生生物を利用するには，持続性を証明する責任が伴う」という考え方が主流になっている．1992 年のリオデジャネイロ宣言や 1995 年に出された FAO の「責任ある漁業への行動規範」では，適切な科学情報の欠如は保全や管理の取り組みを延期することの理由にしてならないと明記されている．不確実性の元で，持続的に野生生物を利用するための方法論としては，予防原則と順応的管理が広く知られている．

11.3.2 予防原則

反復実験によって不確実性を減らすことが可能なケースでは，予防原則を適用しつつ不確実性の減少を待つべきなのは言うまでもない．しかし，反復実験が不可能な大規模海洋生態系に依存している漁業では，いくら調べても不確実性は無くならない．海洋生物の主要な情報源の一つは漁業である．漁獲の対象となっている種については，分布・成長・成熟・食性・現存量推定値など様々な情報が得られるのに対して，非漁獲対象種は名前しかわからないようなケースが多い．厳密な予防原則を適用して漁業を停止したら，時間の経過とともに，不確実性は減るどころか，増えてしまうだろう．

生態系に関する我々の知見は不完全であるという現実を受け入れた上で，現在の不確実な情報で資源を持続的に有効利用する方法を模索する必要がある．

予防原則（precautionary principle）とは，環境に重大かつ不可逆的な影響を及ぼす恐れがある場合，科学的に因果関係が十分証明されない状況でも，規制措置を可能にする制度や考え方のことである．「見通しが悪い道路では，不測の事態に備えて，車のスピードを控える」というような考え方である．漁業管理の場合は，不確実性が大きい場合には，控えめな漁獲枠を設定することになる．

11.3.3 順応的管理

近年，不確実性の大きな野生生物を管理する手法として，順応的管理（adaptive management）が注目されている．順応的管理は保全生物学など多くの分野で利用されているが，水産資源学の分野での草分けは Walters & Hilborn（1976）の論文である．引用論文の多くは制御工学系の論文であることからも，この論文のアイデアが生物資源の管理にとって新奇であったことがわかる．Walters は順応的管理のアイデアを発展させて，順応的管理の教科書“*Adaptive management for renewable resources*”（Walters, 1986）を出版した．この教科書では，順応的管理の具体的な中身を順応学習とフィードバック制御の2つに分類している．

A．順応学習

ある生物資源にとって適切な漁獲圧は，実際に獲ってみないとわからない場合が多い．そこで，漁業を実験としてとらえて，漁業をすることで資源に関する情報を収集する必要がある．これを順応学習と呼ぶ．順応学習の基本理念は「なす事により学ぶ（Learning by doing）」である．Walters（1986）は，順応学習を2種類に分類し，従来通りの漁業活動を行いつつ情報を蓄積させることを受動的順応学習，情報を効率的に集めるために試験的な漁業を行うことを能動的順応学習と名付けた．

B．フィードバック制御

フィードバック制御は工学分野で発展した考え方である．フィードバック制御の概念は，エアコンを例にするとわかりやすい．エアコンは部屋の温度が暑すぎれば冷やすし，寒すぎれば暖める．エアコンが室温を保つために必要な情報は部屋の温度と設定温度のみである．部屋の広さや，外部との熱交換量などが判らなくても，温度を目標値に近づけることができる．水産資源管理の場合は，現存資源量と目標資源量の差が小さくなるように漁獲量を調節すれば，動態が不明な資源を安定的に利用できる（田中，1960）．

図11.3に順応的管理の枠組みを示した．漁獲をすることで，情報収集をする．その情報を，順応学習とフィードバック制御を通して，意志決定に反映する．このサイクルを繰り返して，漁業をしながら，不確実性を減らしていくことができる．

順応的管理を行うには，順応学習とフィードバック制御の仕組みを予め管理システムに取り入れておく必要がある．しかし「順応的管理」を行き当たりばったりの試行錯誤と誤解して，十分なリスク評価をせずに，開発・利用を見切り発車するような事例も少なくない（Parma & NCEAS working group on population

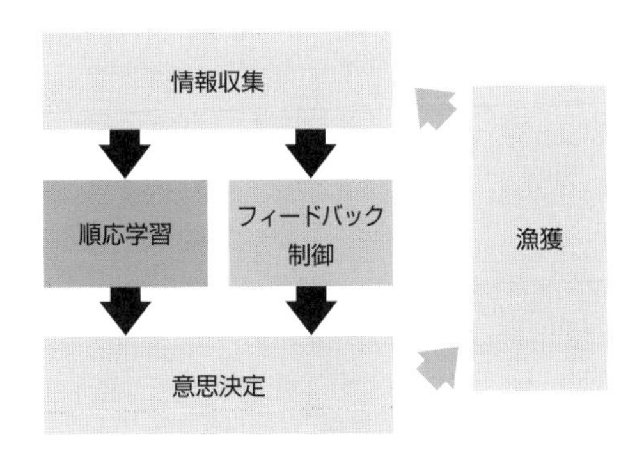

図11.3　順応的管理の枠組み

management, 1998).

11.3.4 国際捕鯨委員会と不確実性

適切な枠組みがないと，順応的な対応は難しいということを知るための興味深い事例が，国際捕鯨委員会（IWC）である．IWCの科学者委員会では，捕鯨推進国の研究者と，反捕鯨国の研究者が，厳しく対立し，膠着状態に陥った．これを打開するために，1974年に豪州が新管理方式（New Management Procedure：NMP）を提案した．資源の持続性に対して保守的な管理方式であり，反捕鯨の立場をとる科学者の支持も得て，科学委員会で採用された．NMPの概略は図11.4のようになる．

NMPは，MSY理論に基づいている．クジラのバイオマスを余剰生産が最大になる水準（B_{MSY}）以上に維持した上で，持続的に利用しようという考えである．資源量がどれだけ多くても，捕獲枠の上限はMSYの90%になる．また，資源量がMSY水準を下回った場合は，捕獲枠を急速に減少させて，MSY水準の9割まで落ち込んだところで禁漁となる．

NMPは，IWCの科学委員会で，1975～76年漁期から採用されたが，全く機能しなかった．捕獲枠を決定するために必要な現存資源量に関する合意が得られなかったのである．限られたデータから，資源量を推定する場合には，大きな不確

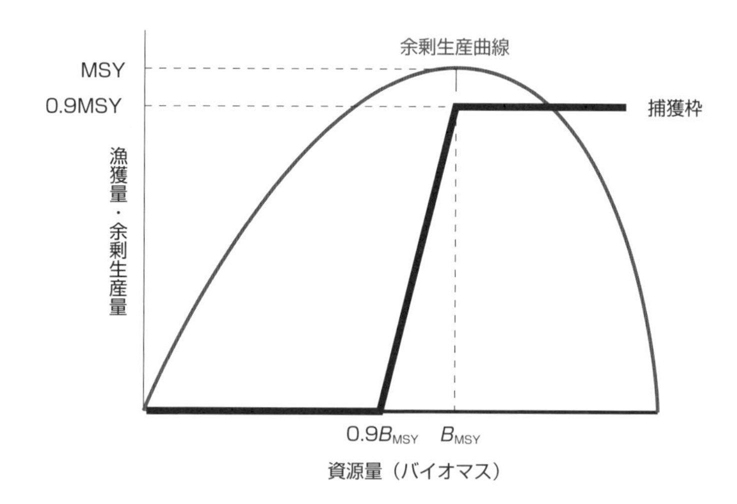

図11.4　New Management Procedure

実性が含まれる．捕鯨国の研究者は個体数が多く推定される解析方法を支持し，反捕鯨国の研究者は個体数が少なく推定される解析方法を支持した．南氷洋の大規模生態系に関する我々の知見は断片的であり，どちらの解析方法がより妥当であるか，科学的に白黒つけることはできなかった．双方が最後まで一歩も譲らなかったので，IWC の科学委員会は，現存資源量の推定値を出せず，結果として，NMP の元では捕獲頭数を勧告できなかった．

11.3.5 改訂管理方式（Revised Management Procedure：RMP）

捕獲枠を勧告できないという異常事態によって，科学委員会の存在意義が問われることになった．IWC の科学委員会は，自らの役割が科学的な厳密さを追求することではなく，鯨類を持続的に有効利用するための捕獲枠を計算することであるという原点に立ち返り，新しい枠組みを模索した．それが改訂管理方式（RMP）である．RMP の構築においては，どのモデルが正しいかという不毛な議論の代わりに，どのモデルでも通用するような捕獲枠の計算方法を探すことにした（図 11.5）．

科学者委員会は，NMP 時代の失敗をふまえて，捕獲枠の設定プロセスから恣意性を取り除くことにした．捕鯨をやれば自動的に得られるデータのみを利用して，誰が計算しても同じ捕獲枠になるような計算方法（Catch Limit Algorithm：CLA）の開発に乗り出したのである．CLA に関して事前に合意ができれば，データに基づき機械的に捕獲枠を決められるので，捕獲枠が勧告できないという最悪の事態は避けられる．

CLA の決定プロセスは次のようになる．

1）捕鯨国および反捕鯨国の科学者が CLA の候補を提案する
2）様々なシナリオに対応する仮想的なクジラの資源動態モデルを作成する
3）総当たり方式で，それぞれの資源動態モデルに対する CLA のパフォーマンス（資源崩壊率が低い，漁獲量が多い，漁獲量の変動が小さいなど，多岐にわたる）をシミュレーションで調べる
4）幅広い可能性に対応できる CLA を選ぶ

複数の資源動態モデルに対して，シミュレーションを行うことで，幅広い可能性に対応できる CLA を選ぶことができる．例えば，候補となるモデルが 3 つ，候補となる CLA が 3 つある場合は，全 9 通りの組み合わせのシミュレーション

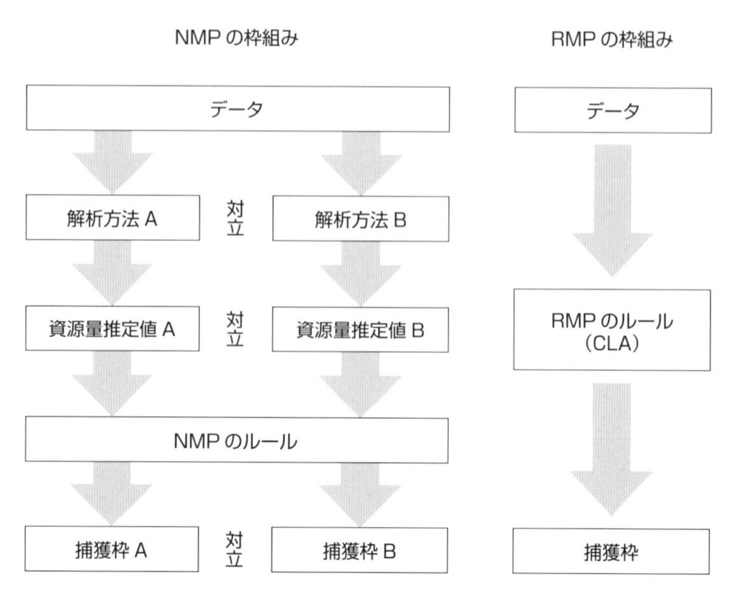

図11.5　New Management ProcedureとRevised Management Procedureの枠組みの比較

を行い，3つの資源動態モデルすべてに対して，妥当な結果を出したCLAを選択することになる（図11.6）．

IWCの科学委員会では，世界中の研究者から，様々なCLAが提案された．最終選考に残った5つのCLAを，不確実性を考慮した多種多様な資源動態モデルのもとでシミュレーションした結果，Cookeの提案したCLAが全会一致で採択された．CookeのCLAは，不確実性があっても，資源が維持できるように，控えめな捕獲頭数を算出するようになっていた．適切な枠組みをつくることで，大きな不確実性があっても，持続的に捕鯨を再開できることが示された．それによって，主義主張の分かれるIWC科学委員会でも，全会一致で合意ができたのである．また，シミュレーションに用いたクジラの資源動態モデルは，年齢構成をもつ複雑なものであったにも関わらず，年齢構成を持たないシンプルなCookeのCLAが選ばれたというのは，面白い結果である．

科学者は，RMPによって，不確実性を克服した．しかし，政治の問題は解決できなかった．1991年に科学者が苦労をしてRMPを完成させたにも関わらず，IWC本会議では，RMPは完全に無視されてしまった．1993年には，科学委員会

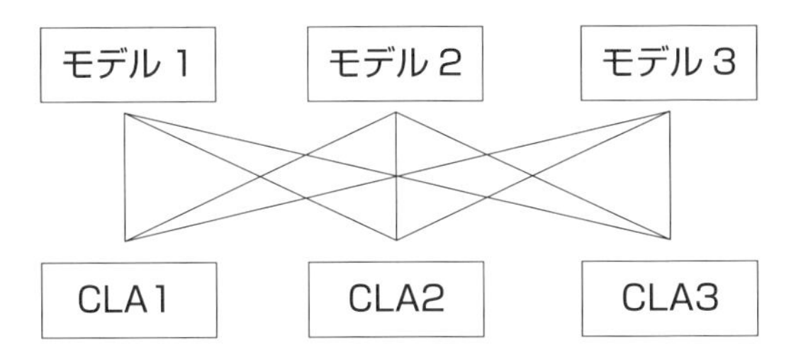

図 11.6 Catch Limit Algorithm（CLA）の選択方法
総当たり方式でシミュレーションを行い，幅広い可能性に対応できる CLA を選択する．

を無視する本会議に抗議をして，科学委員会の議長が辞任するという事態に発展した．1994 年になって，本会議も RMP を採択したのだが，「RMP を実施するために必要な管理システムに不備がある」ということで，現在も禁漁が続いている．科学委員会が RMP を完成させたことで，IWC の本会議の抱える政治的な問題を浮き彫りにしたことが，科学委員会の功績といえるだろう．

一般的な漁業管理の場合も，事前の合意形成の重要性は，IWC と何ら変わることはない．実際に，魚が減ってから，誰がどれだけ漁獲量を減らすかを議論しても，話はまとまらない．京都ズワイガニ漁業の保護区，秋田県のハタハタ禁漁などの国内の資源管理の成功事例にしても，資源管理を開始できたのは，資源が減りすぎて，ほとんど漁業として成り立たなくなってからである．迅速に漁獲にブレーキをかけるには，モニタリング結果に資源減少のサインが表れた場合に，漁獲枠をどこまで減らすかを予め決定し，関係者間で合意を得ておく必要がある．

11.4 生態系の管理

11.4.1 漁獲が生態系にあたえるインパクト

漁業活動は，漁獲対象生物の死亡のみならず，非漁獲対象種の混獲や，生息域の破壊など，様々な影響を生態系に与えている．漁業が生態系に与えるインパクトは，次のように整理できる．

1） 非漁獲対象生物の混獲

2） 観測されない漁獲死亡

3） 食物網の撹乱

4）　生息環境の破壊
5）　選択的漁獲による進化的応答

11.4.2 混獲

多くの漁業では，狙った種以外の生物が大量に漁獲される．商業価値のない非漁獲対象種の多くは，水揚げされずに海上で投棄される．投棄された魚の多くはそのまま死んでしまう．

世界でどのぐらいの混獲があるかは，はっきりしていないのだが，世界の混獲量を推定しようとしたFAOの研究事例が2つ存在する．Alverson（1994）は，世界の混獲・投棄は，年間1790万～3950万トンと推定した．Alversonらは，「主たる漁獲目標以外は，すべて混獲」と定義をしたが，実際には複数の魚種を狙って操業する漁業も少なくない．その後，Kelleher（2005）がより詳細な手法で推定したところ，年間730万トンであった．以前の推定値よりも大分小さくなったとはいえ，現在の日本の漁獲量の約1．5倍に相当する．混獲の割合は，漁具・漁法によって大きく異なる．例えば，エビを狙ったトロール漁業では，混獲の割合が62.3%となっている．希少な海鳥や海獣の混獲死亡は，国際的な関心も高く，漁業の枠を超えた社会問題になっている．

11.4.3 観測されない漁獲死亡

トロールや刺し網などは，網目を大きくすることで，小型の魚を逃がすことが出来る．しかし，網目をすり抜けた魚の全てが，生き残るわけではない．傷ついてそのまま死んでしまう魚も相当数存在するだろう．この現象を網ずれと呼ぶ．また，遺失漁具によって，魚が捕獲され続けてしまう，ゴーストフィッシングという現象も知られている（Matsuoka *et al.*, 2005）．これらの漁獲による死亡の影響は，我々人間に認知すらされない場合も多く，有効な抑制は難しい．

11.4.4 食物網の撹乱

漁獲で特定の種を大幅に減らせば，生態系の食物連鎖網にも影響を与えてしまう．漁獲対象種が重要な役割を果たしていた場合，生態系のバランスが崩れてしまうかもしれない．たとえば，漁業によって，大型の捕食者が減少し，漁獲の中心が食物連鎖の低い段階に移行しているという指摘がある（Pauly *et al.*, 1998）．

漁獲による上位捕食者の減少が，生態系全体に影響をあたえることが示唆されている（Scheffer *et al.*, 2005）．

11.4.5 生息環境の破壊

漁業は，漁場の環境にも影響を与えている（Turner *et al.*, 1999）．海底に接触する底層トロールは，海底の構造物を破壊することが知られている．珊瑚礁や藻場の破壊につながるような破壊的な漁法も存在する．漁業による生息環境の破壊は，多くの観察例があるのだが，それらが生態系にどのような影響をあたえているのかは，十分に評価ができていない．

11.4.6 選択的漁獲による進化的応答

漁業によって，特定のサイズ以上の個体に強い漁獲圧がかかる事例が数多く存在する．このような選択的漁獲が，人為的な進化を促し，その種が本来持っていた自然への適応力を奪ってしまう可能性がある．漁獲による人為淘汰の結果として，成熟年齢の低下，成熟サイズの小型化，年間成長率の減少などが指摘されている（詳しくは8章）．

11.4.7 保護区による生態系の保全

漁業は，様々な形で生態系に負の影響を与えている．断片的な証拠は数多く得られているが，その影響を包括的に評価するのは困難である．漁業が生態系にあたえる影響を抑制する手段として，海洋保護区（Marine Protected Area：MPA）が注目されている（Garcia-Charton and Perez-Ruzafa, 1999）．海洋保護区は，生態系の保全ばかりでなく，保護区で成長した魚が保護区の外に移出することによって，漁業生産への寄与も期待できる（White *et al.*, 2008）．

11.5 野生生物の持続的利用は可能なのか

11.5.1 2048年に世界の商業漁業が消滅する？

水産資源の減少によって，2048年に世界の漁業が消滅するという論文が学術誌Scienceに掲載され，世界に衝撃を与えた．執筆者はカナダの研究者Wormを中

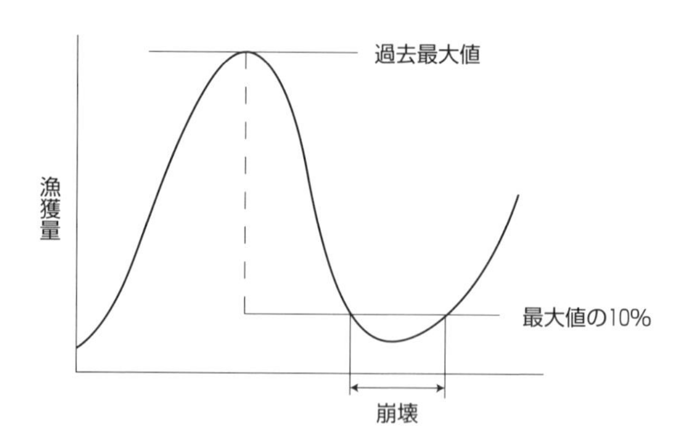

図 11.7　ワームらの資源崩壊の定義　Worm *et al.*, 2006 を改変.

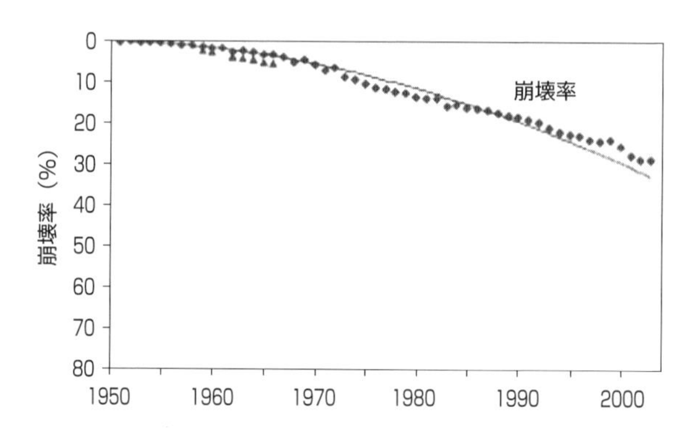

図 11.8　世界の漁業の崩壊率とその近似曲線　Worm *et al.*, 2006 を改変.

心とするグループである（Worm *et al.*, 2006）．Worm たちは，漁獲量が過去最大値の 10% を下回った漁業を「崩壊」と定義（図 11.7）して，FAO の魚種別漁獲量の長期データ（1950-2003）から，世界漁業の崩壊率を時系列で示した（図 11.8）．崩壊率に放物線を当てはめたところ（実線），2048 年に崩壊率が 100% になるという予測が得られた．これを根拠に，Worm らは，2048 年に商業漁業が消滅すると警告した．

11.5.2 水産研究者の反論

水産資源学の研究者の多くは，Worm らの主張に懐疑的であった．世界にはきちんと管理されている漁業が数多くあることを知っていたからである．米国のヒルボーンは，「適切に管理されている漁業は，持続的である」と主張し，「Nature

や Science のような学術誌は，漁業が破滅に向かっているという先入観に基づき，研究の質ではなく話題性で論文を選んでいる」と批判した（Hilborn, 2006）.

米国の Costello らは，Worm らの手法を発展させて，適切な手法で資源管理されている漁業は持続的であることを示した（Costello *et al.*, 2008）．Costello らは，ITQ（譲渡可能個別漁獲枠）という制度で管理されている漁業は，そうでない漁業よりも，崩壊率が低いことに着目した．もし，1970 年に全ての漁業に ITQ が導入されていたら，漁業崩壊率は改善されていたことを，コンピュータシミュレーションによって示した.

11.5.3 管理されている漁業は回復に向かっている

世界の漁業が回復に向かっているかどうかを検証するプロジェクトが，北米の研究者を中心に立ち上げられた．前述の Worm, Hilborm, Costello を含む 21 名の連名で，「世界漁業の回復（Rebuilding Global Fisheries）」というタイトルの論文を発表した（Worm *et al.*, 2009）．この論文によると，資源評価が得られている世界中の 166 資源のうち，63% は資源回復措置が必要な水準まで減少していた．これらの回復が必要な資源の約半数は，すでに漁獲圧が削減され，資源は回復に向かっていることがわかった．研究が進んでいる 10 の生態系のうち，5 つの生態系では，近年，漁獲圧が大幅に削減されていた．また，7 つの生態系では平均的な漁獲圧が，資源を持続的に利用できる範囲に収まっていた．近年の資源管理の努力によって，漁獲圧が削減されて，海洋生態系が回復に向かっていることが実測データから示されたのである.

ただし，本論文で解析したのは，研究が進んでいる一部の生態系のみであり，カバーできているのは全海面の 25% にも満たないことに，注意が必要である．生態系の研究が進んでいる海域は，資源管理が進んだ海域とほぼ一致するので，本研究の楽観的な結果を，そのまま世界の漁業全体に広げることできない．適切な管理を行えば，生態系が回復することはわかったが，依然として，管理されていない多数の生態系で乱獲が進行しているのだ．漁業の未来は，世界の漁業国が，責任をもって資源管理をするか否かにかかっている.

Box 11.1

ITQ（譲渡可能個別漁獲枠制度）

水産資源の管理では，漁獲枠を設定するのが一般的である．設定した漁獲枠をどのように配分するかによって，漁業の生産性に大きな差が生じる．漁獲枠を全体でプールして，早い者勝ちで利用する方法をオリンピック方式と呼ぶ．それに対して，漁獲枠を個々の漁業者にあらかじめ配分しておく制度を，個別漁獲枠方式（Individual Quota）と呼ぶ．IQ方式の中でも，漁獲枠の譲渡を自由化した制度が譲渡可能個別漁獲枠ITQ（Individual Transferable Quotas）方式である．

宴会に例えると，大皿料理を皆でシェアするのがオリンピック方式，小皿に料理を盛りつけて各自に配るのがIQ方式である．さらに小皿の交換や売買を許可するのがITQ方式である．料理が少なければ，大皿方式だと，早い者勝ちの争奪戦になる．料理をゆっくり味わう余裕はないし，料理の配分は不公平になるだろう．一方，あらかじめ料理が個人に配分されている小皿方式なら，公平に配分されるし，じっくりと味わって食べることができる．

オリンピック方式では，より早く，より多くの魚を獲った者が，多くの漁獲枠を利用することができる．オリンピック方式は，漁業者間の早獲り競争を煽ってしまうのだ．全体の漁船規模が十分であっても，ライバルとの早獲り競争に勝つために設備投資が必要になる．現在の効率的な漁具を利用すると，1年分の魚が，数日で捕れるケースもある．水揚げが短期的に集中することになり，消費者にも不利益である．

自分の漁獲量が予め決められているIQ方式なら，魚を慌てて獲る必要がない．漁業収益を伸ばすためには，自分の限られた枠を，できるだけ経済価値の高い魚で埋める必要がある．時間をかけて，水揚げした魚を丁寧に扱うようになるし，鮮度を保持する冷蔵設備などに投資をするようになる．結果として，IQ方式の方が，同じ漁獲量でも高い利益を上げることができる．高品質の魚が安定供給されるので，消費者にもメリットがある．

さらに，ITQ方式を導入して，個人に配分された漁獲枠を，自由に売買できるようにすると，漁獲利益を出せない経営体は漁獲枠を売って，漁業から撤退することができる．譲渡の自由度を高めると，過剰な漁業者を減らしながら，漁獲枠を効率的に運用することできる．一方で，譲渡の自由化を進めると，漁獲枠の寡占化などの弊害も起こりうる．そこで，ITQを導入する際には，一つの経営体が所有可能な漁獲枠に上限を設けるなどの規制が必要になる．

2011年現在の，主要漁業国の漁獲枠制度をまとめると次のようになる．韓国を含む，世界の主要漁業国の多くは，既にIQ方式，もしくは，ITQ方式に移行している．日本で漁獲枠が設定されているのはたったの7魚種で，しかもオリンピック方式を採用している．

表　主要国における資源管理制度の比較

国名	漁獲枠管理方式		
	IQ方式	ITQ方式	オリンピック方式
アイスランド		○	
ノルウェー	○		
韓国	○		
デンマーク		○	
ニュージーランド		○	
オーストラリア		○	
米国		○	
日本			○

（独）水産総合研究センター「わが国における総合的な水産資源・漁業のありかた」（2009）http://www.fra.affrc.go.jp/pressrelease/pr20/210331/houkoku.pdf，『資源経済学への招待』（ミネルヴァ書房）を参考に作成．

引用文献

Alverson, D. L., Freeborg, M. H., Murawski, S. A. & Pope, J. A.（1994）A global assessment of fisheries bycatch and discards. *FAO Fisheries Technical Paper*, **339**, 1-233.

Browman, H. I., Law, R. & Marshall, C. T.（2008）The role of fisheries-induced evolution. *Science*, **320**, 47-47.

Costello, C., Gaines, S. D. & Lynham, J.（2008）Can catch shares prevent fisheries collapse? *Science*, **321**, 1678-1681.

Garcia-Charton, J. A. & Perez-Ruzafa, A.（1999）Ecological heterogeneity and the evaluation of the effects of marine reserves. *Fish. Res.*, **42**, 1-20.

Graham, M.（1935）Modern theory of exploiting a fishery, and application to north sea trawling. *J. Cons. Int. Explor. Mer.*, **10**, 264-274.

Hilborn, R.（2006）Faith-based fisheries. *Fisheries*, **31**, 554-555.

Jorgensen, C., Enberg, K., Dunlop, E. S. *et al.*（2007）Ecology - Managing evolving fish stocks. *Science*,

318, 1247-1248.

Kelleher, K. (2005) Discards in the world's marine fisheries: An update. *Food and Agriculture Organisation of the United Nations.*

Matsuoka, T., Nakashima, T. & Nagasawa, N. (2005) A review of ghost fishing: scientific approaches to evaluation and solutions. *Fish. Sci.*, **71**, 691-702.

Parma, A. M. & NCEAS working group on population management (1998) What can adaptive management do for our fish, forests, food, and biodiversity? *Integrative Biology: Issues, News, and Reviews*, **1**, 16-26.

Pauly, D., Christensen, V. & Dalsgaard, J. (1998) Fishing down marine food webs. *Science*, **279**, 860-863.

Russell, E. S. (1931) Some theoretical considerations on the "overfishing" problem. *J. Cons. Int. Explor. Mer.*, **6**, 3-20.

Schaefer, M. (1954) Some aspects of the dynamics of populations important to the management of the commercial marine fisheries. Bulletin. *Inter-American Tropical Tuna Commission*, **1**, 27-56.

Scheffer, M., Carpenter, S. & de Young, B. (2005) Cascading effects of overfishing marine systems. *Trends Ecol. Evol.*, **20**, 579-581.

Turner, S. J., Thrush, S. F., Hewitt, J. E. *et al.* (1999) Fishing impacts and the degradation or loss of habitat structure. *Fisheries Management and Ecology*, **6**, 401-420.

Walters, C. (1986) *Adaptive Management of Renewable Resources*. McMillan.

Walters, C. J. & Hilborn, R. (1976) Adaptive control of fishing systems. *J. Fish. Res. Board Can.*, **33**, 145-159.

White, C, Kendall, B. E., Gaines, S. *et al.* (2008) Marine reserve effects on fishery profit. *Ecology Letters*, **11**, 370-379.

Worm, B., Barbier, E. B., Beaumont, N. *et al.* (2006) Impacts of biodiversity loss on ocean ecosystem services. *Science*, **314**: 787-790.

Worm, B., Hilborn, R., Baum, J. K. *et al.* (2009) Rebuilding Global Fisheries. *Science*, **325**, 578-585.

寶多康弘・馬奈木俊介 (2010)『資源経済学への招待―ケーススタディとしての水産業』ミネルヴァ書房.

田中昌一 (1960) 水産生物の population dynamics と漁業資源管理. 東海水研研報, **28**, 1-200.

第12章 生態系の保全と再生

有賀　望

12.1 はじめに

これまでの章では，人間活動によってさまざまな撹乱を受けている生態系の現状が述べられてきた．本章では，人間は，野生生物や自然環境とどのように付き合っていくべきなのか，人間が生態系の一員として共存していくための考え方について，身近な水辺環境の例を中心に生態系の保全・再生方法や事例を紹介する．

12.2 生態系の保全・再生とは

12.2.1 生態系の保全・再生分野でよく用いられる言葉の意味

近年，環境保全に対する機運が高まり，生態系の保全や再生についての研究が進み，地球環境の保全に寄与するために自然再生に関する法律が施行された（例えば，自然再生推進法）．ここでは，そのような法律や自然再生に係わる研究・計画などにおいて用いられるさまざまな関連用語について整理する．

保全（conservation, reservation）とは，良好な自然環境が存在している場所においてその状態を積極的に維持する行為である（日本生態学会生態系管理専門委員会 2005）．また，生態系や生物多様性をできるだけ損なわずに，かつ開発などの人間社会のための利用を図ることをさす（島谷，2003）．

保護（protection）とは，手つかずに残していくことで，保全と同じ意味に使うこともあるが，狭義では保全とは異なり，自然を人為などの外圧から守ることである（島谷，2003）．

創出（creation）とは，大都市などの自然環境がほとんど失われた地域において大規模な緑の空間の創造などにより，その地域の生態系を取り戻す行為である（日本生態学会生態系管理専門委員会，2005）．

復元（restoration）とは，もともとあった生態系の構造や機能，多様性，種内変異を維持するために意図的に改変を行ったり，人為的撹乱が起こる前の生態系に戻すことである（Lake, 2001; Jugwirth *et al.*, 2002；中村ほか，2003）．過去に存在していた生態系の構造，機能と同じ状態まで戻すことをさす（日本生態学会，2010）．復元には，人為を加える「能動的復元」（active restoration）と，自然の回復力を活用する「受動的復元」（passive restoration）がある（日本生態学会生態系管理専門委員会，2005）．

修復（rehabilitation）とは，過去に存在した生態系とまったく同じ状態までは復元できないが，生態系の機能や構造を現在よりも良い状態まで戻すことである（日本生態学会，2010）．人為的影響が大きすぎて，人為的撹乱まえの環境に戻すことが不可能な場合は，重要な機能と生息場環境を生み出す生態系に改良する方法がある（Wissmar & Beschta, 1998, 中村ほか，2003）．

再生（regeneration）とは，「復元」だけでなく「修復」「創出」「保全」「維持管理」を含む広い概念であり，損なわれた自然環境を取り戻す行為をさす（日本生態学会生態系管理専門委員会，2005）．生態系または群落・群集の一部が，なんらかの理由で失われたとき，失われたものと同じか，またはほとんど同じものがつくられて，欠けた部分を補う現象が再生である（島谷，2003）．

自然再生（nature restoration）とは，過去に損なわれた生態系やその他の自然環境を取り戻すことを目的として，関係行政機関，関係地方公共団体，地域住民，特定非営利活動法人，自然環境に関し専門的知識を有する者等の地域に係わる多様な人々が参加して，河川，湿地，干潟，藻場，里山，里地，森林その他の自然環境を保全し，再生し，もしくは創造し，又はその状態を維持管理することである（日本生態学会生態系管理専門委員会，2005；日本生態学会，2010）．自然再生推進法の枠組みによる実施される自然再生事業は，積極的に土木工事を行い，自然を戻そうとする能動的再生と理解されることがあるが，自然再生の中で大切なことは，まず自然の自己回復力を発揮するために障害となっている人為的要因を取り除くことであり，生態系のシステムが自己再生するのを待つ受動的復元である（Wissmar & Beschta , 1998；中村，2003）．

ビオトープ（biotope）とは，動物や植物の生育環境のうち，湖沼，林野のように環境条件および動植物の構成が比較的一様な地理的最小単位のことである（横山＆市川，1997）．トンボが卵を産み，ヤゴが育つ小さな池のビオトープから，成長段階や季節ごとに利用する森林，湖沼，草地，河川，湿地などのさまざまな生息地のすべてを指す大きなビオトープまで，多様な規模がある．自然環境再生の市民運動では，生態系の創出運動を「ビオトープ造り」と呼ぶこともある（杉山，1996）．

12.2.2 目標の定め方

生態系の再生を議論する前に重要なことは，現状の把握である．現在，残されている貴重な生態系はどこにどれくらい存在し，その生態系に悪影響を与えている要因は何であるかを整理する必要がある．この作業によって保全すべき生態系と再生すべき生態系が明確になる（中村，2003）．目標を定めるためには，生態系のどこに着目し，何を保全し，いつの時代の自然を再生しようとしているのかを明確にする必要がある．自然再生事業では，目標を定める際に（1）生物種と生育・生息場所，（2）群集構造と種間関係，（3）生態系の機能，（4）生態系のつながり，（5）人と自然との持続的なかかわりの 5 つの要素を組み合わせることにより，再生すべき自然環境・生態系の姿を明確にしている（日本生態学会生態系管理専門委員会，2005）．

生態系の保全・再生のシンボルとして，希少種や固有種のような特定の種を掲げることがしばしばある．特定種の個体群増加が生態系再生の評価に使用されることがあるが，希少種であってもそれらのみに配慮した計画は，正しい目標を持った自然再生とは言えない．自然は，多くの種が互いに関わりあって生態系を形成していることを理解し，普通種も含めて生態系の保全・再生の目標を設定することが重要である．一方で，普通種も含めた生態系の健全性を間接的に示す特別種（指標種）を特定できれば，特定種に注目した目標設定により効率的な自然再生を実施することも可能である．

人為的影響が大きすぎて，改変前の環境に戻すことができない場合も残念ながらある．例えば，札幌市内を流れる豊平川では，扇状地の扇頂部で深刻な河床低下が進行しており，河床の礫が流され，露出した岩盤は削られ，渓谷のような地形が過去 10 年程度の時間スケールで出現している．これは，上流域にダムが作られ，山は森林面積が増加し，土砂の供給が低下したため，これまで河岸侵食あるいは土砂の運搬に使われていた川のエネルギーが河床を侵食することに使われるようになったことが，大きな原因の一つと推測される．河床の低下は，橋脚の転倒や護岸ブロックの崩壊など，河川の治水に影響を及ぼすだけでなく，サケの産卵環境を消失させるなど生態系へも影響を及ぼす．極度に進行した河床低下をそれ以前の状態に修復することは，非常に困難な状況である．このように生態系の構造と機能が不可逆的な状態へと変化している場合には，改変前の環境を自然再生の目標とすることは現実的ではない．保全・再生すべき生態系に優先順位をつけ，不可逆的な変化を生じる前に，少ない改変で再生できる場所から取り組むことも自然再生を実現するためには重要である（日本生態学会生態系管理専門委員会，2005）．

生態系の再生において，人為的影響を完全に排除することは不可能である上に，いつの時代の自然を目指すのかという目標の定め方には，立場によって意見が異なる場合が多い．目標の答えは一つとは限らず，対象とする地域が都市なのか，農村なのか，また実施する組織が市民団体なのか，行政なのかなどによって，求めるものが異なることも理解しなければならない．自然を再生させる取り組みにおいて，どこを目標とするかは，科学的に求められるものではなく，地域住民との合意形成のもとで定められる．関係者との合意形成は，時に時間がかかることもあるが，互いに納得できるまで丁寧に進めることが事業への理解と協力につながる．

12.2.3 生態系の再生方法

生態系を再生する方法には，画一した手法があるわけではない．それは複雑な生態系を人間がすべて理解しているわけではなく，生態系の機能や構造も地域や規模によって変化するからである．

水辺環境を創造する形のビオトープの造成は，学校教育の中で総合的学習が普及してから，全国で盛んに行われてきた．学校ビオトープは，自分が住む地域の自然や生態系のつながりについて学ぶことができる環境教育の教材として位置づけられている．しかし，地域の生態系を十分に理解せずに管理すると，外来種や他の地域の個体群を移植するなど，逆に生態系を破壊するビオトープになってしまう．

また，ある特定の種の個体数を増やすことが目的であった場合，放流や移植の手段が用いられることがしばしばあるが，他の地域の生きものを導入する行為は，その地域の個体群にはなかった遺伝子を持ち込み，その場所の環境への適応を妨げる可能性が指摘されている．たとえば，ヘイケボタルは北海道から九州まで分布するが，コミュニケーションの手段として利用される発光は，北海道の方が本州より点灯間隔が長いことが知られている（大場ほか，2001）．これは，北海道の生息域では本州に比べてヘイケボタルの生息密度が低いため，オスは光るための体力消耗を抑え，長い距離を飛ぶために体力を使うからだと考えられている（大場ほか，2001）．したがって，同じ種のヘイケボタルでも，本州の個体を北海道に放すことは，発光で異性を探すホタルにとっては繁殖行動の撹乱となる可能性が高く，種の保全には寄与しない．さらに，近年，人工ふ化した魚は，野生個体の適応度を低下させることが懸念されており（Araki *et al.*, 2008; 2010），安易な放流は行うべきではないことが指摘されている．生き物を導入する場合は，(1) 地域の生物を導入すること，(2) 種の多様性に配慮すること，(3) 種の遺伝的変異を保つために十分配慮することの 3 つの点に留意すべきである（日本生態学会，2010）．

生態系には，安定した状態に戻る力があり，ある程度状態が変化しても自然の回復力により生態系を維持することができる．目標を定める際に行う現状把握によって，可逆な範囲と判断された場合には，「保護」や「保全」が有効であると考えられる．したがって，生態系の再生方法として，いきなり人為を加える「復元」や「修復」を選択する前に，まずはもともとの潜在的回復力を活かすことによる効果を検討すべきである．仮に，人為を加えた生態系機能や構造の修復が行われる場合においても，すべてを人為的に作り上げるのではなく自然の回復力を活用し，人為的な影響を最小限に留めることが望ましい．特に能動的復元を行う場合は，改変により自然がどのように応答するか見極めながら行う必要がある．

自然再生事業指針において活用するよう求められているのは，順応的管理である（第 11 章参照）．順応的管理における事業の計画は，まず科学的な根拠に基づいて予測（仮説）が立てられ，事業の実施後はモニタリングを続けることにより，仮説を検証する．予測と異なる結果となった場合は，計画を見直し，新たな予測を立て，改善させながら事業を続ける（日本生態学会，2010）．そして，この順応的管理を進める上で重要となるのは，情報公開である．順応的管理の過程の中で，現状の調査結果や実験的に進められる事業の途中経過などの情報が，どこまで公開されるかが，事業の透明性を高め，成功へ導く鍵となる（日本生態学会，2010）．

森林の再生事業のように，数十年という長い年月をかけて再生される自然が対象となる場合は，持続的な取り組みが重要となり，関係者の関わり方の仕組みづくりが必要となる．行政が主体的に進める事業体系では，担当者の交代などによって，当初の目的や理念が引き継がれず，自然再生に向けた情熱を持続させることが困難であることが多い．事業継続の鍵は，再生される森林が，地域の活性化やまちづくりに役立つと認識され，地域の住民自身が積極的に再生事業に参加する仕組みができるかどうかである（日本生態学会，2010）．

12.3 生態系の保全・再生の事例

12.3.1 国による自然再生事業

北海道東部に位置する釧路湿原は，1980年に「特に水鳥の生息地として国際的に重要な湿地に関する条約」通称ラムサール条約の登録湿地に指定された日本最大の湿原である．流域の最下流部が湿原で国立公園として保護されているが，上流域は農地として利用されるようになり，50年で湿原面積が2割以上減少した（中村，2010）．また，森林伐採や河川の直線化に伴う多量の土砂の流入が，魚類や水生植物などの河川生態系に大きな影響をあたえていることから，「釧路湿原自然再生事業」が実施された（中村ほか，2003）．釧路川流域の貴重な生態系として，（1）日本最大の低層湿原，（2）釧路川右岸堤防によって分断されている高層湿原，（3）日本最大の淡水魚であるイトウ（*Hucho perryi*）の生息する蛇行河川，（4）キタサンショウウオ（*Salamandrella keyserlingii*）とタンチョウ（*Grus japonensis*）とそれぞれに適した生息環境，（5）ザリガニ（ニホンザリガニ）（*Cambaroides japonicus*）等が生息する丘陵地沿いの湧水環境，（6）マリモ（*Aegagropila linnae*）も生息する東部3湖沼，（7）周辺流域に残された自然林が挙げられた．自然再生事業においては，NPO団体と協働で自然環境情報の集約にもとづく保全地域，再生地域の抽出を行い，伐採予定地であったカラマツ人工林を買い取り，皆伐による汚濁負荷の流出を防止した．さらに，点在している農業開発用地を湿原再生のための用地として取得した．また，タンチョウの営巣・繁殖地では，生息状況に注意を払いながら，地盤の掘り下げや播種実験が実施された．2003年時点において，釧路湿原の自然再生事業はまだ途上段階で，今後は用地の取得のみならず，地域住民との合意形成のもと，保全に向けた取り組みを進めている．地域住民の理解を深めるためには，徹底した情報公開が必要で，目標設定から，野外実験による検証までのプロセス，モニタリングに至るまで公開し，情報を共有することが重要である（中村ほか，2003; Nakamura *et al.*, 2014）．

12.3.2 市民活動レベルの取り組み

一つ目の事例は，日本最大の淡水魚イトウ（図 12.1）の保護活動である．NPO 団体の尻別川を考えるオビラメの会（以下，オビラメの会）は，分布南限である北海道尻別川において絶滅の危機にある個体群を対象に，イトウの専門家の助言を聞きながら（1）人工孵化放流には尻別川産のイトウを用いる（2）イトウの生息できる河川環境を復元する（3）イトウ釣りのルールを確立することを柱に保護活動をしている（尻別川を考えるオビラメの会ホームページ；http://obirame.fan.coocan.jp/）．

当初の計画では，個体数が減少して自然産卵が見込めないことから，尻別川産の稚魚を人工ふ化放流し，個体群を絶滅から回避させることであった．人工ふ化放流が実施され，放流魚のモニタリングを続ける中で，活動から 10 年後，野生魚の自然産卵が確認された（川村，2011）．自然繁殖の確認はとても喜ばしいことであったが，これまで定めてきた「自然繁殖は見込めない前提」を見直す必要がでたため，繁殖場所と親魚の保護を優先させることとなった．尻別川では，モニタリングを続けることにより当初の計画から手法を修正する順応的管理がなされており，会のメンバーに含まれるイトウの研究者が，科学的なデータを客観的に解析している．また，復元対策においては，簡易魚道の設置など河川改修による自

図 12.1 日本最大の淡水魚のイトウ（現在の分布南限の北海道尻別川）
撮影 藤原弘昭氏．

図 12.2　豊平川で産卵床を守るメスザケ
写真提供　札幌市豊平川さけ科学館.

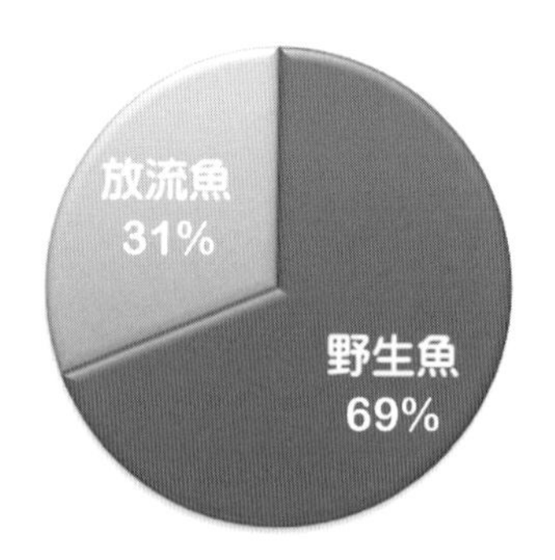

図 12.3　2006 年から 2012 年に豊平川に遡上したサケの野生魚と放流魚の割合

然繁殖個体の環境整備も行われている．今後は，継続的なモニタリングの実施や，人工ふ化放流のあり方が検討課題となるであろう．

二つ目の事例は，190 万人が暮らす札幌市を流れる豊平川で，水質汚染によって一度途絶え，市民運動によって再び遡上するようになったサケ（*Oncorhynchus keta*）の保全活動である．サケの遡上が再開されてから自然産卵が 30 年以上繰り返され（図 12.2），近年の標識調査では自然産卵に由来する野生魚が，遡上するサケの約 7 割いることが明らかとなった（図 12.3）．また，豊平川生まれの野生魚と移植された放流魚では，成熟する時期や年齢に違いが生じていることも明らかになった（有賀ほか，2014）．野生魚は，その河川環境に適した個体が生き残るため，豊平川で自然産卵が繰り返されることにより，豊平川産の個体群が育っている．日本のサケは，人工ふ化放流事業の成果で20世紀後半に漁獲量が大幅に増加したと考えられてきたが，近年，ふ化放流事業が生物多様性等に与える負の影響が指摘され（第8章），平成24年に策定された生物多様性国家戦略2012-2020では，自然再生産に配慮したサケ資源保全への取り組みが議論され始めている．一般的に魚の放流は，遺伝的な多様性を喪失させ，病気を伝播したり，ふ化場に適した個体を生き残らせてしまうため（Araki *et al.*, 2008; 2010），生物多様性保全の観点からは，野生魚を大切にすることが重要とされている．また，札幌市の「生物多様性さっぽろビジョン」（http://www.city.sapporo.jp/kankyo/biodiversity/vision.html）においては，「自然産卵によってサケの回帰が維持されることが理想」と謳われている．そこで，豊平川でサケのふ化放流事業と環境教育普及活動を行っている札幌市豊平川さけ科学館や標識放流調査を共同研究してきた水産総合研究センター，そして市民の有志らが，今後は豊平川生まれの野生サケを優先的に保全していくことを目的とし「札幌ワイルドサーモンプロジェクト」（http://swsp.jimdo.com/）を立ち上げた．このプロジェクトでは，豊平川に遡上するサケの個体数が大きく減らない範囲で放流数をコントロールする順応的管理の導入と，野生サケ個体群の存続性を高めるための河川環境保全を目指している．豊平川は，サケの放流について市民の意見が反映される数少ない河川であり，市民の関心が高まることによって実現の可能性が高いプロジェクトとなるため，関係機関への働きかけを強め，実現に向けた具体的な取り組みが進められている．

Box 12.1

カムバックサーモン運動

北海道札幌市を流れる豊平川は，昔からサケが多く上る川だったが，1950年頃から札幌市の人口増加に伴い水質が悪化し，サケの遡上が途絶えた（図1）．その後，下水道が整備され，1970年代後半にはサケが自然に繁殖できるほどの水質に改善したが，生まれた川に戻る性質があるサケは，水質が改善しても直ぐには回復しなかった（図1）．そこで豊平川に再びサケを戻そうという動きが札幌市民の間に広がり「カムバックサーモン運動」が展開された．当時，サケは国が管理する水産資源だったため，放流を実施することは容易ではなかったが（北海道サケ友の会，1998），行政も巻き込んだ大きな動きに発展し，サケの遡上が途絶えてから約30年ぶりに放流が実現した．1981年には，放流したサケ稚魚が親ザケとなって遡上し，多くの市民がサケを見に豊平川に集まった（図2）．サケの回復がきっかけとなり，「市民の

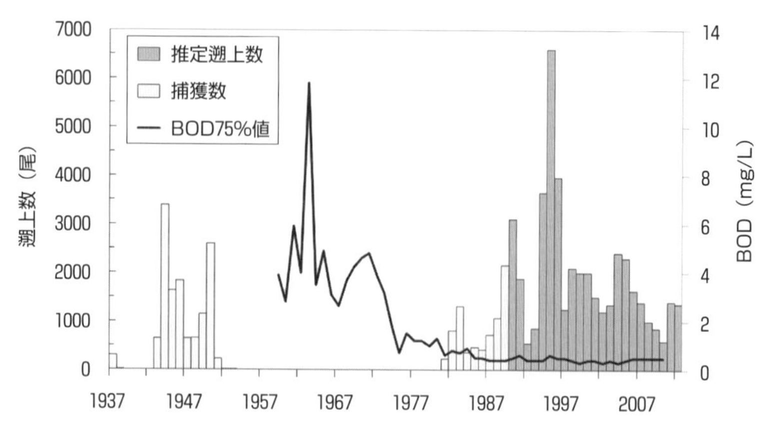

図1　豊平川のサケ遡上数と水質（BOD 75% 値）
サケ遡上数は札幌市豊平川さけ科学館提供．水質データは国土交通省水文水質データベース観測地点豊平川豊水大橋．

図2　1980 年頃豊平川に遡上したサケの見学に集まる市民
写真提供 北海道サーモン協会．

ふ化場」と「サケ学習施設」の建設を要望する声が高まり，1984 年に札幌市豊平川さけ科学館が建設された（北海道サケ友の会，1998）．「カムバックサーモン運動」は，当時行政やマスコミを巻き込んだ話題性もあり，当時は環境保全活動の先駆けとして注目された．

カムバックサーモン運動では，放流という能動的再生の手法が用いられた．しかし，先に述べたように，自然再生の中で大切なことは，自然の自己回復能力を発揮するために障害となる人為的要因を取り除くことである．豊平川では，水質の改善と遡上障害となっていた堰堤に魚道が整備されたことが野生サケの増加に繋がったと考えられる．一般に，サケマス類は自己回復能力が高く，魚道整備等で新たに遡上が可能となった場所では，自然にサケマス類が回復することが世界各地で報告されている（Pess *et al*., 2014）．同じ札幌市内を流れる琴似発寒川においても，放流が行われていないにも係わらず多くのサケが遡上するようになった．

12.4 自然と共存していくためには

12.4.1 なぜ自然を守るのか？

本章においては，人間活動によってさまざまな撹乱を受けている生態系を保全・再生する取り組みを紹介してきたが，そもそも我々はなぜ自然を守ろうとするのだろうか．それは，我々人間も生態系の一部であり，地球上で生き続けるためには，生態系のシステムを維持しなければならないからであろう．この問いについては，本巻第2章の「生物多様性の危機」において書かれているように，人間にとって有益であるからという考え方や，自然自体に存在価値があるからという考え方がある．そして，自然の様々な恵みを生態系サービスという形で利用し続けるためには，生態系の保全・再生が必要なのである．

12.4.2 持続可能な社会づくり

限りある資源の中で人間が自然と共存していくためには，このまま浪費生活を続けていては良くないことは多くの生態学者の意見である（森，2001；鷲谷，2004）．初期の持続可能性の定義は，過剰な資源利用による環境破壊を避けながら経済発展を行うという考え方であったが，現在では，環境保護，社会発展，経済成長の3つの要素によって持続可能な開発が成り立つと考えられている（森，2012）．たとえば，乱獲によるマグロ類の減少が続くことは，漁獲高が下がり漁業者が困るだけでなく，海洋の生態系のバランスが崩れることにつながる．このような人間活動がもたらす環境破壊は，生態系のバランスを破壊し，生物多様性を維持できない状態に陥らせてしまう．持続可能な形で自然資源を利用することは，野生生物が存続できるだけでなく，我々が地球上で暮らし続けるために必要なことである．

いくつかの欧米の大手小売企業は，天然の水産物については，MSC（Marine

図 12.4　MSC エコラベル（海のエコラベル）

Stewardship Council，海洋管理協議会）の認証を取得した，持続可能で環境に配慮した漁業で獲られたもののみを販売していくことを発表している．MSC 認証を取得した漁業で獲られた水産物には，MSC マーク（海のエコラベル）を付けることができる（図 12.4）．2014 年 7 月末現在で MSC 認証を取得した漁業は世界で 238 あり，これら漁業による年間漁獲量は約 700 万トンで，これは世界の天然魚漁獲量の約 8% に相当する．森林保全においても，森林資源を持続可能な形で利用するために，木材を生産する森林，生産過程，加工方法において，持続可能な形での利用が認められる製品には，FSC（Forest Stewardship Council，森林管理協議会）の認証与える取り組みが実施されてきた．消費者である我々は，MSC のマークがついた海産物を選ぶことで，海の環境保全に間接的に協力でき，FSC のマークの入った製品を購入することで，森林保全に貢献することができる．日本では 2014 年 6 月現在で，全国 35 カ所の合計 42 万 ha の森林で FSC 認証が取得され，京都府のズワイガニ・アカガレイ漁業および北海道のホタテガイ漁業で MSC 認証が取得されている．持続可能な社会を作るためには，行政や特定の業界が努力することだけでなく，消費者として関わるすべての人が考え，それぞれの立場でできることに取り組んでいくことが大切である．

Box 12.2

寿司ネタからマグロが消えないために

乱獲によって資源量が減少しているマグロ類では，持続的な利用のために適切な資源管理をする取り組みが進んでいる．適切な資源管理とは，漁獲の量，サイズや

天然

〈漁法の凡例〉釣：一本釣　延：延(はえ)縄　曳：曳(ひ)き網
定：定置網　巻：巻き網　刺：刺し網

寿司ダネ(魚種)	総合評価（高 ← 中 → 低）
鮪 ほんまぐろ(クロマグロ)	釣 太平洋　巻 太平洋　巻・延 大西洋
鮪 いんどまぐろ(ミナミマグロ)	延 インド洋
鮪 きはだ(キハダマグロ)	巻・延 太平洋　延 インド洋
鮪 ばち・めばち(メバチマグロ)	延 大西洋　延 太平洋・インド洋
鰹 かつお(カツオ)	釣 太平洋　巻 太平洋
鰤 ぶり・はまち(ブリ)	釣・巻 日本近海　定 日本近海
鯖 さば(マサバ)	釣・巻 日本近海　定 日本近海
鯖 さば(ゴマサバ)	釣・巻 日本近海　定 日本近海
秋刀魚 さんま(サンマ)	棒受網 日本近海
鯵 あじ(マアジ)	巻・釣 日本近海　定 日本近海
鯛 たい(マダイ)	定 日本近海
鮃 ひらめ(ヒラメ)	曳 日本近海
大鮃 えんがわ(オヒョウ)	曳 アラスカ　刺 カナダ　曳 カナダ
烏賊 いか(イカ)	釣 巻 定 日本近海
海老 あまえび(ホッコクアカエビ)	曳 カナダ　曳 グリーンランド　曳 ロシア
帆立 ほたて(ホタテガイ)	曳 北海道
姥貝 ほっき(ウバガイ)	手捕・鎌堀 曳 日本近海

図3　魚を総合評価する寿司ガイドの一部
総合評価が高い魚ほど環境負荷は低い．WWF ジャパン，2014 より．

時期を定め，乱獲を防ぐこと，および海の生態系や生息環境を保全することである（第 11 章参照）．我々消費者が，水産資源保全に貢献できることは，持続可能な漁法や飼育で生産された魚を選んで食べることである．WWF では，環境負荷が小さい魚を消費者が選べるための寿司ガイドを作成した（図 3）．これは，資源状況や漁法が海の生態系に与える影響など，さまざまな角度から寿司ネタの種類を評価したグラフで，生態系に影響が少ない種類が理解しやすい教育普及資料である．我々消費者は，食べる魚を選ぶときに，生まれてから食卓に上がるまでに，環境にどれくらいの負荷を与えているのか，生産方法は消耗型ではなく持続可能な循環型になっているかなどを考慮し，責任を持って購入しなければならない時代なのだと思う．

12.4.3 環境教育の役割

生態系の破壊が起こる原因の中には，残念ながら善意の気持ちから起こるものがある．地域住民による川や湖沼への魚の放流は，環境教育や環境保全の一環として行われることが少なくない．しかし，もともと日本には生息しない外来種の放流や，在来種であっても異なる水系や何世代も人工繁殖させた養殖魚を放流することは，在来個体群に悪影響を与えることが近年指摘されている（第8章参照）．生物多様性保全の観点から魚の放流に問題があることは，市民向け環境フォーラムなどでたびたび取り上げられている（たとえば，環境NGO北海道淡水魚保護ネットワーク主催の第1，3，12回フォーラム http://www.hokkaidofreshwaterfishconservation.net/index.html）．しかし，放流がもたらす生態系への影響はなかなか一般には普及していないのが現状である．その原因として，日本では仏教の思想に基づき命をいただく償いとして身近な水辺に魚を放すという「放生会」が伝統的行事として存在し，川に魚を放すことは生き物を慈しむ美徳とされてきたことが挙げられる（中井，2000）．古くから「放流＝良いこと」ととらえられてきたが，在来種や生態系に与える影響が懸念されていることを普及啓発していく必要がある（図12.5）．

同じように，野生動物への餌付け行為も，生態系への悪影響が懸念される．動物愛護の精神から餌付けが良いこととして行われてきたが，最近は，生物多様性保全の観点から，生態系に悪影響を与える行為と認識されている．北海道では，「北海道生物の多様性の保全等に関する条例」を2013年3月に制定し，生物多様

図12.5　札幌市豊平川さけ科学館の子供向け解説

性に著しい影響を及ぼすものを「特定餌付け行為」として禁止する措置を施行した．野生動物の餌付け行為は，栄養過多・栄養欠乏・感染症，人馴れや群集構造の変化，食べ残しによる環境汚染などの悪影響をもたらすことが懸念される．道の条例では，すべての餌付け行為を禁止するわけではなく，生態系の撹乱，感染症の蔓延，希少種への悪影響，人命への危険，農林水産物への被害発生など，明白な因果関係があるもののみ特定餌付け行為に指定される．では，家庭の庭などで行われる餌付けは問題ないのだろうか？　特定餌付け行為に指定されるほどの行為ではないが，生物多様性の観点からは良いことではない場合が多い．これらの身近な環境保全への理解を深めるために有効となるのが，環境教育である．特に学校教育で生物多様性や環境保全について取り組むことは，生物多様性に係る共通認識を持つことにつながり，効果的だと思う．

カナダで環境教育に取り組んでいる Neil Brookes 氏は，サケ学習に訪れた子供たちに次のように述べていた．“We conserve what we love. We love what we know. We know what we are taught.（我々が保全するものは好きなもの．我々が好きなものは理解できるもの．我々が理解できるものは教えられたもの．）”環境教育の役割は，自然を大切にし，共存したいと思う気持ちを養うために，さまざまな自然体験の場を提供し，地球環境に関心が持てる人材を増やすことだと思う（図 12.6）．そして，環境教育における大人の役割は，子供が小さいうちから自然に関心が持てるように，自然に触れる機会を与えることである．環境教育とは，

図 12.6　森林の中で自然を学ぶ環境教育プログラム（カナダブリティッシュコロンビア州）
写真提供 北海道サーモン協会．

鳥，昆虫などの動物や植物の名前をただ教えることではない．確かに種名を知っていれば，図鑑などで調べるときに役に立つ．しかし，良い環境教育とは，既存の考え方を教えるだけではなく，自然の中で過ごす時間を与えることにより豊かな感受性をはぐくみ，自ら疑問に感じたことを解明しようとする基礎を作ることである．著名な作家で生物学者でもある Rachel Carson は，消化する能力がまだそなわっていない子どもに，事実をうのみにさせるよりも，子供が知りたがる道を切りひらいてやることの方が大切であると述べている（Carson, 1998）．

12.5 おわりに

生態系の保全・再生に対する考え方は，時代の流れや研究技術の開発により，変化している．生態系を再生する考え方において，過去に正しいとされた事柄の一部は，生態系の再生を妨げる要因として批判されている．同じように，本書の中で正論として述べられた事柄が将来に批判される可能性もある．これは，我々の生態系の構造や機能への理解が未だ不十分であることが大きな理由である．大切なことは，それぞれの時代において科学的に裏付けされた生態系の保全・再生に対する考え方が周知され，取り組みが検証されながら修正されていくことだと思う．仮に，科学の進歩によって生態系の保全・再生に対する考え方が変わったとしても，過去の取り組みを非難する必要はなく，順応的管理の手法に基づき，取り組みを修正させていけばよいのである．そのためには，生態系の保全と再生にかかわる研究が発展していく必要があり，本書を読んでいる若者には，ぜひ，その役割を担ってほしいと思う．

引用文献

Araki, H., Berejikian, B. A., Ford, M. J. & Blouin, M. S.（2008）Fitness of hatchery-reared salmonids in the wild. *Evolutionary Applications*, **1**, 342–355.

Araki, H. & Schmid, C.（2010）Is hatchery stocking a help or harm? Evidence, limitations and future directions in ecological and genetic surveys. *Aquaculture*, **308**, S 2–S 11.

有賀 望・森田健太郎・鈴木俊哉ほか（2014）大都市を流れる豊平川におけるサケ *Oncorhynchus keta* の野生個体群の存続可能性の評価．日本水産学会誌，**80**, 946–955.

Carson, R.（1998）『The sense of wonder』新潮社.

川村洋司（2011）尻別イトウ保護の現状と課題．尻別川の未来を考えるオビラメの会ニュースレター，**35**，3.

北海道サケ友の会編（1998）『碧：北海道サケ友の会 20 年のあゆみ』北海道サケ友の会.

Jungwirth, M., Muhar, S. & Schmutz, S.（2002）Re-establishing and assessing ecological integrity in riverine landscapes. *Freshwater Biology*, **47**, 867–887.

Lake, P. S.（2001）On the maturing of restoration: Linking ecological research and restoration. *Ecological Management & Restoration*, **2**, 110–115.

森 誠一（2001）『自然復元特集 5 淡水生物の保全生態学—復元生態学に向けて—』信山社サイテック.

森 章（2012）『エコシステムマネージメント—包括的な生態系の保全と管理へ—』共立出版.

中井克樹（2000）日本における外来魚問題の背景と現状～管理のための方向性をさぐる～．保全生態学研究，**5**，171–180.

中村太士（2003）自然再生事業の方向性．土木学会誌，**88**，20–24.

中村太士・中村隆俊・渡辺修ほか（2003）釧路湿原の現状と自然再生事業の概要．保全生態学研究，**8**，129–143.

中村太士（2010）釧路湿原の自然再生．『自然再生ハンドブック』（日本生態学会編）p. 59–67.

Nakamura, F., Ishiyama, N., Sueyoshi, M. *et al.*（2014）The Significance of Meander Restoration for the Hydrogeomorphology and Recovery of Wetland Organisms in the Kushiro River, a Lowland River in Japan. *Restoration Ecology*, **22**, 544–554.

日本生態学会（2010）『自然再生ハンドブック』地人書館.

日本生態学会生態系管理専門委員会（2005）自然再生事業指針．保全生態学研究，**10**，65–75.

大場信義・金 三銀・金 鍾吉（2001）日本と韓国のヘイケボタルの発光パターンと形態．横須賀市博物館（自然），**48**，91–116.

Pess, G. R., Quinn, T. P., Gephard, S. R. & Saunders, R.（2014）Re-colonization of Atlantic and Pacific rivers by anadromous fishes: linkages between life history and the benefits of barrier removal. *Reviews in Fish Biology and Fisheries*, **24**, 881–900.

島谷幸宏（2003）『河川環境の保全と復元』鹿島出版会.

杉山恵一（1996）『みんなでつくるビオトープ入門』合同出版.

横山長之・市川惇信（1997）『環境用語辞典』オーム社.

鷲谷いづみ（2004）『自然再生』中央公論新社.

Wissmar, R. C. & Beschta, R. L.（1998）Restoration and management of riparian ecosystems: a catchment perspective. *Freshwater Biology*, **40**, 571–585.

WWF ジャパン（2014）「寿司（さかな）ガイド」http://www.wwf.or.jp/activities/2012/08/02/WWF_

sakanaGuide_201208.pdf（2014年8月20日）

索　引

【数字・アルファベット】

95% 保護濃度……180
agrodiversity……11
COP10……17
DDT……169
fisheries-induced evolution……152
FSC（Forest Stewardship Council）……242
Future Earth……vii
HC5……180
infield……9
IPBES……vii
MSC（Marine Stewardship Council）……241
MSC マーク（海のエコラベル）……242
MSY（Maximum Sustainable Yield）……215, 217
novel ecosystem……78
outfield……9
PCB……169
PEC/PNEC 比……180
Red Forest……172
Satoyama Index……16
SATOYAMA イニシアティブ……17, 82
semi-natural……12
SLOSS（Single Large or Several Small）……91, 94

【あ行】

アグロフォレストリー……82
アセスメント係数……179
アマゾンの人工林……130
アマゾンの断片林プロジェクト……94, 99
アリー効果……91
アルファ多様性……23

育苗箱施用剤……114
移行帯（推移帯）……25
イースター島……6
イタイイタイ病……167, 168
一次自然……12
遺伝子汚染……32
遺伝子交流……52
遺伝子の多様性……24
遺伝情報……24
遺伝的影響……160
遺伝的撹乱……32
遺伝的多様性……93
遺伝的浮動……93
遺伝的分化……24
遺伝的変異……24
遺伝的劣化……93
意図的導入……194
インポセックス……170

『奪われし未来』……170

影響評価……174, 176
エクソンバルディーズ号原油流出事故……170
エコロジカルトラップ……144
餌付け……63, 244
エッジ効果……94
沿岸域……36
エンドポイント……174

オリンピック方式……228

【か行】

改訂管理方式（RMP）……221
海洋島……31, 194
海洋の酸性化……33
海洋保護区（MPA）……225
外来種……6, 44, 193
外来樹種……142
外来生物……31, 192, 193
外来生物法……206
外来生物問題（外来種問題）……192
化学肥料……110
化学物質……32, 167, 174
家魚化選択……156, 158
撹乱……29, 35, 49, 104, 135
撹乱依存種……70
撹乱体制……67
河川敷……48
家族群……59
可塑性……50
花粉媒介昆虫……196

カムバックサーモン運動……239
茅場……69
刈敷……71, 80
環境基本法……68
環境教育……244
環境史……1
環境収容力……159, 185, 214
環境の確率性……93
環境保全型農業……120, 121
環境倫理……37
間伐……137
ガンマ多様性……23

帰化植物……48
希少種……233
キーストーン種……26
基盤サービス……38
帰無仮説……181
ギャップ……138
休閑地……9
急性毒性試験……176
強害雑草……198
供給サービス……38
競合植物……48
共進化……22, 25, 205
共生関係……26, 199
競争排除……70, 194
競争優位種……70
共存……241
協同繁殖……59
漁業……149
漁業（資源）の回復……227
漁業の消滅……225
近交弱勢……93
近親交配……93

釧路湿原……236
クローン……24

景観……25
景観構成要素……72
景観の多様性……25
景観補完……72
景観レベルの多様性……72
継代飼育……157
原子力発電所事故……173
原生的自然……18, 29, 67
原生的自然環境……3
原生林……12, 129
現代人（Homo sapiens sapiens）……4

コアエリア……96
公害……167
耕作地……8
耕作放棄……76, 77
構造の多様性……133
耕畜連携システム……83
耕地生態系……71
好窒素性……48
後背湿地……108
高薬量／保護区戦略……119
国外外来生物……193
国際捕鯨委員会（IWC）……220
国内外来生物……34, 193
国連海洋法条約……217
枯死材性昆虫……134
ゴーストフィッシング……224
個体群存続分析手法（PVA）……184
個体群レベルの評価……182
個体レベルの評価……180
個別漁獲枠方式……228
固有種……128, 233
固有値……183
コリドー……97
混獲……224

【さ行】

再生……231, 232
最大固有値……183
最低影響濃度（LOEC）……176
在来種……44
在来樹種……142
殺虫剤……114
殺虫剤の逆理……120
札幌ワイルドサーモンプロジェクト……239
里地……70
里地里山……69
里山……9, 11, 30, 69
里山景観……70, 71, 72
里山生態系……207
里山ランドスケープ……70
産業植林……128

サンゴ礁の白化……33
散布体の導入圧……197
三圃式農業……9
残留性有機汚染物質（POPs）……168, 169

自家不和合性……93, 94
ジクロロジフェニルトリクロロエタン（DDT）……168
自然環境保全基礎調査……68
自然環境保全基本方針……69
自然環境保全法……69
自然再生……232
自然再生事業……232, 233, 236
自然再生推進法……231
自然生態系……70
自然的撹乱……67
持続可能な社会……241
持続的漁業……226
持続的利用……213, 217
湿地……36
社会生態学的生産ランドスケープ……82
重金属……168
集団の存続可能性……24
修復……232
集約化……10, 74, 105
種構成……128
種子供給源……44
樹種……129
種数-面積関係……90
種多様性……23, 128
受動的復元……232
種の感受性分布（SSD）……179
種の豊富さ……23
種苗放流……156, 160
種分化……50
狩猟……4
狩猟・採集……7
純増殖率……155
順応学習……218
順応的管理……218, 219, 235
小集団化……34
譲渡可能個別漁獲枠（ITQ）……227, 228
植栽樹種……141
植生自然度……68
食物連鎖……224
人為選択……150, 151
人為的撹乱……67, 135
人為的環境……18
人為的生物群系……13
進化……152, 163
新管理方式（NMP）……220
人口学的確率性……93
人工繁殖……158
人工林……127
人口論……10
人獣共通感染症……196
迅速な進化……117
薪炭林……69
侵略的外来生物（IAS）……193, 206
森林……127
人類世……v

推移行列……183
水産資源……213
水質環境基準値……167
水田……108
水田決議……70
すそ刈り草地……80
スルホニルウレア系除草剤……113

生育地の建設履歴……53
生育地の分断……51, 52
生活形……43
成熟開始サイズ……152
成熟体長……152
成熟年齢……152, 153, 156
生息地の分断化……87
生態学的代償地……70
生態系……37
生態系機能……37
生態系サービス……v, 37, 82
生態系の多様性……25
生態毒性学……176
生態リスク評価……32, 174, 176, 178
生物間相互作用……52
生物群系……13
生物資源……213
生物多様性……22, 73, 128, 192
生物多様性国家戦略……29, 73, 239
生物多様性条約……17, 22, 73
生物多様性の危機……26, 73
世界自然保護連合（IUCN）……208

世界農業遺産……81
絶滅……5, 26, 27
絶滅危惧……28
絶滅危惧種……28
絶滅の渦……34
絶滅のタイムラグ……100
絶滅までの平均待ち時間……184
遷移……135
潜在的遺伝子資源……37
選択的漁獲……151, 225

総合的生物多様性管理……121
総合的病害虫・雑草管理……120
相互適応……22, 25
創出……231
造成地……44
草地……69

【た行】

ダイオキシン類……169
代替生息地……77
多環芳香族炭化水素（PAHs）……168
棚田……78
ダム……98
ため池……36

チェルノブイリ……171
地球温暖化……33
地球サミット……22
茶草場……80
茶草場農法……81
調整サービス……38
地理的障壁……192
地理的変異……24
『沈黙の春』……173

底層トロール……225
適応度……151, 155, 158
適応不良……163
適合性抗原複合体（MHC）……93
田園風景……9
天敵農薬……197
天然林……129

盗掘……30
同心円の土地利用……9
毒性学……167
特定外来生物……206, 207
都市化の履歴……48
都市環境……43
都市鳥……55
都市の履歴……44
土地利用……45, 127
土地利用の遺産効果……73
豊平川……238
トリフェニルスズ（TPT）……170
トリブチルスズ（TBT）……170

【な行】

内的自然増加率……155, 185
鉛中毒……168
なわばり……59

二次的自然……29, 67
二次林……12, 129
ニッチ構築……54
日本版生物多様性総合評価……105
ニュージーランドの人工林……130

ネオニコチノイド系殺虫剤……114
ねぐら……59
熱帯雨林……7
燃料（エネルギー）革命……30

農業……7, 103
農業景観の均質化……74
農村環境……58
能動的復元……232
農薬……112
農薬抵抗性……116
農薬抵抗性の進化……116
農用林……69
野火……6

【は行】

曝露評価……174, 176
伐採……127
林……127
バラスト水……202
半自然環境……3, 12, 17
半自然草地……75
半自然的……18, 67

繁殖干渉……32

非意図的導入……194, 200
ビオトープ……232, 234
ヒートアイランド現象……43
ヒト属……4
表現型可塑性……155, 156
漂鳥……56
肥料……8
貧栄養……48

フィードバック制御……219
富栄養化……112, 199
フェニルピラゾール系殺虫剤……114
フェノロジー……33
フェロモントラップ……120
不確実係数……179
不確実性……217
不均質性……72
復元……232
複合生態系……71, 81
福島第一原子力発電事故……172
普通種……233
文化的サービス……38

ベータ多様性……23
ペット動物……195
ベルタランフィーの成長曲線……153

萌芽林……75
蜂群崩壊症候群（CCD）……115
放射性ヨウ素……172
放射線……171
放射線生態学……171
放流……35, 235, 244
放流魚……158
保護……231
保護区……225
保護区のデザイン……91
圃場整備……105, 108
保全……231
保全単位……34
ポートフォリオ効果……164
ホームサイト有利仮説……160
ポリ塩化ビフェニル（PCB）……168

【ま行】

埋土種子……49
まぐさ場……69
慢性毒性試験……176

ミツバチの大量死……115
密猟……30
緑の革命……103
水俣病……167, 168
ミレニアム生態系評価……105, 127

無影響濃度（NOEC）……176

メタ個体群……33, 87, 110
メタ個体群モデル……89

猛禽類……60
木材……127
モザイク景観……72
問題の定式化……174

【や行】

焼畑農業……9, 103
野生魚……158, 238
谷津田（谷戸田）……69, 78, 79

誘導異常発生……120
有機金属化合物（トリブチルスズ）……170
有機スズ化合物……170

ヨウ素……172
余剰生産……214
余剰生産モデル……213
予測環境中濃度……179
予測無影響濃度（PNEC）……178
予防原則……218

【ら行】

ラムサール条約……70, 236
乱獲……30, 213
ランドシェアリング……123
ランドスペアリング……123

リアクションノーム……155
リオデジャネイロ宣言……217

リサージェンス……120
リスク判定……174
リスク評価……174, 176
林業……127
林齢……134
齢構成モデル……183
レジリエンス……39
レッドデータブック……27, 52, 73
レッドリスト……27

ロゼット……48

生物名索引

【あ行】

アイガモ……121
アカマツ……78
アキアカネ……114
アザラシ……170
アトランティックサーモン……164
アフリカマイマイ……204
アマ……50
アマミノクロウサギ……195
アメリカアカガエル……119
アメリカザリガニ……207
アライグマ……196
アルゼンチンアリ……200, 201
アレチノギク……48
アレチマツヨイグサ……49
イタチハギ……197
イトウ……236, 237
イヌガラシ……48
イヌビエ……193
イネ……193
イボニシ……170
イワナ……98

ウニ……26
ウマノチャヒキ……203
ウミネコ……59
ウラジロチチコグサ……49

エノコログサ……193

オオアカウキクサ……113
オオカナダモ……32
オオキンケイギク……197
オオクチバス……31, 194
オオセグロカモメ……59
オオバナノエンレイソウ……92, 95
オオフサモ……198
オナガ……59, 61

【か行】

カエルツボカビ……203
カエル類……109
カダヤシ……195
カモガヤ……197
カラフトマス……151, 162
カラマツ……132, 140, 141
カレイ……153
カワセミ……58
カワヒバリガイ……202
カワラノギク……52, 199
カンサイタンポポ……32
カントウタンポポ……32, 44, 47
広東住血線虫……204

キタサンショウウオ……236
キビタキ……91
ギンネム……206
ギンネムキジラミ……206

クマゲラ……91
クレピス……53
クワガタムシ……196

ゲンジボタル……35

コウキクサ……113
コカナダモ……32

コゲラ……57
コムギ……193

【さ行】

サクラソウ……94
サクラマス……160
サケ……150, 152, 157, 162, 238
ザリガニ（ニホンザリガニ）……236
サンショウモ……113

シギ・チドリ類……109
シジュウカラ……56
シナダレスズメガヤ……197
ジャワマングース……31
シロツメクサ……202

スギ……128, 139
スグロムシクイ……144
スズメ……54, 60, 193

セアカゴケグモ……202
セイタカアワダチソウ……78
セイヨウオオマルハナバチ……196
セイヨウタンポポ……44, 47, 199
セイヨウミツバチ……197
セグロカモメ……184
セグロセキレイ……58

【た行】

大西洋サケ……159
大西洋マダラ……152, 161, 164
タイリクバラタナゴ……32
タンチョウ……236

ツキノワグマ……91
ツバメ……54, 59, 172
ツミ……61
ツメクサ……48

デンジソウ……113

ドジョウ……109

【な行】

ナガサキアゲハ……33
ナシマルカイガラムシ……117
ナズナ……50

ニジマス……158
ニホンアマガエル……114
ニリンソウ……44

ヌートリア……194

ネズミムギ……197

ノヤギ……194

【は行】

ハクセキレイ……58
ハシブトガラス……55
ハシボソガラス……55
ハトムギ……50
ハヤブサ……61, 62
ハリエンジュ（ニセアカシア）……144, 197

ヒノキ……128
ヒメジョオン……197
ヒメニラ……52
ヒヨドリ……56

ファットヘッドミノー……177, 183
フイリマングース……195
ブタクサ……50
ブルーギル……31

ヘイケボタル……235
ベニザケ……164

ホソアオゲイトウ……48
ボタンウキクサ……197
ホテイアオイ……198

【ま行】

マグロ……242
マツノザイセンチュウ……203
マリモ……236

ミシシッピアカミミガメ……195
ミズアオイ……117
ミツバチ……115
ミドリガメ……195

ムラサキイガイ……202
メダカ……24, 35, 73, 195
モンシロチョウ……193

【や行】

ヤンバルクイナ……195
ヨモギ……48

【ら行】

ライチョウ……33
ラッコ……26, 170

Memorandum

Memorandum

【担当編集委員】

森田健太郎（もりた　けんたろう）

2002年　北海道大学大学院水産科学研究科博士課程修了

現　在　水産総合研究センター北海道区水産研究所主任研究員，博士（水産科学）

専　門　水産資源学，魚類生態学

主　著　『サケ・マスの生態と進化』（文一総合出版，分担執筆）

池田浩明（いけだ　ひろあき）

1990年　東京農工大学大学院連合農学研究科博士課程修了

現　在　農業環境技術研究所生物多様性研究領域・上席研究員，博士（農学）

専　門　農業生態学，植物生態学

主　著　『化学物質の生態リスク評価と規制：農薬編』（アイピーシー，分担執筆）

シリーズ　現代の生態学 3
Current Ecology Series 3

人間活動と生態系

Human Activities and Ecosystems

2015 年 3 月 10 日　初版 1 刷発行

編　者　日本生態学会　
発行者　南條光章
発行所　**共立出版株式会社**
〒112-0006
東京都文京区小日向 4 丁目 6 番 19 号
電話　(03) 3947-2511（代表）
振替口座　00110-2-57035
URL　http://www.kyoritsu-pub.co.jp/
印　刷　精興社
製　本　中條製本

一般社団法人
自然科学書協会
会員

検印廃止
NDC 468
ISBN 978-4-320-05743-2

Printed in Japan